图解 建筑施工现场安全实施手册

贾 虎 等编著

化学工业出版社

· 北京 ·

本书根据现场施工安全实施的重点，介绍了脚手架与高空作业、临时用电以及消防安全三个重点检查方向的操作要点，分别从施工现场管理、施工的常用标识、施工现场设置要求、施工细节操作以及施工质量验收五个方面对施工现场安全实施进行解析。全书多以现场施工图示的形式对安全措施进行展示，配合简练的操作要点说明，让读者能够看得懂、学得会、能操作。本书在编写的过程中力求内容精简、表述清晰，必要的知识点和掌握点都在现场图片上用拉线的形式展示，使读者能一目了然地掌握关键技术点，具有很强的实践指导价值。

本书可供从事建筑工程现场安全管理人员、质量检查人员以及相关技术人员参考使用，也可作为企业培训和大中专院校土木工程相关专业师生的参考资料。

图书在版编目（CIP）数据

图解建筑施工现场安全实施手册/贾虎等编著 . —北京：
化学工业出版社，2019.2（2025.1 重印）
ISBN 978-7-122-33652-1

Ⅰ.①图… Ⅱ.①贾… Ⅲ.①建筑工程-施工现场-
安全管理-手册 Ⅳ.①TU714-62

中国版本图书馆 CIP 数据核字（2019）第 003697 号

责任编辑：彭明兰　　　　　　　　　　装帧设计：王晓宇
责任校对：宋　夏

出版发行：化学工业出版社（北京市东城区青年湖南街 13 号　邮政编码 100011）
印　　装：北京机工印刷厂有限公司
787mm×1092mm　1/16　印张 16½　字数 429 千字　2025 年 1 月北京第 1 版第 6 次印刷

购书咨询：010-64518888　　　　　　售后服务：010-64518899
网　　址：http://www.cip.com.cn
凡购买本书，如有缺损质量问题，本社销售中心负责调换。

定　　价：78.00 元　　　　　　　　　　　　　　　版权所有　违者必究

前言
Preface

在建设工程中，安全永远是处于第一要位，必须在保证安全的前提下进行施工。随着建筑行业的快速发展与国家的高度重视，"安全施工"已经成为建筑施工生产组织过程中排在"质量""进度""成本"等内容之前的、最为重要的项目考核内容之一，这也对建筑行业的施工人员在安全施工方面提出了更高的要求。

本书是一本关于现场施工安全实施的工具书，目的在于帮助施工人员在现场快速解决安全操作方面的做法、实施细节、相关检查等内容。

本书分别从施工现场管理、施工的常用标识、施工现场设置要求、施工细节操作以及施工质量验收这五个方面对施工现场脚手架与高空作业、施工现场临时用电、施工现场消防安全实施这三个现场重点安全项目进行规范化的操作讲解。对于操作过程中的重点内容都配有现场照片，对于施工技术要求和操作细节直接在图中进行拉线标注，非常直观；对于各种现场施工安全的常用数据进行整理、汇总，便于施工人员快速查阅；同时提供了对于安全施工生产措施的各项重点检查、验收条目，便于快速对照进行现场验收。

本书内容简明实用，配有大量现场照片，直观性和实际操作性较强，既可以作为建筑工程现场安全施工人员、安全员、监理以及相关人员的实用参考手册，也可作为企业安全培训和土木工程相关专业大中专院校师生的参考资料。

本书由贾虎编著，为本书提供资料、整理帮助的有：叶萍、黄肖、邓毅丰、王力宇、梁越、郭芳艳、杨柳、王广洋、王静宇、任雪东、杨培、杨莹、李幽、郑丽秀、刘雅琪、武宏达、孙淼、于灵素、王军、李子奇、于兆山、蔡志宏、刘彦萍、张志贵、李四磊、孙银青、肖冠军、任晓欢等人。本书在编著过程中参考了有关文献和一些项目施工管理经验性文件，并且得到了许多专家和相关单位的关心与大力支持，在此表示衷心的感谢。

由于时间和水平有限，尽管编著者尽心尽力，反复推敲核实，但难免有疏漏及不妥之处，恳请广大读者批评指正，以便做进一步的修改和完善。

编著者
2018 年 11 月

目录
Contents

第一篇　施工现场脚手架与高空作业

第一章

落地式脚手架安全施工

01

002

第二章

非落地式脚手架安全施工

02

023

第三章

模板支撑架和木脚手架
安全施工

03

043

第二篇 施工现场临时用电

第一篇
施工现场脚手架
与高空作业

第一章

Chapter 01

落地式脚手架安全施工

第一节　扣件式钢管脚手架

一、扣件式钢管脚手架的搭设施工

1. 施工现场管理

① 立杆（图1-1）间距一般不大于2.0m，立杆横距不大于1.5m，连墙杆不少于三步三跨，脚手架底层满铺一层固定的脚手板，作业层满铺脚手板，自作业层往下计，每隔12m必须满铺一层脚手板。

脚手架必须设置纵、横向扫地杆。纵、横向扫地杆应采用直角扣件固定在距底座上皮不大于200mm处的立杆上

图1-1　脚手架立杆搭设

② 立杆接长除顶层顶步外，其余各层各步接头必须采用对接扣件连接。两根相邻立杆的接头不得设置在同一步距内，同一步距内隔一根立杆的两个相邻接头在高度方向错开距离不宜小于500mm，各接头的中心至主节点的距离不宜大于纵距的1/3。顶层顶步立杆可采用搭接接长，其搭接长度不应小于1000mm，并采用不少于2个扣件固定，端部扣件盖板的边缘至杆端距离不应小于100mm。

③ 主节点处必须设置一根横向水平杆，用直角扣件扣接且严禁拆除。主节点处两个直角扣件（图1-2）的中心距不应大于150mm。在双排脚手架中，靠墙一端的横向水平杆外伸长度不应大于500mm。

④ 立杆应纵成线、横成方，垂直偏差不得大于架高的1/200。立杆接长应使用对接扣

主节点处两个直角扣件的中心距不应大于150mm

图 1-2　直角扣件

件连接，相邻的两根立杆接头应错开 500mm，且不得在同一步距内。立杆下脚应设纵、横向扫地杆。

纵向水平杆在同一步距内纵向水平高差不得超过全长的 1/3000，纵向水平杆使用对接扣件连接，相邻的两根纵向水平杆接头应错开 500mm，且不得在同一跨内。

⑤ 高度在 24m 以上的双排扣件式钢管脚手架，必须采用刚性连墙杆与建筑物可靠连接。高度在 24m 以下的单、双排脚手架，宜采用刚性连墙件与建筑物可靠连接，也可采用拉筋和顶撑配合使用的附墙式连接方式，严禁使用仅有拉筋的柔性连接杆连接。

⑥ 高层施工脚手架（高 20m 以上）在搭设过程中，必须以 15~18m 为一段，根据实际情况，采取撑、挑、吊等技术措施，分阶段将荷载传递到建筑物。

⑦ 一字形、开口形双排钢管扣件式脚手架的两端均必须设置横向斜撑。高度在 24m 以上的封闭型脚手架，除拐角应设置横向斜撑外，中间应每隔 6 跨设置一道。横向斜撑应在同一节间，由底至顶层呈"之"字形连续布置。

2. 扣件式钢管脚手架搭设的常用标识

扣件式钢管脚手搭设的常用标识如图 1-3 所示。

标识说明：当扣件式钢管脚手架搭设施工时，应将"当心坠落"的标识悬挂在醒目的位置，提醒操作工人时刻注意自身安全

图 1-3　"当心坠落"标识

3. 施工现场设置要求

① 单、双排脚手架必须配合施工进度搭设，一次搭设高度不应超过相邻连墙件以上两步；如果超过相邻连墙件以上两步，无法设置连墙件时，应采取撑拉固定等措施与建筑结构拉结。

② 底座、垫板（图 1-4）均应准确地放在定位线上。垫板应采用长度大于或等于 2 跨、厚度大于或等于 50mm、宽度大于或等于 200mm 的木垫板。

图 1-4　垫板

垫板的厚度应≥50mm，宽度≥200mm

③ 脚手板应铺满、铺稳，离墙面的距离不应大于 150mm。

④ 在拐角、斜道平台口处的脚手板，应用镀锌钢丝固定在横向水平杆上，以防止滑动。

4. 施工细节操作

（1）摆放扫地杆、树立杆　根据脚手架的宽度摆放纵向扫地杆，然后将各立杆的底部按规定跨距与纵向扫地杆用直角扣件固定，并安装好横向扫地杆，如图 1-5 所示。

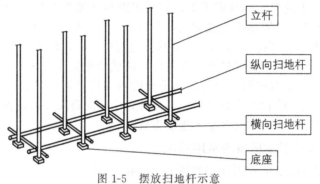

立杆

纵向扫地杆

横向扫地杆

底座

图 1-5　摆放扫地杆示意

立杆要先树内排立杆，后树外排立杆；先树两端立杆，后树中间各立杆。每根立杆底部应设置底座或垫板。当立杆基础不在同一高度时，应将高处的纵向扫地杆向低处延长两跨并与立杆固定，高低差不应大于 1m。靠边坡上方的立杆到边坡距离应大于 0.5m，树立杆操作如图 1-6 所示。

当立杆采用对接接长时，立杆的对接扣件应交错布置，两根相邻立杆的接头不应设置在同一步距内，同一步距内隔一根立杆的两个相隔接头在高度方向错开的距离不宜小于500mm，各接头中心至主节点的距离不宜大于纵距的1/3

当立杆采用搭接接长时，搭接长度不应小于1m，并应采用不少于2个旋转扣件固定。端部扣件盖板的边缘至杆端距离不应小于100mm

图 1-6　树立杆操作

（2）安装纵向和横向水平杆　在树立杆的同时，要及时搭设第一、二步纵向水平杆（图 1-7）和横向水平杆（图 1-8），以及临时抛撑或连墙件，以防架子倾倒。

搭接长度不应小于1m，应等间距设置3个旋转扣件固定，端部扣件盖板边缘至搭接纵向水平杆杆端的距离不应小于100mm

纵向水平杆宜设置在立杆内侧，单根杆长度不宜小于3跨

立杆

旋转扣件

图 1-7　纵向水平杆搭设

作业层上非主节点处的横向水平杆，宜根据支承脚手板的需要等间距设置，最大间距不应大于纵距的1/2

当使用冲压钢脚手板、木脚手板、竹串片脚手架时，双排脚手架的横向水平杆两端均应采用直角扣件固定在纵向水平杆上。单排脚手架的横向水平杆的一端，应用直角扣件固定在纵向水平杆上，另一端插入墙内，插入长度不应小于180mm

纵向水平杆

图 1-8　横向水平杆搭设

（3）设置连墙件　连墙件有刚性连墙件和柔性连墙件两类。搭设高度小于 24m 的脚手架宜采用刚性连墙件，高度大于或等于 24m 的脚手架必须用刚性连墙件（图 1-9）。连墙件应从第一步纵向水平杆处开始设置，当该处设置有困难时，应采取其他措施。

连墙件的设置位置宜靠近主节点，偏离主节点的距离不应大于300mm。在建筑物的每一层范围内均需设置一排连墙件

图 1-9　刚性连墙件设置

（4）设置横向斜撑（图 1-10）　横向斜撑应随立杆、纵向水平杆、横向水平杆等同步搭设。高度在 24m 以上的封圈型双排脚手架，在拐角处应设置横向抛撑，在中间应每隔 6 跨设置一道。

横向斜撑应在同一节间内由底到顶呈"之"字形连续布置

图 1-10　横向斜撑现场设置

（5）接立杆　立杆的对接接头应交错布置。两根相邻立杆的接头不得设置在同一步距内，且接头的高差不小于 500mm，各接头中心至主节点的距离不宜大于步距的 1/3，同一步距内隔一根立杆的两个相隔接头在高度方向上错开的距离不宜小于 500mm。

（6）设置剪刀撑（图 1-11）　剪刀撑斜杆应用旋转扣件固定在与之相交的横向水平杆上，且扣件中心线与主节点的距离不宜大于 150mm。底层斜杆的下端必须支承在垫块或垫板上。

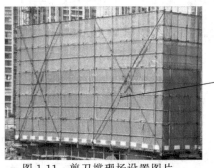

剪刀撑斜杆的接长宜用搭接，其搭接长度不应小于 1m，用至少两个旋转扣件固定，端部扣件盖板边缘至杆端的距离不小于 100mm

图 1-11　剪刀撑现场设置图片

（7）栏杆和挡脚板的搭设　在脚手架中离地（楼）面 2m 以上铺有脚手板的作业层，都必须在脚手架外立杆的内侧设置两道栏杆和挡脚板。上栏杆的上皮高度为 1.2m，中栏杆高度应居中，挡脚板高度不应小于 180mm。

5. 施工质量验收

（1）配件检查与验收　配件检查与验收的主要内容见表 1-1。

表 1-1　配件检查与验收的主要内容

检查项目	主要内容
新钢管检查	（1）应有产品质量合格证 （2）应有质量检验报告，钢管材质检验方法应符合现行国家标准《金属材料 拉伸试验第 1 部分：室温试验方法》(GB/T 228.1—2010)的有关规定，其质量应符合《建筑施工扣件式钢管脚手架安全技术规范》(JGJ 130—2011)的规定 （3）钢管表面应平直光滑，不应有裂缝、结疤、分层、错位、硬弯、毛刺、压痕和深的划道 （4）钢管应涂有防锈漆
旧钢管检查	（1）锈蚀检查应每年一次。检查时，应在锈蚀严重的钢管中抽取两根，在每根锈蚀严重的部位横向截断取样检查，当锈蚀深度超过规定值时不得使用 （2）钢管弯曲变形应符合《建筑施工扣件式钢管脚手架安全技术规范》(JGJ 130—2011)的规定
扣件验收	（1）扣件应有生产许可证，法定检测中的测试报告和产品质量合格证。当对扣件质量有怀疑时，应按现行国家标准《钢管脚手架扣件》(GB/T 15831—2006)的规定抽样检测 （2）新、旧扣件均应进行防锈处理 （3）扣件的技术要求应符合现行国家标准《钢管脚手架扣件》(GB/T 15831—2006)的相关规定
可调托撑检查	（1）应有产品质量合格证，其质量应符合《建筑施工扣件式钢管脚手架安全技术规范》(JGJ 130—2011)的规定 （2）应有质量检验报告，可调托撑抗压承载力应符合《建筑施工扣件式钢管脚手架安全技术规范》(JGJ 130—2011)的规定 （3）可调托撑支托板厚不应小于 5mm，变形不应大于 1mm （4）严禁使用有裂缝的支托板、螺母

（2）脚手架检查与验收

① 脚手架及其地基基础应在下列阶段进行检查与验收。

a. 基础完工后及脚手架搭前。

b. 作业层上施加荷载前。

c. 每搭设完 6～8m 高度后。

d. 达到设计高度后。

e. 遇有六级强风及以上风或大雨后；冻结地区解冻后。

f. 停用超过 1 个月。

② 脚手架使用中，应定期检查下列要求内容。

a. 杆件的设置和连接，连墙件、支撑、门洞桁架等的构造应符合《建筑施工扣件式钢管脚手架安全技术规范》（JGJ 130—2011）和专项施工方案的要求。

b. 地基应无积水，底座应无松动，立杆应无悬空。

c. 扣件螺栓应无松动。

d. 安全防护措施应符合《建筑施工扣件式钢管脚手架安全技术规范》（JGJ 130—2011）的要求。

e. 应无超载使用。

③ 安装后的扣件螺栓拧紧扭力矩应采用扭力扳手检查，抽样方法应按随机分布原则进行。

二、扣件式钢管脚手架的拆除施工

1. 施工现场管理

（1）时间紧、任务重　脚手架拆除（图 1-12）工作一般在工程完成之后进行，与架体搭设不同，拆除工作往往要求在很短的时间内完成。

拆除架体，意味着整个工程基本结束了，脚手架往往必须在几天内拆除掉，这就要求脚手架的拆除组织工作必须做到井井有条、安全有效

图 1-12　扣件式钢管脚手架的拆除

（2）拆除工作难度大　脚手架拆除工作难度大，主要表现在以下几个方面。

① 拆除工作均为高处作业，人员、物体坠落的可能性大。

② 大型建筑的外墙脚手架在搭设过程中，常利用塔式起重机等起重运输机械运送架体材料。而当拆除架体时，这些机械一般均已拆除退场，拆除下的各种架体材料只能通过人工运送至地面，操作人员的劳动强度与危险性均较大。

③ 拆除架体时，建筑物外墙装饰工程已基本完成，要求在拆除时不允许碰撞、损坏外墙面，因此减小了架体拆除的操作空间，提高了操作要求。

④ 因建筑物外墙装饰已完成，这将直接影响到架体连墙件的安装数量和质量，也影响到架体的整体稳定性，这就给架体拆除工作提出了更高的要求。

2. 扣件式钢管脚手架拆除的常用标识

扣件式钢管脚手架拆除施工的常用标识如图 1-13 所示。

3. 施工现场设置要求

（1）明确任务　当工程施工完成后，必须经该工程项目负责人检查并确认不再需要脚手架后，下达正式脚手架拆除通知后方可拆除。

（2）全面检查　检查脚手架的扣件连接、连墙件和支承体系是否符合扣件式脚手架构

标识说明：当进行扣件式钢管脚手架拆除施工时，应将"当心碰头"的标识悬挂在醒目位置，提醒工作人员注意周围物品、小心头部受到磕碰

图 1-13 "当心碰头"标识

造及搭设方案的要求。

（3）制订方案 根据施工组织设计和检查结果，编制脚手架拆除方案，对人员组织、拆除步骤、安全技术措施提出详细要求。拆除方案必须经施工单位安全技术主管部门审批后方可实施。方案审批后，由施工单位技术负责人对操作人员进行拆除工作的安全技术交底。

（4）清理现场 拆除工作开始前，应清理架体上堆放的材料、工具和杂物，清理拆除现场周围的障碍物。

4. 施工细节操作

① 连墙件必须随脚手架逐层拆除，严禁先将连墙件整层或数层拆除后，再拆脚手架杆件。

② 如部分脚手架需要保留而采取分段、分立面拆除时，对不拆除部分脚手架的两端必须设置连墙件和横向斜撑。连墙件垂直距离不大于建筑物的层高，并不大于 2 步距（4m）。横向斜撑应自底至顶层呈"之"字形连续布置。

③ 脚手架分段拆除（图 1-14）过程中，架体的自由端高度不应大于 2 步距，如高度大于 2 步距，应增设连墙件加固。

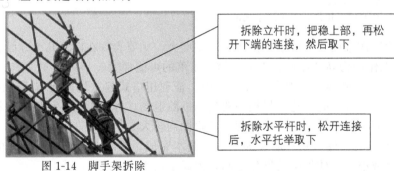

拆除立杆时，把稳上部，再松开下端的连接，然后取下

拆除水平杆时，松开连接后，水平托举取下

图 1-14 脚手架拆除

④ 当脚手架拆至下部最后一根立杆高度（约 6.5m）时，应在适当位置先搭设临时抛撑加固后，再拆除连墙件。

⑤ 严禁将拆卸下来的杆配件及材料从高空向地面抛掷，已吊运至地面的材料应及时运出拆除现场，以保持作业区整洁。

⑥ 拆下的脚手架杆、配件，应及时检验、整修和保养，并按品种、规格分类堆放（图 1-15），以便运输保管。

5. 施工质量验收

① 单、双排脚手架拆除作业必须由上而下逐层进行，严禁上下同时作业；连墙件必

须随脚手架逐层拆除，严禁先将连墙件整层或数层拆除后再拆脚手架；分段拆除自由端高度大于2步距时，应增设连墙件加固。

② 当脚手架拆至下部最后一根长立杆的高度时，应先在适当位置搭设临时抛撑加固后，再拆除连墙件。

③ 卸料时各构配件严禁抛掷至地面；架体拆除作业应设专人指挥，当有多人同时操作时，应明确分工、统一行动，且应具有足够的操作面。

图 1-15　脚手架配件分类堆放

第二节　碗扣式钢管脚手架

一、碗扣式钢管脚手架的搭设施工

1. 施工现场管理

（1）编制方案　根据建筑物的结构情况，编制脚手架施工组织设计方案，计算架体的使用荷载，绘制脚手架平面、立面布置图，列出构件用量表，制订构件供应和周转计划，并提出专项安全技术措施及人员组织计划。

（2）组织人员　根据建筑工程情况和进度要求，安排足够的人员进行搭设工作。组织搭设人员进行安全技术交底，明确架体搭设的要求、主要参数、质量标准和安全技术措施，交底双方应在交底单上签字认可。应给每个搭设小组准备水平尺1把、线锤1个，架子工每人准备锤子1把，以备安装搭设过程中使用。

（3）杆配件检验　与材料供应部门和质检部门根据施工组织设计的要求，对所有杆配件进行检查与验收，经检验合格的杆配件应按品种规格分类堆放整齐、平稳，堆放场地应排水透气良好。

（4）清理现场　清除组架范围内的杂物并平整场地，根据地基的状况和架体承载力要求，采取相应的地基处理措施，做好排水处理。

2. 碗扣式钢管脚手架搭设施工的常用标识

碗扣式钢管脚手架搭设施工的常用标识如图1-16所示。

标识说明：碗扣式钢管脚手架搭设施工时，应将"危险　脚手架不完整"的标识悬挂在脚手架搭设现场醒目的位置，以提醒脚手搭设人员及其他专业工作人员注意安全

图 1-16　"危险　脚手架不完整"标识

3. 施工现场设置要求

① 脚手架组装以 3～4 人为一组为宜，其中 1～2 人传递料，另外两人共同配合组装，每人负责一端。组装时，要求最多同时组装两层向同一方向，或由中间向两边推进，不得从两边向中间合拢组装，否则中间杆件会因两侧架子刚度太大而难以安装。

② 碗扣式脚手架的底层组架（图 1-17）最为关键，其组装质量直接影响到整架的质量。

当组装完两层横杆后，首先应检查并调整水平框架的直角度和纵向直线度

其次应检查横杆的水平度，并通过调整立杆可调座使横杆间的水平偏差小于 $1/400L$（L 为构件跨度），同时应逐个检查立杆底脚，并确保所有立杆不浮地、不松动

图 1-17　碗扣式钢管脚手架底层组架

③ 连墙件（图 1-18）应随着脚手架的搭设而随时在设计位置设置，并尽量与脚手架和建筑物外表面垂直。

单排横杆插入墙体后，应将夹板用榔头击紧，不得浮放；不得将脚手架构件等物从过高的地方抛掷；不得随意拆除已投入使用的脚手架构件

图 1-18　连墙件设置

4. 施工细节操作

（1）安放立杆底座　安放立杆底座的具体做法及要求见表 1-2。

表 1-2　安放立杆底座的具体做法及要求

场地条件	具体做法
坚实平整的地基基础	在这种地基基础上架设脚手架，其立杆底座可直接用立杆垫座
地势不平或高层重载	这两种情况下，脚手架底部可以考虑采用立杆可调底座
相邻立杆地基高差小于 0.6m	可直接用立杆可调底座调整立杆高度，使立杆碗扣接头处于同一水平面上
相邻立杆地基高差大于 0.6m	可先调整立杆节间，即对于高差超过 0.6m 的地基，立杆相应增加一个节间，使同一层碗扣接头的高差小于 0.6m，再用立杆可调底座调整高度，使其处于同一水平面上

（2）在安装好的底座上插入立杆　第一层立杆应采用 1.8m 和 3.0m 两种不同长度立杆相互交错、参差布置，使立杆接头相互错开（图 1-19）。

（3）安装扫地杆　在装立杆的同时应及时设置扫地杆（图 1-20），将立杆连接成一个整体，以保证框架的整体稳定。

图 1-19 立杆交错布置施工

上面各层均采用3m长立杆接长，顶部再用1.8m长立杆找平

图 1-20 施工现场扫地杆的设置

立杆与横杆是靠碗扣接头连接的，连接横杆时，先将横杆接头插入下碗扣的周边带齿的圆槽内，将上碗扣沿限位销滑下扣住横杆接头，并顺时针旋转扣紧，用铁锤敲击几下即能牢固锁紧

（4）安装横杆 碗扣式钢管脚手架（图 1-21）的步高取 600mm 的倍数，一般采用 1800mm，只有在荷载较大或较小的情况下，步高才分别采用 1200mm 或 2400mm。

将横杆接头插入立杆的下碗扣内，然后将上碗扣沿限位销扣下，并顺时针旋转，靠上碗扣螺栓旋面使之与限位销顶紧，将横杆与立杆牢固地连在一起，形成框架结构。单排脚手架中横向横杆的一端与立杆连接固定，另一端采取带有活动的夹板将横杆与建筑结构或墙体夹紧。

（5）安装斜杆

① 斜杆的连接（图 1-22）。斜杆同立杆的连接与横杆同立杆的连接相同，对于不同尺寸的框架应配备相应长度的斜杆。由于碗扣接头的构造特点，在每个碗扣内只能安装 4 个接头卡扣。

② 通道斜杆的布置（图 1-23）。对于一字形及开口形脚手架，应在两端横向框架内沿全高连续

图 1-21 碗扣式脚手架的搭设

设置节点通道斜杆；对于高度在 24m 以下的脚手架，中间可不设通道斜杆；对于高度在 24m 以上的脚手架，中间应每隔 4～6 跨设置一道沿全高连续设置的通道斜杆。

③ 纵向斜杆的布置。在脚手架的拐角边缘及端部必须设置纵向斜杆，中间可均匀地间隔布置，纵向斜杆必须两侧对称布置。纵向斜杆应尽量布置在框架节点上。

（6）布置剪刀撑 剪刀撑包括竖向剪刀撑（图 1-24）以及水平剪刀撑，应采用钢管和扣件搭设，这样既可减少碗扣式斜杆的用量，又能使脚手架的受力性能得到改善。架体侧面的竖向剪刀撑，对于增强架体的整体性具有重要的意义。

（7）安装连墙件 连墙件（图 1-25）必须按设置要求与架子的升高同步在规定的位

图 1-22　斜杆的连接

一般情况下，碗扣接头处，至少存在3个横杆接头，因此每个接头处只能安置1个斜杆接头的卡扣，这样就决定了脚手架的1个节点处只能安装1根斜杆，造成一部分斜杆不能设在脚手架的中心节点处(非接点斜杆)，以及沿脚手架外侧纵向布置的斜杆不能连成一条直线

图 1-23　通道斜杆的布置

对于高层和重载脚手架，除按上述构造要求设置通道斜杆外，当横向平面框架所承受的总荷载达到或超过25kN时，该框架应增设通道斜杆

图 1-24　竖向剪刀撑的设置

高度在24m以下的脚手架，一般可每隔4～6跨设置一组沿全高连续搭设的剪刀撑，每道剪刀撑跨越5～7根立杆，设剪刀撑的跨内不再设碗扣式斜杆；对于高度在24m以上的高层脚手架，应沿脚手架外侧以及全高方向连续设置，两组剪刀撑之间用碗扣式斜杆连接

置安装，不得后补或任意拆除。

图 1-25　碗扣式脚手架连墙件的安装

建筑物的每一楼层都必须与脚手架连接，连墙件的垂直距离≤4m，水平距离≤4.5m，尽量采用梅花形布置方式

连墙件应尽量连接在横杆层碗扣接头内，同脚手架、墙体保持垂直，并随建筑物及架体的升高及时设置。设置时要注意调整脚手架与墙体间的距离，使脚手架竖向平面保持垂直，严禁架体向外倾斜。连墙件应尽量与脚手架体或墙体保持垂直，各向倾角不得超过10°。

5. 施工质量验收

碗扣式钢管脚手架（图 1-26）的杆件均应采用 Q300A 钢制作的 $\phi 48$ 钢管，在立杆上每隔 600mm 安装一套碗扣接头，下碗扣焊在钢管上，上碗扣套在钢管上。

杆件的钢管应无裂缝、凹陷、锈蚀现象

焊接质量要求焊缝饱满，没有咬肉、夹渣、裂纹等现象

图 1-26 碗扣式钢管脚手架

① 立杆最大弯曲变形应小于 1/500，横杆、斜杆的最大变形应小于 1/250（L 为构件跨度）。

② 可调配件的螺纹部分应完好，无滑丝、无严重锈蚀，焊缝无脱开等缺陷。

③ 脚手板、斜脚手板以及梯子等构件的挂钩及面板应无裂纹、无明显变形，焊接应牢固。

④ 碗扣式钢管脚手架其他材料的质量要求同扣件式钢管脚手架。

二、碗扣式钢管脚手架的拆除施工

1. 施工现场管理

① 组装式搭设是碗扣式钢管脚手架结构的特点之一，其最大管件质量要小于扣件式钢管脚手架，因此，其架体拆除的劳动强度和难度都要小于扣件式钢管脚手架。

② 碗扣式钢管脚手架一般用于模板支撑脚手架和平台的搭设，因此，除了一些大型立交桥或水塔、烟囱施工中搭设的架体比较高以外，多数架体拆除时的高度不是太高，但仍为高空作业，人员、物品坠落的可能性仍然很大。作为模板支撑的脚手架，为了确保模板拆除时的操作安全，脚手架的拆除工作与施工模板的拆除应同步进行。

2. 碗扣式钢管脚手架拆除施工的常用标识

碗扣式钢管脚手架拆除施工的常用标识如图 1-27 所示。

标识说明：碗扣式钢管脚手架拆除施工时，应将"楼梯禁止通行"的标识悬挂在楼梯进口处，提醒所有人员楼内正进行脚手架拆除，请勿进入

楼梯禁止通行

图 1-27 "楼梯禁止通行"标识

3. 施工现场设置要求

① 当工程施工完成后,必须经单位工程负责人检查验证,确认脚手架不再需要后方可拆除。脚手架的拆除必须由施工现场技术负责人下达正式通知后才可进行。

② 碗扣式脚手架(图1-28)拆除应制定拆除方案,并向操作人员进行技术交底。

③ 全面检查脚手架是否安全。检查脚手架的扣件连接、连墙件、支承体系是否符合构造要求。

拆除前应清除脚手架上的材料、工具和杂物,清理地面障碍物,制定详细的拆除方案

图1-28 碗扣式脚手架

4. 施工细节操作

① 碗扣式脚手架拆除(图1-29)应自上而下逐层进行,严禁上、下层同时作业。

② 连墙件必须随脚手架逐层拆除,严禁先将连墙件整层或数层拆除后,再拆脚手架杆件。

③ 当脚手架拆至下部最后一根立杆高度(约6.5m)时,应在适当位置先搭设临时抛撑加固后,再拆除连墙件。

④ 如部分脚手架需要保留而采取分段、分立面拆除时,对不拆除部分脚手架的两端必须设置连墙件和横向斜撑。连墙件垂直距离不大于建筑物的层高,并不大于2步高(4m)。横向斜撑应自底至顶层呈"之"字形连续布置。

拆除立杆时,把稳上部,再松开下端的连接,然后取下

拆除水平杆时,松开连接后,水平托举取下

图1-29 碗扣式脚手架拆除

⑤ 脚手架分段拆除高差不应大于2步高,如高差大于2步高,应增设连墙件加固。

⑥ 严禁将拆卸下来的杆配件及材料从高空向地面抛掷,已吊运至地面的材料应及时运出拆除现场,以保持作业区整洁。

5. 施工质量验收

① 双排脚手架拆除时,必须按专项施工方案,在专人统一指挥下进行;拆除作业前,施工管理人员应对操作人员进行安全技术交底。

② 双排脚手架拆除时必须划出安全区,并设置警戒标志,派专人看守。

③ 拆除前应清理脚手架上的器具及多余的材料和杂物。

④ 拆除作业应从顶层开始,逐层向下进行,严禁上下层同时拆除。

⑤ 连墙件必须在双排脚手架拆到该层时方可拆除,严禁提前拆除。

第三节 门式钢管脚手架

一、门式钢管脚手架的搭设施工

1. 施工现场管理

① 门式钢管脚手架的搭设应与施工进度同步，一次搭设高度不宜超过最上层连墙件两步，且自由高度不应大于 4m。

② 门架的组装（图 1-30）应自一端向另一端延伸，应自下而上按步架设，并应逐层改变搭设方向；不应自两端相向搭设或自中间向两端搭设。

斜杆撑、托架梁及通道口两侧的门架立杆加强杆杆件应与门架同步搭设，严禁滞后安装

图 1-30 门架的组装

③ 在施工作业层外侧周边应设置 180mm 高的挡脚板和两道栏杆，上道栏杆高度应为 1.2m，下道栏杆应居中设置。挡脚板和栏杆均应设置在门架立杆的内侧。

2. 门式钢管脚手架搭设施工的常用标识

门式钢管脚手架搭设施工的常用标识如图 1-31 所示。

标识说明：在进行门式钢管脚手架搭设施工时，应将"禁止跳下"的标识悬挂在施工现场醒目的位置，提醒工作人员禁止直接从脚手架上跳到地面

图 1-31 "禁止跳下"标识

3. 施工现场设置要求

① 门式钢管脚手架的安装（图 1-32）应自一端向另一端延伸，并逐层改变搭设方向，不得相对进行。交叉支撑、水平架或脚手板应紧随门架的安装及时设置。连接门架与配件的销臂、搭钩必须处于锁住状态。

② 在门式钢管脚手架（图 1-33）的顶层门架上部、连墙杆设置层、防护棚设置处必须设置水平架。

③ 水平架可由挂扣式脚手板或门架两侧设置的水平加固杆代替，在其设置层内连续

门式钢管脚手架立杆离墙面净距不宜大于150mm，上、下榀门架的组装必须设置连接棒及锁臂，内外两侧均应设置交叉支撑并与门架立杆上的锁销锁牢

图 1-32　门式钢管脚手架安装

当门架搭设高度小于40m时，沿脚手架高度，水平架应至少两步一设

当门架搭设高度大于40m时，水平架应每步一设；无论脚手架多高，水平架均应在脚手架转角处、端部及间断处的一个跨距范围内每步一设

图 1-33　门式钢管脚手架搭设

设置。当因施工需要，临时局部拆除脚手架内侧交叉支撑时，应在其上方及下方设置水平架。

④ 当门式钢管脚手架高度超过 20m 时，应在门式钢管脚手架外侧每隔 1 步设置一道连续水平加固杆，底部门架下端应加封门杆，门架的内、外侧设通长的扫地杆。水平加固杆应采用扣件与门架立柱扣牢。

4. 施工细节操作

（1）铺设垫木（图 1-34）或垫板、安放底座　基底必须平整坚实，并铺底座，做好排水工作。当垫木长度为 1.6～2.0m 时，垫木宜垂直于墙面方向横铺。

当垫木长度为4.0m时，垫木宜平行于墙面方向顺铺

图 1-34　铺设垫木

（2）立门架、安装交叉支撑、安装水平架或脚手板　在脚手架的一端将第一榀门架和第二榀门架立在 4 个底座上后，纵向立即用交叉支撑连接两榀门架的立杆，门架的内外两侧安装交叉支撑（图 1-35），在顶部水平面上安装水平架或挂扣式脚手板，搭成门式钢管

脚手架的一个基本结构。

每安装一榀门架，应及时安装交叉支撑、水平架或脚手板，依次按此步骤沿纵向逐榀安装搭设

图 1-35 门式钢管脚手架交叉支撑安装

（3）安装水平加固杆 水平加固杆（图 1-36）采用 $\phi48$ 钢管，并用扣件在门架立杆的内侧与立杆扣牢。当脚手架高度超过 20m 时，为防止发生不均匀沉降，脚手架最下面 3 步可以每步设置一道水平加固杆（脚手架外侧），3 步以上每隔 4 步设置一道水平加固杆，并宜在有连墙件的水平层连续设置，以形成水平闭合圈，对脚手架起环箍作用，以增强脚手架的稳定性。

水平加固杆

图 1-36 水平加固杆

（4）设置连墙件 连墙件的搭设（图 1-37）必须按规定间距随脚手架搭设同步进行，不得漏设，严禁滞后设置或搭设完毕后补做。连墙件的最大间距，在垂直方向为 6m，水平方向为 8m。一般情况下，连墙件竖向每隔 3 步设一个，水平方向每隔 4 跨设一个。

连墙件应靠近门架的横杆设置，距门架横杆不宜大于 200mm。连墙件应固定在门架的立杆上

图 1-37 门式钢管脚手架连墙件搭设

（5）搭设剪刀撑　剪刀撑采用 ϕ48 钢管，用扣件在脚手架门架立杆的外侧与立杆扣牢，剪刀撑斜杆与地面倾角宜为 45°～60°，宽度一般为 4～8m，自架底至架顶连续设置。

（6）门架竖向组装　上、下门架的组装（图 1-38）必须设置连接棒和锁臂，其他部件则按其所处部位在对应位置及时安装。连接门架与配件的锁臂、搭钩必须处于锁住状态。

门式钢管脚手架的搭设应与施工进度同步，一次搭设高度不宜超过最上层连墙件2步，且自由高度不应大于4m

图 1-38　上、下门架的组装

5. 施工质量验收

（1）构、配件检查与验收

① 门式钢管脚手架搭设前，对门架与配件的基本尺寸、质量和性能应按现行行业产品标准《门式钢管脚手架》（JG 13—1999）的规定进行检查，确认合格后方可使用。

② 施工现场使用的门架与配件应具有产品质量合格证，应标识清晰，并应符合下列要求。

a. 周转使用的门架（图 1-39）与配件应按规定经分类检查确认为 A 类后方可使用；B 类、C 类应经试验、维修达到 A 类标准后方可使用；不得使用 D 类门架和配件。

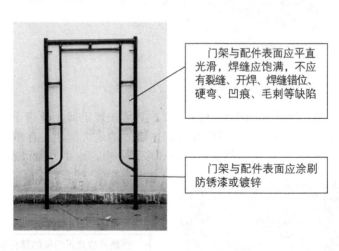

门架与配件表面应平直光滑，焊缝应饱满，不应有裂缝、开焊、焊缝错位、硬弯、凹痕、毛刺等缺陷

门架与配件表面应涂刷防锈漆或镀锌

图 1-39　门架

b. 在施工现场每使用一个安装拆除周期后，应对门架、配件采用目测、尺量的方法检查一次。在进行锈蚀深度检查时，应按规定抽取样品，在每个样品锈蚀严重的部位应采用测厚仪或横向截断取样检测，当锈蚀深度超过规定值时不得使用。

c. 加固杆、连接杆（图 1-40）等所用钢管和扣件的质量，除应符合设计规定外，尚应具有产品质量合格证，严禁使用有裂缝、变形的扣件，出现滑丝的螺栓必须更换，钢管和扣件应涂有防锈漆。

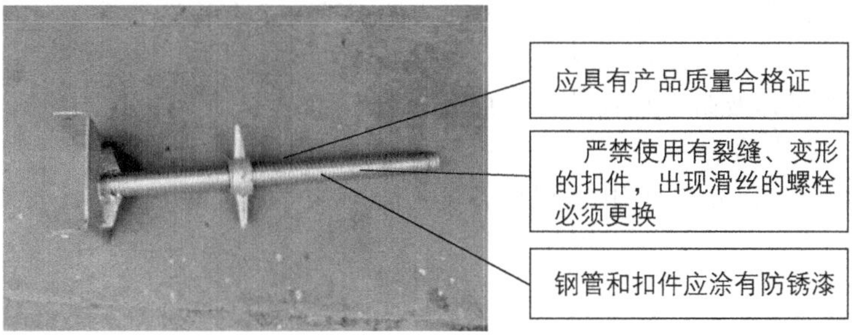

应具有产品质量合格证

严禁使用有裂缝、变形的扣件，出现滑丝的螺栓必须更换

钢管和扣件应涂有防锈漆

图 1-40 连接杆

d. 底座和托座应有产品质量合格证，在使用前应对调节螺杆与门架立杆配合间隙进行检查。

e. 连墙件、型钢悬挑梁、U 形钢筋拉环或锚固螺栓，应具有产品质量合格证或质量检验报告，在使用前应进行外观质量检查。

（2）搭设检查与验收

① 搭设前，对门式钢管脚手架的地基与基础应进行检查，经验收合格后方可搭设。

② 门式钢管脚手架搭设完毕或每搭设 2 个楼层高度，应对搭设质量及安全进行一次检查，经检验合格后方可交付使用或继续搭设。

③ 在门式钢管脚手架搭设质量验收（图 1-41）时，应具备下列文件：

a. 按要求编制的专项施工方案；

b. 构、配件与材料质量的检验记录；安全技术交底及搭设质量检验记录；

c. 门式钢管脚手架或模板支架分项工程的施工验收报告。

图 1-41 门式钢管脚手架搭设质量验收

④ 门式钢管脚手架或模板支架分项工程的验收，除应检查验收文件外，还应对搭设质量进行现场核验，在对搭设质量进行全数检查的基础上，对下列项目应进行重点检验，并应记入施工验收报告。

a. 构、配件和加固杆规格、品种应符合设计要求，应质量合格、设置齐全、连接和挂扣紧固可靠。

b. 基础应符合设计要求，应平整坚实，底座、支垫应符合相关规定。

c. 门架跨距、间距应符合设计要求，搭设方法应符合相关规定。

d. 连墙件设置应符合设计要求，与建筑结构、架体连接应可靠。

e. 加固杆的设置应符合设计和搭设要求。

f. 门式钢管脚手架的通道口、转角等部位的搭设应符合构造要求。

g. 架体垂直度及水平度应合格。

h. 安全网的张挂及防护栏杆的设置应齐全、牢固。

（3）使用过程中检查

① 门式钢管脚手架在使用过程中应进行日常检查（图 1-42），发现问题应及时处理。

加固杆、连墙件应无松动，架体应无明显变形；地基应无积水，垫板及底座应无松动，门架立杆应无悬空；锁臂、挂扣件、扣件螺栓应无松动；安全防护设施应符合规范要求；应无超载使用现象

图 1-42　门式刚管脚手架的日常检查

② 门式钢管脚手架在使用过程中遇有下列情况时，应进行检查，确认安全后方可继续使用：

a. 遇有 8 级以上大风或大雨过后；

b. 冻结的地基土解冻后；

c. 脚手架停用超过 1 个月；

d. 架体遭受外力撞击等作用；

e. 架体部分拆除；

f. 其他特殊情况。

二、门式钢管脚手架的拆除施工

1. 施工现场管理

① 工程施工完毕后，经单位工程负责人检查确认不需要脚手架后方可拆除。

② 拆除脚手架前，应编制拆除方案，由专业人员进行拆除。

③ 拆除脚手架时，应设置警戒区，设立警戒标志，并由专人负责警戒。

④ 脚手架拆除前，应先清理架子上的材料、工具及杂物。

2. 门式钢管脚手架拆除施工的常用标识

门式钢管脚手架拆除施工的常用标识如图 1-43 所示。

3. 施工现场的设置要求

① 设计拆除方案。

② 清除架体上的材料、杂物及作业面上的障碍物。

③ 设置警戒区，设立警戒标志，并由专人负责警戒，禁止无关人员进入。

④ 拆除顺序：脚手架拆除必须严格遵守自上而下的顺序进行，后装先拆、先装后拆的原则。

Chapter
1

Chapter
2

Chapter
3

Chapter
4

Chapter
5

Chapter
6

Chapter
7

Chapter
8

Chapter
9

Chapter
10

Chapter
11

Chapter
12

Chapter
13

标识说明：在门式钢管脚手架拆除施工时，应将"禁止停留"的标识悬挂在施工现场醒目的位置，提醒过往行人此处正在拆除施工作业，应注意安全、禁止停留

图 1-43　"禁止停留"标识

4. 施工细节操作

① 同一层的构、配件和加固杆件必须按先上后下、先外后内的顺序进行拆除。

② 连墙件必须随脚手架逐层拆除，严禁先将连墙件整层或数层拆除后再拆架体（图 1-44）。拆除作业过程中，当架体的自由高度大于两步时，必须加设临时拉结。

连接门架的剪刀撑等加固杆件必须在拆卸该门架时拆除

拆卸连接部件时，应先将止退装置旋转至开启位置，然后拆除，不得硬拉，严禁敲击。拆除作业中，严禁使用手锤等硬物击打、撬、别杆件

图 1-44　门式钢管脚手架的拆除

③ 当门式钢管脚手架需分段拆除时，架体不拆除部分的两端应按规定采取加固措施后再拆除。

图 1-45　门架与配件分别存放

④ 门架与配件应采用机械或人工运至地面，严禁抛投。

⑤ 拆卸的门架与配件、加固杆等不得集中堆放在未拆架体上，并应及时检查、整修与保养，并应按品种、规格分别存放（图1-45）。

5. 施工质量验收

① 门式钢管脚手架在拆除前，应检查架体构造（图1-46）、连墙件设置、节点连接，当发现有连墙件、剪刀撑等加固杆件缺少、架体倾斜失稳或门架立杆悬空情况时，对架体应先行加固后再拆除。

② 在拆除作业前，对拆除作业场地及周围环境应进行检查，拆除作业区内应无障碍物，作业场地邻近的输电线路等设施应采取防护措施。

模板支架在拆除前，应检查架体各部位的连接构造、加固件的设置，应明确拆除顺序和拆除方法

图1-46 架体构造检查

第二章

02 Chapter

非落地式脚手架安全施工

第一节　悬挑脚手架

一、悬挑脚手架的搭设施工

1. 施工现场管理

悬挑脚手架就是利用建筑结构外边缘向外伸出的悬挑结构来支承的外脚手架，并将脚手架的荷载全部或部分传递给建筑物的结构部分。它必须有足够的强度、刚度和稳定性。根据悬挑结构支承结构的不同，可分为挑梁式悬挑脚手架（图 2-1）和支撑杆式悬挑脚手架（图 2-2）两类。

图 2-1　挑梁式悬挑脚手架

图 2-2　支撑杆式悬挑脚手架

2. 悬挑脚手架搭设施工的常用标识

悬挑脚手架搭设施工的常用标识如图 2-3 所示。

3. 施工现场设置要求

悬挑支承结构以上部分脚手架与一般落地式扣件钢管脚手架的搭设要求基本相同。高层建筑采用分段式外挑脚手架时，脚手架的现场设置要求应符合表 2-1 的规定。

标识说明：悬挑脚手架搭设施工时，应将"小心攀登"的标识悬挂在脚手架攀爬处的醒目位置，时刻提醒脚手架工作人员注意自身安全，防止危险事故的发生

图 2-3 "小心攀登"标识

表 2-1 分段式外挑脚手架搭设的技术要求

允许荷载 /(N/m²)	立杆最大 间距/mm	纵向水平杆 最大间距/mm	横向水平杆最大间距/mm		
			脚手板厚度		
			30mm	43mm	50mm
1000	2700	1350	2000	2000	2000
2000	2400	1200	1400	1400	1750
3000	2000	1000	2000	2000	2200

4. 施工细节操作

（1）支撑杆式悬挑脚手架的搭设

① 连墙杆的设置。根据建筑物的轴线尺寸，在水平方向应每隔 3 跨（6m）设置一个，在垂直方向应每隔 3～4m 设置一个，并要求各点互相错开，形成梅花状布置。

② 要严格控制脚手架（图 2-4）的垂直度，随搭随检查，发现超过允许偏差应及时纠正。垂直度偏差：第一段不得超过 $L/400$；第二段、第三段不得超过 $L/200$，L 为构件跨度。

脚手架中各层均应设置护栏、踢脚板和扶梯。脚手架外侧和单个架子的底面用小眼安全网封闭，架子与建筑物要保持有必要的通道

图 2-4 支撑杆式悬挑脚手架

③ 脚手架的底层应满铺厚木脚手板，其上各层可满铺用薄钢板冲压成的穿孔轻型脚手板。

（2）挑梁式悬挑脚手架的搭设

① 悬挑梁与墙体结构的连接，应预埋铁件（图 2-5）或留好孔洞，不得随便打孔凿洞，破坏墙体。各支点要与建筑物中的预埋件连接牢固。

② 挑梁式悬挑脚手架立杆与挑梁（或纵梁）的连接，应在挑梁（或纵梁）上焊 150～

支撑在悬挑支承结构上的脚手架，其最底一层水平杆处应满铺脚手板，以保证脚手架底层有足够的横向水平刚度

图 2-5 挑梁式悬挑脚手架预埋铁件

200mm 长的钢管，其外径比脚手架立杆内径小 1.0~1.5mm，用接长扣件连接，同时在立杆下部设 1~2 道扫地杆，以确保架子的稳定性。

5. 施工质量验收

① 当型钢悬挑梁与建筑结构采用螺栓钢压板连接固定时，钢压板尺寸不应小于 100mm×10mm（宽×厚）；当采用螺栓角钢压板（图 2-6）连接固定时，角钢的规格不应小于 63mm× 63mm×6mm。

② 型钢悬挑梁与 U 形钢筋拉环（图 2-7）或螺栓连接应紧固。当采用钢筋拉环连接时，应采用钢楔或硬木楔塞紧；当采用螺栓钢压板连接时，应采用双螺母拧紧。严禁型钢悬挑梁晃动。

图 2-6 螺栓角钢压板

③ 悬挑脚手架底层门架立杆与型钢悬挑梁应可靠连接，不得出现滑动或窜动现象，型钢梁上应设置固定连接棒（图 2-8）与门架立杆连接。

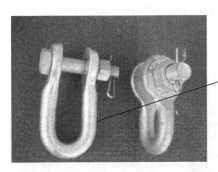

用于锚固的U形钢筋拉环或螺栓应采用冷弯成型，钢筋直径不应小于16mm

图 2-7 U 形钢筋拉环

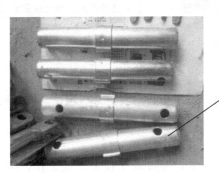

连接棒的直径不应小于25mm，长度不应小于100mm，应与型钢梁焊接牢固

图 2-8 固定连接棒

④ 悬挑脚手架的底层门架两侧立杆应设置纵向扫地杆，并应在脚手架的转角处、两端和中间间隔不超过 15m 的底层门架上各设置一道单跨距的水平剪刀撑，剪刀撑斜杆应与门架立杆底部扣紧。

⑤ 悬挑脚手架搭设施工质量验收的内容见表 2-2。

表 2-2　悬挑脚手架搭设施工质量验收

类型	施工质量验收要求
挑梁式悬挑脚手架	脚手架的材料必须符合设计要求，不得使用不合格的材料
	各支点要与建筑物中的预埋件连接牢固
	斜拉杆(绳)应有收紧措施，以便在收紧后承担脚手架荷载
	脚手架立杆与挑梁用扣件连接，同时在立杆下部设 1～2 道扫地杆，以确保架子的稳定性
支撑杆式悬挑脚手架	要严格控制脚手架的垂直度
	斜撑钢管要与脚手架立杆用双扣件连接牢固
	按顺序搭设，并在下面支设安全网
	连墙杆要求在水平方向每隔 6.0m 与建筑物连接牢固；在垂直方向隔 3～4m 设置一个拉结点，并要求成梅花形布置

二、悬挑脚手架的拆除施工

1. 施工现场管理

在进行悬挑式脚手架的拆除工作之前，必须做好以下准备工作。

① 当工程施工完成后，必须经单位工程负责人检查验证，确认不再需要脚手架后方可拆除。

② 拆除脚手架应制订拆除方案，并向操作人员进行技术交底。

③ 全面检查脚手架是否安全。

④ 拆除前应清理脚手架上的材料、工具和杂物，清理地面障碍物。

⑤ 拆除脚手架现场应设置安全警戒区域和警告牌，并派专人看管，严禁非施工作业人员进入拆除作业区内。

2. 悬挑脚手架拆除施工的常用标识

悬挑脚手架拆除施工的常用标识如图 2-9 所示。

标识说明：悬挑脚手架拆除施工时，应将"脚手架正在施工　请勿靠近"的标识悬挂在脚手架下方的醒目位置，提醒过往行人此处危险，要注意安全

图 2-9　"脚手架正在施工　请勿靠近"标识

3. 施工现场设置要求

悬挑脚手架的拆除顺序与搭设顺序相反，不允许先行拆除拉杆。应先拆除架体，再拆除悬挑支承架。拆除架体可采用人工逐层拆除，也可采用塔吊分段拆除。

4. 施工细节操作

① 拆除脚手架前，班组成员要明确分工，做好安全技术交底工作，统一指挥，操作过程中精力要集中，不得东张西望和开玩笑，工具不用时要放入工具袋内。

② 正确穿戴好个人防护用品，脚应穿软底鞋。拆除挑架等危险部位要挂安全带。

③ 拆除人员进入岗位以后，先进行检查，加固松动部位，清除遗留的材料、物件及垃圾。所有清理物应安全输送至地面，严禁从高处抛掷。

④ 拆除全部过程中，应指派 1 名责任心强、技术水平高的工人担任指挥和监护。

⑤ 拆脚手架杆件（图 2-10）必须由 2～3 人协同操作，拆纵向水平杆时，应由站在中间的人向下传递，严禁向下抛掷。

拆除的工人必须站在临时设置的脚手板上进行拆卸作业。拆除工作中，严禁使用榔头等硬物击打、撬挖。拆卸连接部件时，应先将锁座上的锁板与卡钩上的锁片旋转至开启位置，然后拆除，不得硬拉、敲击

图 2-10　脚手架杆件拆除

⑥ 拆除作业必须由上而下逐层进行，按后装构件先拆，先装构件后拆的顺序，严禁上下同时作业。

⑦ 连墙件（图 2-11）必须随脚手架逐层拆除，严禁先将连墙件整层或数层拆除后再拆脚手架；分段拆除高差不应大于 2 步，如高差大于 2 步，应增设连墙件加固。

⑧ 当脚手架采取分段、分立面拆除时，对不拆除的脚手架两端应先进行加固。

⑨ 各构配件严禁抛掷至地面且应及时检查、整修与保养，并按品种、规格码堆存放。

图 2-11　连墙件拆除

5. 施工质量验收

拆下的脚手架材料（图 2-12）及构配件，应及时检验、分类、整修和保养，并按品种、规格分类堆放，以便运输、保管。

弯曲的钢管应及时进行调直，清理后方可放入库房，待下次使用

图 2-12　脚手架钢管现场调直图片

第二节　外挂脚手架

一、外挂脚手架的搭设施工

1. 施工现场管理

常见的外挂脚手架（图 2-13）由三角形架、大小横杆、立杆、安全防护栏杆、安全网、穿墙螺栓、吊钩等组成。由两个或几个三角架组成一榀，由脚手管固定，并以此为基础搭设防护架和铺设脚手板。外挂脚手架可根据结构形式的不同，而采用不同的挂架。

图 2-13　外挂脚手架

2. 外挂脚手架搭设施工的常用标识

外挂脚手架搭设施工的常用标识如图 2-14 所示。

标识说明：外挂脚手架搭设施工时，应将"严禁高处作业不系安全带"标识悬挂在醒目的位置，时刻提醒脚手架工作人员，高空作业必须系安全带

图 2-14　"严禁高处作业不系安全带"标识

3. 施工现场设置要求

① 按设计的跨度在地面将外挂架组装材料备齐。

② 检查外挂预留孔是否按平面布置图留设，确认无误并等到外墙混凝土强度达到 7.5MPa 后，方可进行外挂机架施工。

③ 将穿墙螺栓（图 2-15）从墙外穿入预留孔内，放上垫片和双螺母，逐次按平面图安装。

④ 挂上三角形架，上紧双螺母，将外挂架连成整体，推动挂架使其垂直于墙面，下端的支撑钢板紧贴于墙面，接着搭设立杆、横杆、安全防护栏杆及剪刀撑，形成一组后，

从上往下兜安全网。外挂脚手架外侧必须用密目安全网封闭。

⑤ 外挂脚手架间距不得大于 2m，且因其属于工具式脚手架，施工荷载为 $1kN/m^2$，不得超载使用。一般每跨不大于 2m，作业人员不超过 2 人，也不能有过多的存料，避免荷载集中。

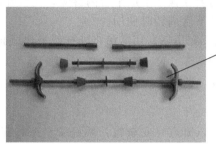

穿墙螺栓和预埋挂环必须用直径大于20mm的圆钢制成，小的可使用变形钢筋

图 2-15　穿墙螺栓

4. 施工细节操作

① 按设计位置安设预埋件或预留孔洞。连墙点的设置是挂架安全施工的关键，无论采用何种连墙方法，都必须经过设计计算，施工时必须按设计要求预埋铁件或预留孔洞，不得任意更改或漏放连墙件。

② 挂架（图 2-16）一般是事先组装好的，安装时，将挂架由窗口处伸出，将上端的挂钩与预埋件或螺栓连接牢固，推动挂架使其垂直于墙面，下端的支承钢板紧贴于墙面。在无窗口处可在上层楼板上用绳索安装。

图 2-16　挂架

图 2-17　挂架拆除

③ 挂架安放好后，先由窗门处将脚手板铺上一跨，相邻两窗口同时操作。铺好板后，两人上到脚手板上绑护身栏杆，使各榀挂架连成一个整体，再铺中间的脚手板，以此方法依次逐跨安装。

5. 施工质量验收

① 脚手架进场搭设前，应由施工负责人确定专人按施工方案的质量要求逐片检验，对不合格的挂架进行修复，修复后仍不合格则应做报废处理。因外挂架对建筑结构附加了较大的外荷载，故对建筑结构也要进行验算和加固。

② 外挂搭设完毕后要逐项检查，无误后应在接近地面处做荷载试验，按 $2kN/m^2$ 均布荷载试压不少于 4h，以检验悬挂点的强度、焊接及预埋件的质量，然后经技术、安全等人员联合验收合格后方可使用。

③ 对检验和试验都应整理成正式格式和内容的文字资料，并由负责人签字。

④ 正式搭设或使用前，应由施工负责人进行详细交底并进行检查，以防止发生事故。

二、外挂脚手架的拆除施工

1. 施工现场管理

（1）预留杆拆除　穿墙拉杆拆除时需要在挂架下层平台内拆除，先松开内侧螺母，卸下垫片，然后从外侧拔出穿墙拉杆，已备下次周转时使用。

（2）挂架拆除（图2-17）　当结构施工完毕后，用塔吊将外挂架吊到地面后再解体。

2. 外挂脚手架拆除施工的常用标识

外挂脚手架拆除施工的常用标识如图2-18所示。

3. 施工现场设置要求

① 拆除脚手架的作业人员在操作时必须戴好安全帽，系好安全带，穿软底鞋，裤、袖口要扎紧。

② 作业区域内设围栏或竖立警戒标志并有专人指挥，以免发生伤亡事故。

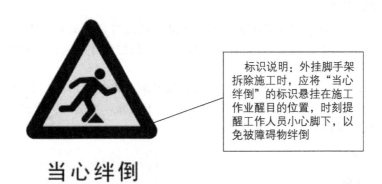

标识说明：外挂脚手架拆除施工时，应将"当心绊倒"的标识悬挂在施工作业醒目的位置，时刻提醒工作人员小心脚下，以免被障碍物绊倒

图2-18　"当心绊倒"标识

③ 拆除脚手架时严禁向下抛掷物件并严禁上下同时进行拆除工作。

④ 拆除顺序应遵守"由上向下，先搭后拆，后搭先拆"的原则，并按一步一清的原则依次进行。

4. 施工细节操作

外挂脚手架拆除（图2-19）时先由塔式起重机吊住并让钢丝绳受力，然后松开墙体内侧螺母，卸下垫片，这时人站在挂架下层平台内将穿墙螺杆从墙外侧拔出，用塔式起重机将外挂架吊到地面后再解体。

5. 施工质量验收

① 对防护架的连接扣件、连墙件、竖向桁架、三角臂应进行全面检查，并应符合构造要求。

② 应根据检查结果补充完善专项施工方案中的拆除顺序和措施，并应经总包和监理单位批准后方可实施。

③ 应对操作人员进行拆除安全技术交底。

④ 应清除防护架上杂物及地面障碍物。

⑤ 拆除防护架（图2-20）时，应符合下列规定：

a. 应采用起重机械把防护架吊运到地面后再进行拆除；

b. 拆除的构配件应按品种、规格随时码堆存放，不得抛掷。

图 2-19　外挂脚手架拆除施工

图 2-20　防护架拆除施工

第三节　吊篮脚手架

一、吊篮脚手架的搭设施工

1. 施工现场管理

① 工作环境温度为-20～40℃，工作平台处阵风风速≤10.8m/s（六级风）。

② 不得储存和使用质量不合格的产品。

③ 产品必须有符合要求的标牌和齐全的技术文件（合格证、说明书、有关图纸等）。

④ 吊篮作业人员必须适合高处作业并培训、考核合格后方可上岗。

2. 吊篮脚手架搭设施工的常用标识

吊篮脚手架搭设施工的常用标识如图 2-21 所示。

标识说明：在进行吊篮脚手架搭设施工时，应将"注意落物"的标识悬挂在施工作业面下方醒目的位置，提醒所有人员上方可能会有物品坠落，要注意自身安全

图 2-21　"注意落物"标识

3. 施工现场设置要求

① 进入施工现场的吊篮脚手架（图 2-22），必须要有出厂合格证。在每次安装使用前，都要仔细检查和验收，验收合格后方可安装。

② 自行设计的吊篮脚手架，必须要有完整的计算书、设计图样和加工工艺设计图，并经实际超载试验合格后方可安装。每次使用前都必须进行必要的保养和检查。

吊篮脚手架靠墙一侧应设置支撑杆或支撑轮，并用拉绳拉紧固定在结构上，以减小吊篮脚手架的晃动

图 2-22 吊篮脚手架

③ 严格控制吊篮脚手架的加工质量，必须全面符合设计要求。

④ 屋面挑梁处应安排监护人员，监护挑梁的搁置情况，防止平衡重发生变化。如有异常情况应立即停止作业，挑梁处于安全状态时才能进行生产作业。

⑤ 应经常检查和保养吊篮脚手架的钢丝绳（图 2-23），不用时应妥善存放和保管。对于有磨损的钢丝绳不得继续使用。如发现正在使用的吊篮脚手架钢丝绳有磨损时，应立即撤出作业人员，将吊篮脚手架放至地面并更换钢丝绳。

钢丝绳

在吊篮脚手架正下方的投影面上，以高处作业坠落半径为警戒区，派专人进行监护，任何人员和车辆均不得入内

图 2-23 检查和保养吊篮脚手架的钢丝绳

4. 施工细节操作

（1）手动吊篮脚手架

① 手动吊篮脚手架的构造 手动吊篮脚手架（图 2-24）由支承设施、吊篮绳、安全绳、手扳葫芦和吊架（或吊篮）等组成。

a. 支承设施。支承设施一般采用建筑物顶部的悬挑梁（图 2-25）或桁架，必须按设计规定与建筑结构固定牢靠，挑出的长度应保证吊篮绳垂直地面，如挑出过长，应在其下面加斜撑（图 2-26）。

b. 吊篮绳。吊篮绳一般采用钢丝绳或钢筋链杆。钢筋链杆的直径不小于 16mm，每节链杆长 80mm，每 5～10 根链杆相互连成一组，使用时用卡环将各组连接成所需的长度。

c. 安全绳（图 2-27）。安全绳应采用直径不小于 13mm 的钢丝绳。

d. 吊篮、吊架。吊篮、吊架的材料要求见表 2-3。

表 2-3 吊篮、吊架的材料要求

名称	内容
组合吊篮	一般采用 $\phi 8$ 钢管焊接成吊篮片，再把吊篮片用 $\phi 8$ 钢管扣接成吊篮，吊篮片间距为 2.0～2.5m，吊篮长不宜超过 8.0m，以免质量过大
框架式钢管吊架	框架式吊架采用 $\phi 50 \times 3.5$ 钢管焊接制成，主要用于外装修工程
桁架式工作平台	桁架式工作平台一般由钢管或钢筋制成桁架结构，并在上面铺设脚手板，常用长度有 3.6m、4.5m、6.0m 等几种，宽度一般为 1.0～1.4m。这类工作台主要用于工业厂房或框架结构的围墙施工

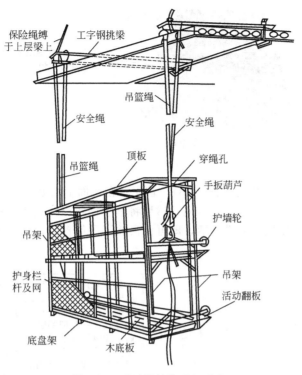

图 2-24　手动吊篮脚手架示意

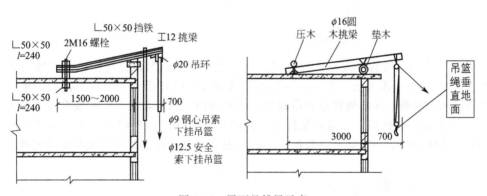

图 2-25　屋面悬挑梁示意

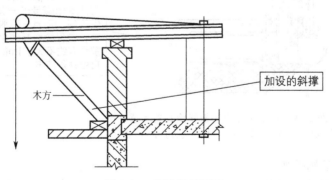

图 2-26　斜撑设置示意

安全绳直径不
小于13mm

图 2-27 安全绳

② 手动吊篮脚手架的搭设

a. 搭设手动吊篮脚手架时（图 2-28），首先要在地面上组装成吊篮脚手架的架体，并在屋顶挑梁上挂好承重钢丝绳与安全绳；然后将承重钢丝绳穿过手扳葫芦的导绳孔向吊钩方向穿入、压紧，往复扳动前进手柄，即可使吊篮脚手架提升，往复扳动倒退手柄即可使其下落，但不可同时扳动上下手柄。

如果采用钢筋链杆作为承重吊杆，则应先将安全绳与钢筋链杆悬挂在已固定好的屋顶挑梁上，然后将手动葫芦的上钩挂在钢筋制成的链杆上，下钩钩住吊篮，操纵手动葫芦进行升降。因为手动葫芦的行程非常有限，所以，在升降过程中要多次倒替手动葫芦

图 2-28 手动吊篮脚手架

b. 安全绳与吊篮脚手架架体的连接。一种办法是利用钢丝绳挂住吊篮架底与保险绳卡牢（最少 3 扣）（图 2-29）每卡一次留有不大于 1m 的升降量，一旦吊篮从承重钢丝绳或钢筋链杆上脱落，保险绳能起到吊住吊篮架的作用。另外，还有一种安全自锁装置（图 2-30），只需把安全锁固定在吊篮架体上，同时套装在保险钢丝绳上，在正常升降时安全锁随吊篮架体沿保险绳升降，一旦吊篮坠落，安全锁自动将吊篮架体锁在保险钢丝绳上。

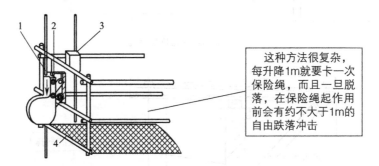

这种方法很复杂，每升降1m就要卡一次保险绳，而且一旦脱落，在保险绳起作用前会有约不大于1m的自由跌落冲击

图 2-29 手动吊篮脚手架保险装置示意
1—保险绳；2—安全绳；3—提升装置；4—吊篮

（2）电动吊篮脚手架

① 电动吊篮脚手架的构造。电动吊篮脚手架（图 2-31）由屋面支承系统、绳轮系统、提升机构、安全锁和吊篮（或吊架）组成。

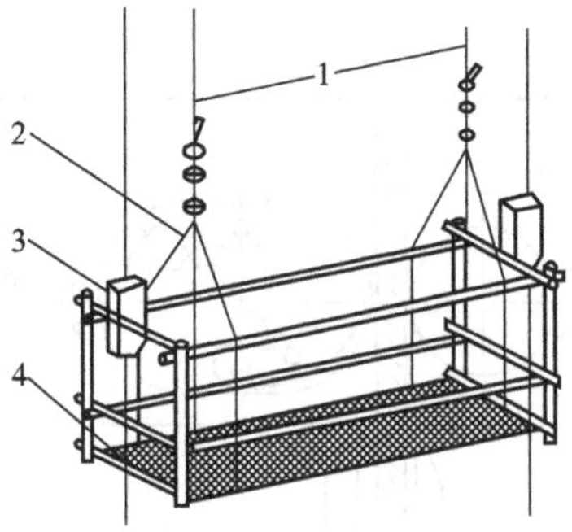

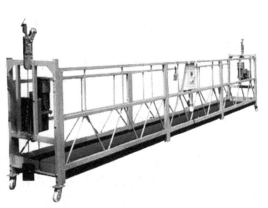

图 2-30　手动吊篮脚手架安全自锁装置示意

1—安全锁；2—连接装置；
3—提升装置；4—吊篮

图 2-31　电动吊篮脚手架实物图片

a.屋面支承系统。屋面支承系统（图 2-32）由挑梁、支架、脚轮、配重以及配重架等组成。

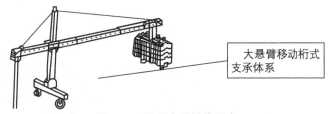

图 2-32　屋面支承系统示意

b.提升机构。电动吊篮的提升机构（图 2-33）由电动机、制动器、减速系统及压绳系统组成。

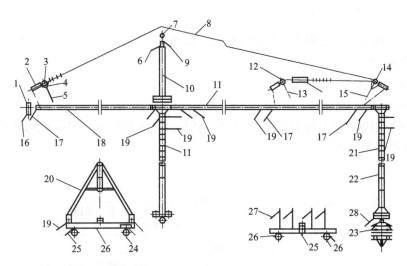

图 2-33　电动吊篮的提升机构示意

1—刮板；2—拉拽板；3，14—绳轮；4—垫片；5，15，17，19，27—螺栓；
6，9，13，16，26—销轴；7—小绳轮；8—钢丝绳；10—上支架；11—中梁；
12—隔套；18—前梁；20，21—内插架；22—后支架；23—配重铁；24—脚轮；
25—后底架；28—前底架

c. 安全锁。安全锁（图 2-34）主要是保护吊篮中操作人员不致因吊篮意外坠落而受到伤害。

d. 吊篮。吊篮由底篮、栏杆、挂架和附件等组成。宽度标准为 2.0m、2.5m、3.0m 三种。

② 电动吊篮脚手架的安装

a. 安装屋面支承系统（图 2-35）时，一定要仔细检查各处连接件及紧固件是否牢固。同时，应检查悬挑梁的悬挑长度是否符合要求，配重位置以及数量是否符合使用说明书中的有关规定。

b. 吊篮脚手架在现场附近组装完毕，经检查合格后运入指定地点，然后接通电源进行试车。

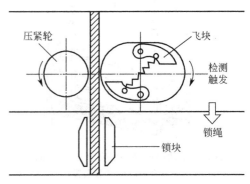

图 2-34　离心式安全锁示意

同时，从上部将工作钢丝绳和安全钢丝绳分别插入提升结构及安全锁中。工作钢丝绳一定要在提升机运行时插入。接通电源时，一定要特别注意相位，使吊篮能按正确方向升降。

屋面支承系统安装完毕后，方可安装钢丝绳。安全钢丝绳在外侧、工作钢丝绳在里侧，两绳相距150mm，且应加以固定和卡紧

图 2-35　吊篮脚手架屋面支承系统安装

c. 新购买的电动吊篮脚手架组装完毕后，应进行空载试运行 6～8h，待一切正常后，方可开始负载运行。

5. 施工质量验收

（1）悬挂机构质量验收

① 必须使用钢材或其他合适的金属材料制作。可采用焊接、铆接或螺栓连接，结构应具有足够的强度和刚度。

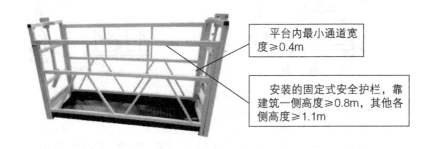

平台内最小通道宽度≥0.4m

安装的固定式安全护栏，靠建筑一侧高度≥0.8m，其他各侧高度≥1.1m

图 2-36　吊篮平台

② 受力构件必须进行质量检查并达到设计要求。

③ 悬挂机构作用于工程结构的作用力应符合其承载要求。

（2）操作平台质量验收

① 出厂前必须做平台试验。

② 平台（图 2-36）地板有效面积不小于 $0.25\text{m}^2/\text{人}$，且必须有防滑措施。

③ 平台四周应装设高 $100\sim150\text{mm}$ 的挡脚板。

④ 平台若装门时，则不得外开，并设电气联锁装置。

二、吊篮脚手架的拆除施工

1. 施工现场管理

① 进入施工现场的吊篮脚手架，必须要有出厂合格证。在每次安装使用前，都要仔细检查和验收，验收合格后方可安装。

② 自行设计的吊篮脚手架，必须要有完整的计算书、设计图样和加工工艺设计图，并经实际超载试验合格后方可安装。每次使用前都必须进行必要的保养和检查。

③ 严格控制加工质量，必须全面符合设计要求。

④ 屋面挑梁处应安排监护人员，监护挑梁的搁置情况，防止平衡重发生变化，如有异常情况应立即停止作业，挑梁处于安全状态时才能进行生产作业。

⑤ 应经常检查和保养吊篮脚手架的钢丝绳，不用时应妥善存放和保管。对于有磨损的钢丝绳，不得继续使用。如发现正在使用的吊篮脚手架钢丝绳有磨损时，应立即撤出作业人员，将吊篮脚手架放至地面并更换钢丝绳。

2. 吊篮脚手架拆除施工的常用标识

吊篮脚手架拆除施工的常用标识如图 2-37 所示。

标识说明：在吊篮脚手架拆除施工时，应将"注意风向"的标识悬挂在醒目的位置，提醒工作人员若风力过大应停止拆除施工

图 2-37 "注意风向"标识

3. 施工现场设置要求

① 吊篮脚手架属高空载人作业的超高设备，必须严格贯彻有关安全操作规程。

② 吊篮脚手架操作人员身体必须健康，无高血压等疾病，经过培训和实习并取得合格证者，方可上岗操作。

③ 操作人员必须遵守操作规程，佩戴安全帽和安全带，服从安全检查人员的指令。

④ 严禁酒后进行吊篮脚手架操作。

4. 施工细节操作

吊篮脚手架的拆除（图 2-38）顺序与安装顺序相反，其拆除顺序如下：将吊篮脚手架逐步降至地面（如为电动吊篮脚手架应先切断电源）——拆除手扳葫芦——移走吊篮脚手架架体——抽出吊篮绳，拆除挑架（或挑梁）——解掉吊篮绳及安全绳——将挑架（挑梁）及附件吊送到地面。

5. 施工质量验收

① 在吊篮脚手架正下方的投影面上，以高处作业坠落半径为警戒区，派专人进行监护，任何人员和车辆均不得入内。

② 吊篮脚手架靠墙一侧应设置支承杆或支承轮，并用拉绳拉紧到结构上，以减小吊篮脚手架的晃动。

③ 吊篮脚手架严禁超载使用。

④ 吊篮脚手架的升降机构、限速机构、控制设备和保险设备必须完好，并经常进行检查和维修保养。

图 2-38　吊篮脚手架的拆除

⑤ 每天工作前的例行检查和准备作业包括的内容如下。

a. 检查屋面支承系统钢结构、配重、工作钢丝绳及安全钢丝绳的工况，凡有不合规定者，应立即纠正。

b. 检查吊篮脚手架的机械设备及电气设备，确保其正常工作，有可靠的接地设施。

c. 开动吊篮脚手架反复进行升降，检查起升机构、安全锁、限位器、制动器及电动机的工作情况，确认其正常后方可正式运行。

d. 清扫吊篮脚手架中的尘土垃圾、积雪和冰渣。

e. 吊篮脚手架上携带的材料和施工机具必须安置妥当，吊篮脚手架不得倾斜和超载。

⑥ 遇雷雨天气或风力超过 5 级时，不得进行吊篮脚手架操作。

⑦ 电动吊篮脚手架在运行中如发生异常和故障，必须立即停机检查，故障未经彻底排除，不得继续使用。

⑧ 如必须在吊篮脚手架上进行电焊作业时，应对吊篮脚手架钢丝绳进行全面防护，以免钢丝绳受到损坏，更不得利用钢丝绳作为导电体。

⑨ 在吊篮脚手架下降着陆之前，应在地面上垫好方木，以免损坏吊篮脚手架底部的脚轮。

⑩ 每日作业班后应注意检查并做好以下几项收尾工作。

a. 作业完毕应切断电源。

b. 将多余的电缆线及钢丝绳存放在吊篮脚手架内。

c. 使吊篮脚手架与建筑物拉紧，以防大风骤起，发生吊篮脚手架与墙面相撞事故。

⑪ 使用期间应指定专职安全检查人员和专职电工，负责安全技术和电气设备的维修。每完成一项工程后，均应由一个专职人员按有关技术标准对电动吊篮脚手架的各个部件进行全面检查和保养维修。

第四节　附着式升降脚手架

一、附着式升降脚手架的搭设施工

1. 施工现场管理

附着式升降脚手架（图 2-39）实际上是把一定高度的落地式脚手架移到空中，脚手架架体的总高度一般为搭设四个标准层高再加上一步护身栏杆。架体由承力构架支承，并通过附着装置与工程结构连接。所以，附着式升降脚手架的组成应包括架体结构、附着支承装置、提升机构和设备、安全装置和控制系统几个部分。

图 2-39　附着式升降脚手架

附着式升降脚手架属侧向支承的悬空脚手架，架体的全部荷载通过附着支承传给工程结构承受。其荷载传递方式为：架体的竖向荷载传给水平梁架，水平梁架以竖向主框架为支座，竖向主框架承受水平梁架的传力及主框架自身荷载，主框架荷载通过附着支承结构传给建筑结构。

2. 附着式升级脚手架搭设施工的常用标识

附着式升降脚手架搭设施工的常用标识如图 2-40 所示。

标识说明：在附着式升降脚手架搭设施工时，应将"禁止合闸　有人工作"的标识悬挂在配电操作箱外侧，提醒非工作人员禁止合闸

图 2-40　"禁止合闸　有人工作" 标识

3. 施工现场设置要求

① 按设计要求备齐设备、构件、材料，在现场分类堆放，所需材料必须符合质量标准。

② 组织操作人员学习有关技术和安全规程，熟悉设计图样及各种设备的性能，掌握技术要领和工作原理，对施工人员进行技术交底和安全交底。

③ 电动葫芦必须逐台检验，按机位编号，电控柜和电动葫芦应按要求全部接通电源进行系统检查。

4. 施工细节操作

（1）选择安装起始点，安放提升滑轮组（图 2-41）并搭设底部架子　脚手架安装的起始点一般选在附着式升降脚手架的提升机构位置不需要调整的地方。

安放提升滑轮组，并和架子中与导轨位置相对应的立杆连接，以此立杆为准向一侧或两侧依次搭设底部架子；与提升滑轮组相连（即与导轨位置相对应)的立杆一般是位于脚手架端部的第二根立杆，此处要设置从底到顶的横向斜杆

图 2-41　提升滑轮现场安装

（2）脚手架架体搭设（图 2-42）　以底部架为基础，配合工程施工进度搭设上部脚手架。

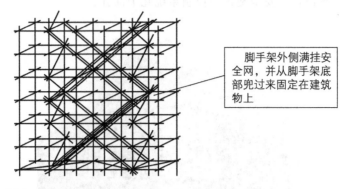

脚手架外侧满挂安全网，并从脚手架底部兜过来固定在建筑物上

图 2-42　脚手架架体搭设示意

与导轨位置相对应的横向承力框架内沿全高设置横向斜杆，在脚手架外侧沿全高设置剪刀撑；在脚手架内侧安装爬升机械的两立杆之间设置横向斜撑。

（3）安装导轮组、导轨　在脚手架架体与导轨相对应的两根立杆上，上、下各安装两组导轮组，然后将导轨插进导轮和提升滑轮组下（图 2-43）的导孔中（图 2-44）。

在建筑物结构上安装连墙挂板、连墙支杆、连墙支座杆，再将导轨与连墙支座连接（图 2-45）。

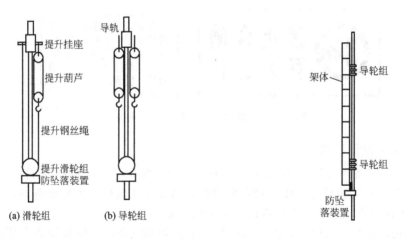

图 2-43　提升机构示意　　　　　图 2-44　导轨与架体连接示意

（4）安装提升挂座、提升葫芦、斜拉钢丝绳、限位器　安装提升挂座、提升葫芦、斜拉钢丝绳、限位器的具体步骤及要求如下。

① 将提升挂座安装在导轨上（上面一组导轮组下的位置），再将提升葫芦挂在提升挂座上。

② 当提升挂座两侧各挂一个提升葫芦时，架子高度可取 3.5 倍楼层高，导轨选用 4 倍楼层高，上下导轨之间的净距离应大于 1 倍楼层加 2.5m；当提升挂座两侧的一侧挂提升葫芦，另一侧挂钢丝绳时，架子高度取 4.5 倍楼层高，导轨选用 5 倍楼层高，上下导轨之间的净距应大于 2 倍楼层高加 1.8m。

③ 若采用电动葫芦则在脚手架上搭设电控柜操作台，并将电缆线布置到每个提升点，与电动葫芦连接好（注意留足电缆线长度）。

④ 限位锁固定在导轨上，并在支架立杆的主节点下的碗扣底部安装限位锁夹。

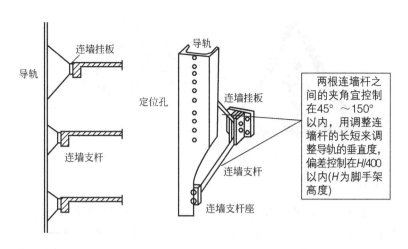

图 2-45　导轨与结构连接示意

5. 施工质量验收

① 操作人员必须经过专业培训。脚手架组装前，应根据专项施工组织设计要求，配备合格人员，明确岗位职责。对所有材料、工具和设备进行检验，不合格的产品严禁投入使用。

② 脚手架组装完毕，必须对各项安全保险装置、电气控制装置、升降动力设备、同步及荷载控制系统，附着支承点的连接件等进行仔细检查，在工程结构混凝土强度达到承载强度后，方可进行升降操作。

③ 升降操作前应解除所有妨碍架体升降的障碍和约束。升降时，严禁操作人员停留在架体上。特殊情况需要上人的，必须采取有效的安全防护措施。

二、附着式升降脚手架的拆除施工

1. 施工现场管理

① 进入施工现场必须正确佩戴安全帽，不准赤脚、赤身、穿硬底鞋上岗作业。

② 在施工现场必须遵守现场的劳动纪律，身体不适、小伤有病态者、酒后者严禁上岗作业，杜绝未成年人及 55 周岁以上者进行现场作业。不得带有思想情绪上岗作业。

③ 拆除人员必须持有效证件上岗，所有人员上岗证复印件必须交项目部安全部门备案，并接受三级安全教育培训。

④ 所有拆除人员必须按高空作业要求系好安全带，并扣好保险金属钩。

⑤ 劳动时做到三不伤害："不伤害自己""不伤害他人""不被他人伤害"。

2. 附着式升降脚手架拆除施工的常用标识

附着式升降脚手架拆除施工的常用标识如图 2-46 所示。

3. 施工现场设置要求

① 将爬架下降到位后，确定拆除区域，设置警戒线。

② 检查升降机位处的连接是否稳固可靠，加强爬架底部的连接。

③ 在未拆除到承重块时，承重块必须一直有效。根据拆除工作流程，最后拆除附墙钢支梁。

④ 爬架拆除前应清除爬架上的杂物及地面障碍物。

标识说明：在附着式升降脚手架拆除施工时，应将"当心触电"的标识悬挂在配电箱周围醒目的位置，提醒工作人员此处有强电，应注意安全

图 2-46 "当心触电"标识

4. 施工细节操作

① 拆除施工工艺流程：确定拆除区域→地面设置警戒线→拆除钢丝网密目安全网→拆除操作层脚手板→拆除大、小横杆→依次拆除内、外立杆和剪刀撑→拆除上部钢支梁和主框架→拆除活动翻板→拆除底部脚手板和桁架→拆除底部主框架和钢支梁→分类整理、清理入库。

② 关闭总配电箱，拆除总电缆后拆除爬架上的电气设备和其他分支电缆线，将电缆线整理绕圈后和电控柜一起入库。

③ 拆除爬架上的全部钢丝网，并在楼层上打捆。

④ 在爬架周围的地面设置安全警戒线，并派专人看守，保证在爬架拆除施工时，安全警戒线内无其他任何人员。

⑤ 爬架拆除应遵循从上到下的原则，严禁上下同时作业。

⑥ 拆除下来的杂物及钢管扣件（图 2-47）等，严禁从上往下抛掷，必须使用绳索或运输工具放于同层地面，再经垂直运输机械运送至地面。

当杆件运回地面后，应根据杆件长度和型号进行分类清理

图 2-47 钢管扣件拆除

5. 施工质量验收

拆除下来的构配件及设备应集中堆放，及时进行全面检修保养，然后入库保管。构件出现下列中的任何一种情况，必须予以报废。

① 焊接件严重变形且无法修复或严重锈蚀。

② 螺纹连接件变形、磨损、锈蚀严重或螺栓损坏。

③ 弹簧件变形、失效。

④ 钢丝绳扭曲、打结、断股，磨损断丝严重达到报废规定。

⑤ 导轨、附着支承结构件、水平梁架杆部件、竖向主框架等构件出现严重弯曲。

第三章

模板支撑架和木脚手架安全施工

第一节　模板支撑架的搭设与拆除

一、扣件式钢管模板支撑架的搭设施工

1. 施工现场管理

① 场地清理平整、定位放线、底座安放等均与扣件式脚手架搭设时相同。

② 立杆的间距应通过计算确定，通常取 1.2～1.5m，不得大于 1.8m。对较复杂的工程，需根据建筑结构的主、次梁和板的布置，模板的配板设计、装拆方式，纵横楞的安排等情况，给出支撑架立杆的布置图。

2. 扣件式钢管模板支撑架搭设施工的常用标识

扣件式钢管模板支撑架搭设施工的常用标识如图 3-1 所示。

标识说明：在扣件式钢管模板支撑架搭设施工时，应将"施工现场　禁止通行"的标识悬挂在施工进出口的醒目位置，提醒非工作人员禁止通行

图 3-1　"施工现场　禁止通行"标识

3. 施工现场设置要求

（1）垂直运输设备　塔吊、人货电梯、施工井架。

（2）搭设工具　活扳手、力矩扳手。

（3）检测工具　钢直尺、游标卡尺、水平尺、角尺、卷尺。

（4）作业条件

① 脚手架的地基必须处理好，且要符合施工组织设计的要求。

② 搭设脚手架的场地应清理干净。

③ 脚手架专项施工组织设计已审批，达到《危险性较大的分部分项工程安全管理办法》（建质〔2009〕87号）要求的还应组织专家论证审查。

4. 施工细节操作

（1）立杆接长　当扣件式支撑架的高度较高时，立杆可根据实际高度进行接长，其主要有对接扣件连接（图3-2）和旋转扣件连接（图3-3）两种连接方式。

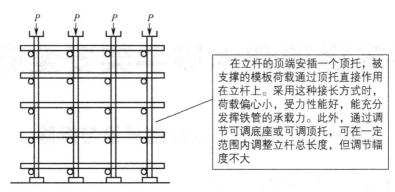

在立杆的顶端安插一个顶托，被支撑的模板荷载通过顶托直接作用在立杆上。采用这种接长方式时，荷载偏心小，受力性能好，能充分发挥铁管的承载力。此外，通过调节可调底座或可调顶托，可在一定范围内调整立杆总长度，但调节幅度不大

图3-2　对接扣件连接示意

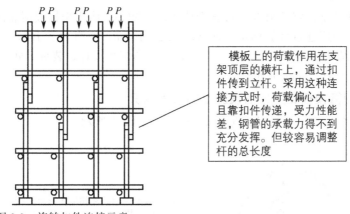

模板上的荷载作用在支架顶层的横杆上，通过扣件传到立杆。采用这种连接方式时，荷载偏心大，且靠扣件传递，受力性能差，钢管的承载力得不到充分发挥。但较容易调整杆的总长度

图3-3　旋转扣件连接示意

（2）安装水平拉结杆　为了保证支撑架的整体稳定性，必须在支撑架立杆之间纵、横两个方向均设置扫地杆和水平拉结杆。各水平拉结杆的间距（步高）通常不大于1.6m。

（3）安装斜撑　扣件式钢管支撑架斜撑的搭设方式有刚性斜撑（图3-4）和柔性斜撑（图3-5）两种。

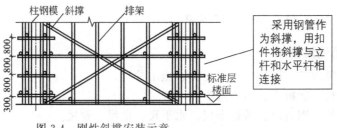

采用钢管作为斜撑，用扣件将斜撑与立杆和水平杆相连接

图3-4　刚性斜撑安装示意

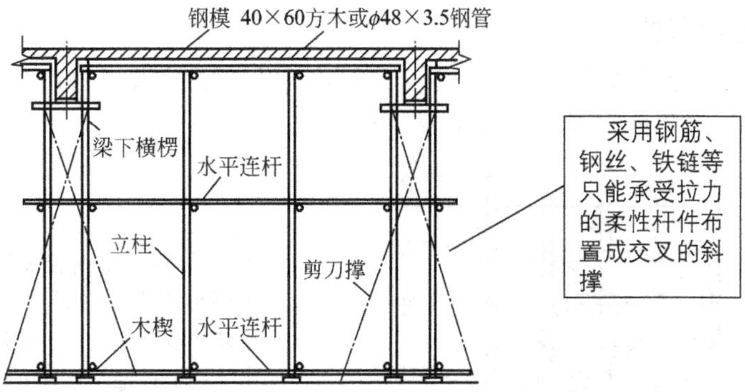

钢模 40×60方木或φ48×3.5钢管

梁下横楞
水平连杆
立柱
剪刀撑
木楔
水平连杆

采用钢筋、钢丝、铁链等只能承受拉力的柔性杆件布置成交叉的斜撑

图 3-5 柔性斜撑安装示意

5. 施工质量验收

脚手架钢管（图 3-6）应采用现行国家标准《直缝电焊钢管》（GB/T 13793—2016）或《低压流体输送用焊接钢管》（GB/T 3091—2015）中规定的 Q300 普通钢管，其质量应符合现行国家标准《碳素结构钢》（GB/T 700—2006）中 Q300A 级钢的规定。钢管上严禁打孔。

脚手架钢管应采用可锻铸铁制作的扣件，其材质应符合现行国家标准《钢管脚手架扣件》(GB 15831—2006)的规定；采用其他材料制作的扣件，应经试验证明其质量符合该标准的规定后方可使用。脚手架采用的扣件，在螺栓拧紧的扭力矩达65N/m²时，不得发生破坏

图 3-6 脚手架钢管

二、碗扣式钢管支撑架的搭设施工

1. 施工现场管理

① 搭设前，应根据施工要求编制施工方案，选定支撑架的形式及尺寸。

② 按支撑架高度选配立杆、顶杆、可调底座和可调托座，并列出材料明细表。

③ 支撑架地基处理要求与碗扣式钢管脚手架搭设的要求及方法相同。在使用过程中，应随时注意基础沉降，及时调整底座，使各杆件受力均匀。

2. 碗扣式钢管支撑架搭设施工的常用标识

碗扣式钢管支撑架搭设施工的常用标识如图 3-7 所示。

标识说明：在碗扣式钢管支撑架搭设施工时，应将"当心机械伤人"的标识悬挂在钢管调直机作业处，提醒操作人员及其他专业工作人员应安全使用机械

图 3-7 "当心机械伤人"标识

3. 施工现场设置要求

（1）一般碗扣式支撑架构造（图 3-8） 使用不同长度的横杆可组成不同立杆间距的支撑架，支撑架中框架单元基本尺寸见表 3-1。

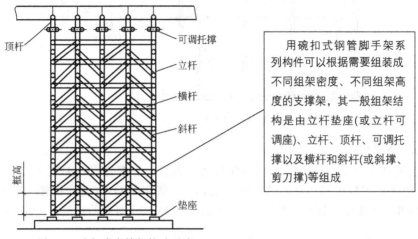

用碗扣式钢管脚手架系列构件可以根据需要组装成不同组架密度、不同组架高度的支撑架，其一般组架结构是由立杆垫座(或立杆可调座)、立杆、顶杆、可调托撑以及横杆和斜杆(或斜撑、剪刀撑)等组成

图 3-8 碗扣式支撑架构造示意

表 3-1 碗扣式钢管支撑架框架单元基本尺寸 单位：m

尺寸	A 型	B 型	C 型	D 型	E 型
框长×框宽×框高	1.8×1.8×1.8	1.2×1.2×1.8	1.2×1.2×1.2	0.9×0.9×1.2	0.9×0.9×0.6

（2）带横托撑（或可调托撑）支撑架（图 3-9） 可调横托撑既可作为墙体的侧向模板支撑，又可作为支撑架的横（侧）向限位支撑。

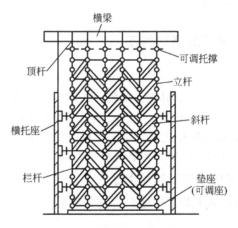

图 3-9 带横托撑支撑架示意

（3）高架支撑架（图 3-10） 撑架高宽（按窄边计）比超过 5 时，应采取高架支撑。否则需按规定设置缆风绳紧固。

（4）支撑柱支撑架（图 3-11） 当施工荷载较重时，应采用碗扣式钢管支撑柱组成的支撑架。

4. 施工细节操作

碗扣式钢管支撑架搭设施工细节操作的主要内容见表 3-2。

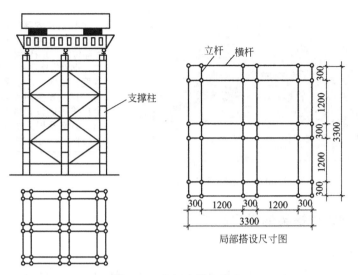

图 3-10　高架支撑架示意

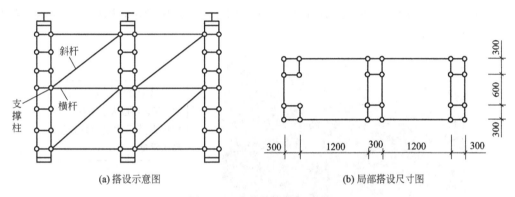

(a)搭设示意图　　　　　(b)局部搭设尺寸图

图 3-11　支撑柱支撑架示意

表 3-2　碗扣式钢管支撑架搭设施工细节操作的主要内容

步骤	内容
竖立杆	立杆的安装方法与脚手架相同。第一步立杆的长度应一致,以使支撑架的立杆接头在同一水平面上,顶杆只能在顶端使用
安装横杆和斜杆	横杆和斜杆的安装方法与脚手架相同
安装横托撑	横托撑应设置在横杆层,两侧对称设置。横托撑一端由碗扣接头与横杆、支座架连接,另一端插上可调托座,安装支撑横梁
搭设支撑柱	支撑柱由立杆、顶杆和 0.3m 横杆组成(横杆步距 0.6m),其底部设支座,顶部设可调座

5. 施工质量验收

① 碗扣式支撑架搭设（图 3-12）时每 6m 进行一次检查与验收；架体随施工进度定期进行检查，到达方案搭设要求的高度后进行全面检查与验收，保证架子的几何尺寸不变形，检查立杆的间距、水平杆的步距、剪刀撑等设置是否完整。

② 模板支撑架浇筑混凝土时，设专人全过程监督：立杆拉杆是否安装牢固，钢管连接、扣件拧紧程度是否符合要求。

过程检查内容应包括立杆底部基层清理，木垫板、底座位置，顶托螺杆伸出长度，钢管规格尺寸，立杆垂直度，扫地杆、水平拉杆、剪刀撑及安全网等各种安全措施等的设置情况是否满足方案及相关规范规定，不合格的不得使用

图 3-12　碗扣式支撑架搭设施工

三、门式钢管支撑架的搭设施工

1. 施工现场管理

① 门式架搭设（图 3-13）时应场地平整，若在非结构层上搭设时，地面应夯实，在搭设面上底托上加设厚度为 50mm 的垫木。

② 门式架首层的垂直度、竖杆在两个方向的垂直偏差均在 2mm 以内，顶部水平偏差控制在 5mm 以内。

门式架立杆之间要对齐，对中偏差不应大于3mm，并相应调整门式架的垂直度和水平度

图 3-13　门式架搭设

③ 楼层标高误差不得大于 ±10mm；模板块相邻板面高低差不得超过 2mm。

2. 门式钢管支撑架搭设施工的常用标识

门式钢管支撑架搭设施工的常用标识如图 3-14 所示。

标识说明：当门式钢管支撑架搭设施工时，应将"当心伤手"标识悬挂在醒目位置，提醒工作人员在搬运、处理门式钢管支撑架时应注意安全

图 3-14　"当心伤手"标识

3. 施工现场设置要求

（1）CZM门架（图3-15） CZM门架是一种适用于搭设模板支撑架的门架。

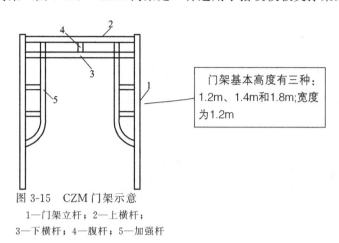

门架基本高度有三种：1.2m、1.4m和1.8m;宽度为1.2m

图3-15 CZM门架示意

1—门架立杆；2—上横杆；

3—下横杆；4—腹杆；5—加强杆

（2）调节架 调节架高度有0.9m、0.6m两种，宽度为1.2m，用来与门架搭配，用于不同高度的支撑架。

（3）连接棒、销钉、锁臂 上、下门架和调节架的竖向连接，采用连接棒，连接棒两端均钻有孔洞，插入上、下两门架的立杆内，并在外侧安装锁臂，再用自锁销钉穿过锁臂、立杆和连接棒的销孔，将上下立杆直接连接起来。

（4）加载支座、三角支撑架 加载支座、三角支撑架构造的具体内容见表3-3。

表3-3 加载支座、三角支撑架的构造

名称	内容	图例
加载支座	使用时需将底杆用扣件将底杆与门架的上横杆扣牢,小立杆的顶端加托座	小立杆　底杆
三角支撑架	宽度有150mm、300mm、400mm等几种,使用时需将插件插入门架立杆顶端,并用扣件将底杆与立杆扣牢,然后在小立杆顶端设置顶托	1—小立杆；2—底杆；3—插杆；4—小横杆；5—拉杆；6—斜杆；a—小横杆与斜杆连接点间距；c—小立杆与底杆间距；θ—斜杆支撑角度

4. 施工细节操作

（1）地基处理 搭设支撑架的场地必须平整坚实（图 3-16），回填土地面必须分层回填、逐层夯实，以保证底部的稳定性。

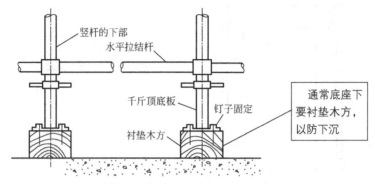

图 3-16 支撑架场地平整示意

（2）肋形楼盖模板支撑架（门架垂直于轴线）的搭设

① 梁底模板支撑架（图 3-17）。梁底模板支撑架的门架间距根据荷载的大小确定，同时也应考虑交叉拉杆的长短。

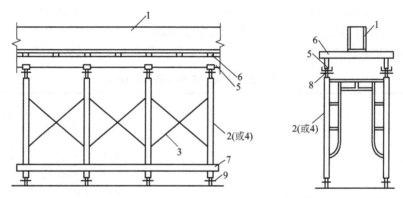

图 3-17 梁底模板支撑架示意

1—混凝土梁；2—门架；3—交叉支撑；4—调节架；5—托梁；
6—小楞；7—扫地杆；8—可调托座；9—可调底座

② 门架间距选定。门架的间距应根据荷载的大小确定，同时也需考虑交叉拉杆的规格尺寸，一般常用的间距有 1.2m、1.5m、1.8m。

（3）肋形楼盖模板支撑架（门架平行于轴线）的搭设 肋形楼盖模板支撑架（门架平行于轴线）搭设的内容见表 3-4。

（4）平面楼（屋）盖模板支撑架的搭设 平面楼（屋）盖模板支撑架，采用满堂支撑架形式，其典型布置形式如图 3-18 所示。

5. 施工质量验收

① 门架与配件的钢管应采用现行国家标准《直缝电焊钢管》（GB/T 13793—2016）或《低压流体输送用焊接钢管》（GB/T 3091—2015）中规定的普通钢管，其材质应符合现行国家标准《碳素结构钢》（GB/T 700—2006）中 Q300 级钢的规定。门架与配件的性能、质量及型号的表述方法应符合现行行业产品标准《门式钢管脚手架》（JG 13—1999）的规定。

表 3-4 肋形楼盖模板支撑架（门架平行于轴线）的搭设

名称	图例
梁底模板 支撑架	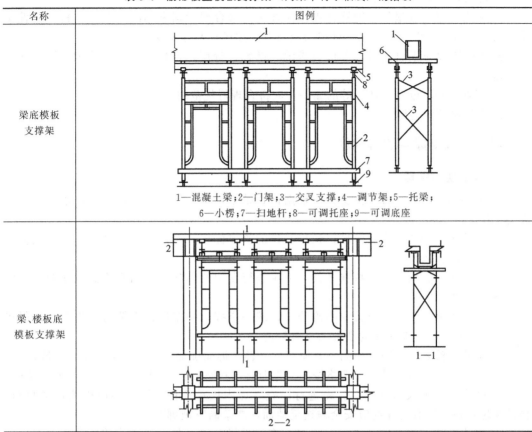 1—混凝土梁；2—门架；3—交叉支撑；4—调节架；5—托梁； 6—小楞；7—扫地杆；8—可调托座；9—可调底座
梁、楼板底 模板支撑架	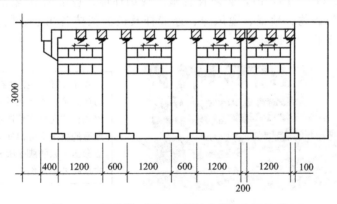

图 3-18 平面楼（屋）盖模板支撑架布置示意

② 加固杆钢管应使用现行国家标准《直缝电焊钢管》（GB/T 13793—2016）或《低压流体输送用焊接钢管》（GB/T 3091—2015）中规定的普通钢管，其材质应符合现行国家标准《碳素结构钢》（GB/T 700—2006）中 Q300 级钢的规定，宜采用直径 $\phi48\times3.0\text{mm}$ 的钢管，相应的扣件规格也应分别为 $\phi48$。

③ 底座、托座及其可调螺母应采用可锻铸铁或铸钢制作，其材质应符合现行国家标准《可锻铸铁件》（GB/T 9440—2010）中 KTH-330-08 或《一般工程用铸造碳钢件》（GB/T 11352—2009）中 ZG230-450 的规定。

④ 钢管的尺寸和表面质量应符合下列规定：

a. 应有产品质量合格证；

b. 应有质量检验报告，钢管材质检验方法应符合现行国家标准《金属材料 拉伸试验 第 1 部分：室温试验方法》（GB/T 228.1—2010）的有关规定；

c. 钢管表面应平直光滑，不应有裂缝、结疤、分层、错位、硬弯、毛刺、压痕和深的划道；

d. 钢管外径、壁厚、断面等的偏差，应符合现行规范的规定；

e. 钢管必须涂有防锈漆。

四、模板支撑架的拆除施工

1. 施工现场管理

① 拆架前，全面检查待拆支架，根据检查结果，拟订作业计划，进行技术交底后才准备工作。

② 拆除现场必须设警戒区域，张挂醒目的警戒标识。警戒区域内严禁非操作人员通行或在支架下方继续施工。

③ 如遇强风、雨、雪等特殊气候，不应进行支架的拆除。夜间实施拆除作业时，应具备良好的照明设备。

④ 拆除支架前，班组成员要明确分工，统一指挥，操作过程中精力要集中，不得东张西望和开玩笑，工具不用时要放入工具袋内。

⑤ 正确穿戴好个人防护用品，脚应穿软底鞋。拆除挑架等危险部位要挂安全带。

⑥ 所有高空作业人员，应严格按高空作业规定执行和遵守安全纪律和拆除工艺要求。

⑦ 拆除人员进入岗位以后，先进行检查，加固松动部位，清除步层内遗留的材料、物件及垃圾块。所有清理物应安全输送至地面，严禁高空抛掷。

⑧ 架体拆除（图 3-19）前，必须查看施工现场环境，包括架空线路、外脚手架、地面的设施等各类障碍物、地锚、缆风绳、连墙杆及被拆架体各吊点、附件、电气装置情况，凡能提前拆除的尽量拆除掉。

所有杆件和扣件在拆除时应分离，不准在杆件上附着扣件或两杆连着送到地面；所有的脚手板应自外向里竖立搬运，以防脚手板和垃圾物从高处坠落伤人

图 3-19 架体拆除

⑨ 拆架时应划分作业区，周围设绳绑围栏或竖立警戒标识，地面应设专人指挥，禁止非作业人员进入。

⑩ 拆除时要统一指挥、上下呼应、动作协调，当解开与另一人有关的结扣时，应先通知对方，以防坠落。

⑪ 所有模板、步板的拆除，应自外向里竖立搬运，以防止自里向外翻起后，板面垃圾物件直接从高处坠落伤人。

⑫ 在拆架时，不得中途换人，如必须换人时，应将拆除情况交代清楚后方可离开。

⑬ 拆架时严禁碰撞脚手架附近电源线，以防发生触电事故。

⑭ 拆下的零配件要装入容器内，用吊篮吊下；拆下的钢管要绑扎牢固，双点起吊，严禁从高空抛掷。

2. 模板支撑架拆除施工的常用标识

模板支撑架拆除施工的常用标识如图 3-20 所示。

标识说明：在模板支撑架拆除施工时，应将"禁止吸烟"标识悬挂在醒目的位置，提醒所有工作人员禁止吸烟，以防火源与模板接触引起火灾

图 3-20 "禁止吸烟"标识

3. 施工现场设置要求

① 模板支撑架与满堂脚手架必须在混凝土结构达到规定的强度后才能拆除。

② 模板支撑架与满堂脚手架作为模板的承重支承使用时，其拆除时间应在与混凝土结构同条件养护的试件达到规定强度标准值时，并经单位工程技术负责人同意后，方可进行拆除。

4. 施工细节操作

① 支撑架拆除前，应由单位工程负责人对支撑架做全面检查，确定可拆除后，方可拆除。拆除时应采取先搭后拆，后搭先拆的施工顺序。

② 拆除支撑架（图 3-21）前应先松动可调螺栓，拆下模板并运出后，才可拆除支撑架。

支撑架拆除应从顶层开始逐层往下拆，先拆可调托撑、斜杆、横杆，后拆立杆

图 3-21 模板支撑架拆除

③ 拆除时应采取可靠的安全措施，拆下的构配件应分类捆绑，尽量采用机械吊运，严禁从高空抛掷到地面。

5. 施工质量验收

（1）进入现场的钢管脚手架构配件应具备的证明资料

① 钢管应有产品质量合格证、质量检验报告。

② 扣件应有生产许可证、法定检测单位的测试报告和产品质量合格证。

（2）构配件进场质量检查的重点　钢管外径、管壁厚度、外表面锈蚀深度、杆件弯曲；焊接质量；可调底座和可调托撑丝杆直径、与螺母配合间隙及材质。

（3）对整体模板支撑架应重点检查的内容

① 模板支撑架杆件的设置是否符合方案要求。

② 保证架体几何不变性的斜杆、连墙件等设置是否完善。

③ 立杆底座与楼板面的接触有无松动或悬空情况。

④ 高大支模支撑架应由安全总监组织工程、技术、质量、安全等部门验收合格后，再报监理人员进行验收。

（4）高大支模支撑架及模板拆除　施工单位在准备模板工程拆除时，结构构件强度必须达到设计规定的拆除强度，并符合《建筑施工模板安全技术规范》（JGJ 162—2008）的要求。

① 模板拆除

a. 模板的拆除措施应经质量部门和技术负责人批准。

b. 拆模板时，2m 以上作业时，人员要挂设安全带，并应有可靠的立足点，拆模区域应设置警示区域并设专人监护，模板应一次拆完，不能留有悬空模板。

c. 侧模拆除时的混凝土强度应能保证其表面及棱角不受损伤，梁板结构的底模及其支架拆除的混凝土强度应符合设计要求，以同等条件养护试件的强度试验报告为依据。模板拆除要有混凝土拆模申请单及拆模的安全技术交底。

d. 拆除模板应先支的后拆，后支的先拆。先拆非承重部分，拆模板时不允许乱撬乱砸模板、木枋，以免损伤模板、混凝土拆除表面及棱角。

e. 当拆除跨度 4m 以上的梁下立柱时应先从跨中开始，对称地分别向两端拆除。模板面刷上脱模剂，堆码整齐，做到工完场清。

② 高大支撑拆除

a. 钢筋混凝土结构必须达到拆模强度后方可进行拆模。注意防止拆除的构配件掉下伤人。

b. 支撑架拆除时必须划出安全区，设置警戒标识，派专人看管。

第二节　木脚手架的搭设与拆除

一、木脚手架的搭设施工

1. 施工现场管理

木脚手架（图 3-22）是由许多纵横木杆，用钢丝绑扎而成。主要杆件有立杆、大横杆、小横杆、斜撑、抛撑、十字撑等。

（1）立杆

① 它是主要的受力杆件，因此要求有足够的断面，其有效部分小头直径不能小于 70mm。立杆可以采用双排架（图 3-23）和单排架（图 3-24）两种形式。

② 立杆接长采用搭接，搭接长度不小于 1.5m，搭接绑扎不少于三道。相邻两立杆的接头要互相错开，并不应布置在同一步距内。在木架子的顶部，里排立杆要低于屋檐 400～500mm，而外面立杆则要高出屋檐 1200mm，以便绑扎护身栏杆。

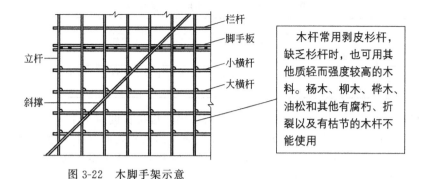

图 3-22 木脚手架示意

木杆常用剥皮杉杆，缺乏杉杆时，也可用其他质轻而强度较高的木料。杨木、柳木、桦木、油松和其他有腐朽、折裂以及有枯节的木杆不能使用

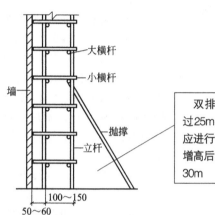

图 3-23 双排架示意

双排架的高度不得超过25m，当需超过25m时，应进行设计计算确定，但增高后的总高度不得超过30m

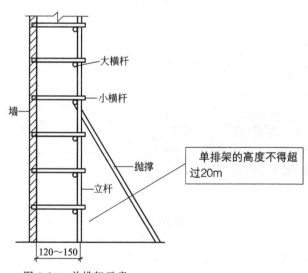

图 3-24 单排架示意

单排架的高度不得超过20m

（2）大横杆

① 大横杆的作用是与立杆连接成整体，将脚手板上的荷载传递到立杆上，因此，必须具有足够的断面和强度，其有效部分的小头直径不得小于80mm。大横杆的上下间距，按脚手架的用途不同而异，具体内容见表 3-5。

表 3-5　大横杆在不同用途时的要求

名称	内容
对于砌砖用的架子	间距一般为 1.0～1.3m；墙厚为 120～240mm 时，大横杆间距以 1.3m 为宜；墙厚为 370mm 时，则取 1.2m 为宜
对于粉刷用的架子	根据操作需要，大横杆间距可以增至 1.5m 左右。大横杆可以绑在立杆里面，也可绑在立杆外面

② 大横杆的接头（图 3-25）部分应大小头搭接，搭接长度应不小于 1.5m，绑扎不少于三道，小头压在大头上面，并要求相邻两步大横杆的大头朝向互相交错，即第一步大头向左，第二步大头则向右。同一步距中，里、外排大横杆的接头不宜布置在同一跨内，而且相邻两步的大横杆接头也应错开。

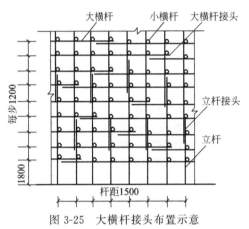

图 3-25　大横杆接头布置示意

（3）小横杆　小横杆的有效部分小头直径不小于 80mm，布置的间距不大于 1m。长度应在 2m 以上，搁置在大横杆上的伸出长度不小于 300mm。单排架的小横杆搁入墙内的长度应不小于 240mm，而且要在杆端下边垫一块干砖，以便拆架时，杆子容易抽出。当小横杆在门窗洞口时，不应直接搁置在门窗樘上，而应在门窗洞口的外侧，另加大横杆及立杆与小横杆绑扎。

（4）横杆、立杆节点关系　大横杆应绑扎在立杆内侧，这样可缩短小横杆的跨距，且便于立杆的接长和绑扎剪刀撑。

（5）剪刀撑　剪刀撑（图 3-26）的作用主要是加强架子的整体稳定性。小头直径应不小于 70mm，搭设时，每档宽度应占两个跨间，从下到上连续设置，各档净距不大于 7 根立杆。

剪刀撑斜杆与地面成45°～60°与相交的立杆绑扎

图 3-26　剪刀撑设置图片

（6）斜撑（图 3-27）　与地面成倾斜角度，并紧贴脚手架垂直面的斜杆称为斜撑，其小头直径应不小于 70mm。斜撑主要设在脚手架拐角处，其作用是防止架子沿纵长方向倾斜。斜撑与地面约成 45°，底脚距立杆纵距为 70cm，斜撑底端埋入土中深度不小于 300cm。

（7）抛撑（图 3-28）　抛撑的主要作用是防止架子向外倾斜，架高三步以上必须设置。用小头直径不小于 70mm 的杉篙支设，通常设在两档剪刀撑之间。

2. 木脚手架搭设施工的常用标识

木脚手架搭设施工的常用标识如图 3-29 所示。

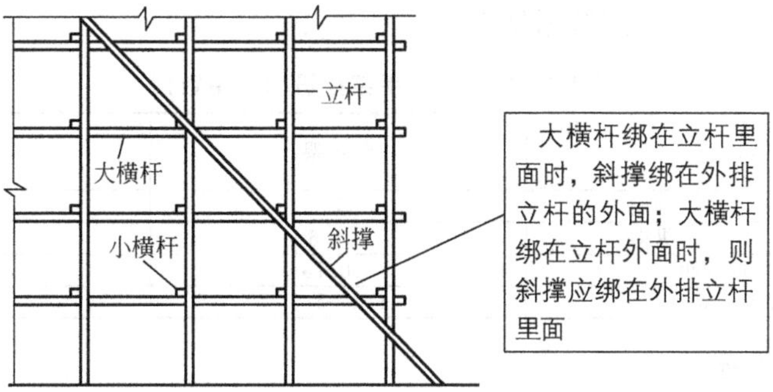

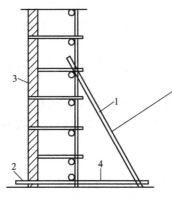

立杆
大横杆
小横杆
斜撑
大横杆绑在立杆里面时，斜撑绑在外排立杆的外面；大横杆绑在立杆外面时，则斜撑应绑在外排立杆里面

图 3-27　斜撑设置示意

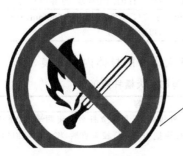

3
1
2
4
抛撑与地面夹角约为60°，抛撑要埋入土中300～500mm。如地面坚硬，不便埋设，则绑扎扫地杆。扫地杆一端与抛撑绑扎，另一端穿墙与墙脚处的横杆绑扎

图 3-28　抛撑设置示意

1—抛撑；2—横杆；3—墙；4—扫地杆

标识说明：在木脚手架搭设施工时，应将“禁止明火”的安全标识悬挂在施工现场，提醒所有工作人员禁止使用明火，以防火灾的发生

图 3-29　“禁止明火”安全标识

3. 施工现场设置要求

双排木脚手架搭设的常用数据见表 3-6。

表 3-6　双排木脚手架搭设的常用数据　　单位：m

项目 \ 用途		砌筑架	装饰架
内立杆轴线至墙面距离		0.5	0.5
立杆间距	横向	≤1.5	≤1.5
	纵向	≤1.5	≤1.8
操作层小横杆间距		≤0.75	≤1.0
大横杆竖向步距		1.2～1.5	≤1.8
小横杆朝墙方向的悬臂长		0.35～0.45	0.35～0.45

单排木脚手架搭设的常用数据见表 3-7。

表 3-7　单排木脚手架搭设的常用数据　　　　　　　　　　单位：m

项目	用途	砌筑架	装饰架
立杆间距	横向	≤1.2	≤1.2
	纵向	≤1.5	≤1.8
操作层小横杆间距		≤0.75	≤1.0
大横杆竖向步距		1.2～1.5	≤1.8

4. 施工细节操作

（1）双排木脚手架的搭设

① 准备工作。按照脚手架的构造要求和用料规格选择材料，并运至搭设现场分类堆放。宜把头大粗壮者做立杆；直径均匀，杆身顺直者做横杆；稍有弯曲者做斜杆，以便在搭设时随时取用。

根据脚手架的工程量，按料单领取 8 号钢丝或竹笆，并按照绑扎方法和要求处理绑扎钢丝或竹笆，并运至搭设现场。

② 搭设顺序的确定。双排木脚手架搭设的顺序一般为：根据建筑物形状放立杆位置线—开挖立杆坑—竖立杆—绑扎大横杆—绑扎小横杆—支绑斜撑—绑剪刀撑—铺脚手板—绑斜撑—绑护身栏—封顶挂安全网。

③ 搭设施工。

a. 放立杆线与挖坑。放立杆线与挖坑的具体内容见表 3-8。

表 3-8　放立杆线与挖坑施工

名称	内容
放线	根据建筑物的形状和脚手架的构造要求放线。按照立杆的间距要求,点好中心线
挖立杆坑	根据点好的立杆中心用用铁锹挖坑,坑底要稍大于坑口,其深度不小于 500mm,直径不小于 100mm,坑挖好后先将坑底夯实,再用碎砖块或石块将坑底填平,以防止下沉

b. 竖立杆与绑扎大横杆。竖立杆与绑扎大横杆的具体内容见表 3-9。

表 3-9　竖立杆与绑扎大横杆施工

名称	内容
竖立杆的操作方法和要求	搭设双排脚手架时,要先竖里排立杆,后竖外排立杆,每排立杆要先将两端的立杆竖起,并将纵横方向校垂直,把杆坑填实,然后再竖中间立杆,同样再把中间立杆校垂直后,将立杆坑回填实。竖其他立杆时,均以这三根杆为标准
配合操作	竖立杆时,一般由 3 人配合操作,具体的竖杆方法是一人将立杆大头对准坑口,另一个人用铁锹挡住立杆根部,并用右脚用力向坑内蹬住立杆根部,再一人将杆件抬起扛在肩上,然后与站在坑口的人互相倒换,双手将杆件竖起落入坑内,一人双手扶住立杆,并校正垂直,两人回填夯实立杆,并将根部做成土墩,以防积水。所有立杆均按此法按顺序竖立
竖立杆时的注意事项	首先,如果杆件有弯曲时,应将其弯曲部分弯向架子的纵向,不得弯向里边或外边;其次,长短立杆要错开搭配使用,避免在同一个水平上接长立杆,也不允许相邻两立杆在同一步内接长

c. 设置连墙杆和八字撑。设置连墙杆和八字撑的具体步骤及方法见表 3-10。

表 3-10　连墙杆和八字撑的设置方法

名称	内容
设置连墙杆	当脚手架较高无法再绑扎斜撑时,可以采取设置连墙杆的方法解决脚手架的稳定性问题,以保证脚手架不向外倾斜和倒塌
设置八字撑	当脚手架遇到门洞通道时,为了不影响通行和运输,应将立杆从第二步大横杆起绑扎,同时需要在通道的两侧加设八字撑。八字撑一般应与地面成 60°夹角,而且应与立杆和大横杆绑扎牢固,使大横杆的荷载通过八字撑传递到地面

（2）单排木脚手架的搭设

① 竖立杆。按线挖好立杆坑以后，开始竖立杆（图 3-30）。立杆应大头朝下，上下垂直，垂直偏差不大于架高的 1/1000，且不得大于 100mm。应先竖两侧立杆，将立杆纵横方向校垂直以后将杆坑填平夯实，然后再竖中间立杆，校正后将杆坑填平夯实。竖其他杆时，以这三根立杆为标准，做到横平竖直。

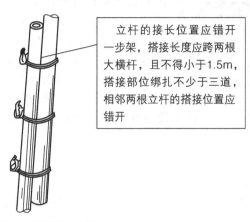

立杆的接长位置应错开一步架，搭接长度应跨两根大横杆，且不得小于1.5m，搭接部位绑扎不少于三道，相邻两根立杆的搭接位置应错开

图 3-30　立杆接长示意

② 绑扎大横杆（图 3-31）。绑扎大横杆的具体步骤及方法如下。

大横杆应绑扎在立杆的内侧，沿纵向平放。绑第一道大横杆时，要注意保持立杆的横平竖直，操作人员要听从找平人的指挥，绑扎时切忌用力过猛拉钢丝，以免将立杆拉歪。绑扎第二道大横杆时要注意动作轻巧、上下呼应，找平人发出绑扎信号后马上绑扎，其他大横杆依次用上述方法绑扎。

大横杆的接长应位于立杆处，大头伸出立杆200～300mm，并使小头压在大头上，搭接长度不小于1.5m，上下大横杆的搭接位置应错开

图 3-31　绑扎大横杆

③ 绑扎小横杆。绑扎小横杆的具体步骤及方法如下。

在第一步架绑扎大横杆的同时，应绑扎一定数量的小横杆，使脚手架有一定的稳定性和整体性。绑扎到 2～3 步架时，应全面绑扎小横杆，以增强脚手架的整体性。

小横杆绑扎在大横杆上，大头朝里。小横杆搁置在墙上的长度不得小于 240mm，伸出大横杆的长度不得小于 200mm。

④ 绑扎抛撑与剪刀撑。绑扎抛撑与剪刀撑的具体步骤及方法如下。

剪刀撑设置（图 3-32）在脚手架的外侧，是与地面成 45°～60°的十字交叉杆件。由下至上与脚手架同步搭设，绑扎牢固。第一步剪刀撑要着地，上下两对剪刀撑不能对头相接，应互相搭接，搭接位置应位于立杆处，剪刀撑要占两个立杆宽，其间距不超过 7 根立杆的间距。

抛撑设在脚手架外侧拐角处，中部抛撑设在剪刀撑的中部，间距为 7 根立杆的距离绑

图 3-32　剪刀撑的设置

扎一道抛撑。抛撑与地面成 45°角，底端埋入土中 200～300mm，以保证脚手架不向外倾斜或发生塌架事故。

⑤ 连墙点的设置。脚手架的搭设高度大于 7m 时，必须设连墙点，使脚手架与结构连接牢固。连墙点设在立杆与横杆交点附近，沿墙面呈梅花状布置，两排连墙点的垂直距离为 2～3 步架高，水平距离不大于 4 倍的立杆纵距。单排脚手架应在两端端部沿竖向每步架设置一个连墙点。

⑥ 护栏和挡脚板的设置。脚手架搭设到两步架以上时，操作层必须设置高 1.2m 的防护栏杆和高度不小于 0.18m 的挡脚板，也可以加设一道 0.2～0.4m 高的低护栏代替挡脚板，以防止人、物的闪出和坠落。

5. 施工质量验收

① 高度超过 4m 的脚手架必须按规定设置安全网。

② 高度超过两步架的脚手架必须设置防护栏杆和挡脚板。斜道、马道、休息平台应设扶手。

③ 脚手架内侧与墙面之间的间隙不应超过 150mm，必须离开墙面设置时，应采取向内将架面进行扩大，具体措施可以灵活采用。

④ 杆件相交挑出的端头应大于 150mm，杆件搭接绑扎点以外的余梢应绑扎固定。

二、木脚手架的拆除施工

1. 施工现场管理

① 拆除木脚手架前，应清除脚手架上的材料、工具和杂物。

② 拆除木脚手架时，应设置警戒区，设立警戒标识，并由专人负责警戒，禁止无关人员进入。

2. 木脚手架拆除施工的常用标识

木脚手架拆除施工的常用标识如图 3-33 所示。

标识说明：在木脚手架拆除施工时，应将"必须穿防护鞋"的标识进行悬挂，提醒工作人员穿防护鞋，以防钉子等物扎脚

图 3-33　"必须穿防护鞋"标识

3. 施工现场设置要求

① 凡不符合高空作业的人员一律禁止高空作业，并严禁酒后作业。

② 严格正确使用劳动保护用品。遵守高处作业规定，工具必须入袋，物件严禁高处抛掷。

③ 强风天、雨雪天不准进行拆除工作。夜间拆除必须布置良好的照明设备。

④ 拆除区域必须设置警戒范围，设立明显的警示标记，非操作人员或地面施工人员，均不得通行或施工，安全部门应配专员现场监护。

⑤ 高层脚手架拆除应配备通信装置。

⑥ 作业人员进入岗位后应先进行检查，如遇薄弱环节时应先加固、后拆除。对表面存留的物件、垃圾应先清理。

4. 施工细节操作

① 拆除大横杆（图 3-34）、剪刀撑要由 3 人配合操作。同时解钢丝扣、拆除后由中间 1 人负责往下顺杆。

> 往下顺杆时，要握住杆的小头，使杆的大头向下，同时通知下面接应。从高处往下顺杆，应用绳索绑住杆的两头，由2人负责送绳，大头先放，使杆与地面垂直或稍有斜度，送到下面接近第一步大横杆时，由下面接应

图 3-34　拆除大横杆

② 拆除抛撑时，应先用临时支撑将架子撑住（或拉住），再拆除抛撑。架子拆除到地面后，拔出立杆，填严坑口。

③ 拆除下来的杆件应分类堆放，堆垛下面应垫高，做好通风防水工作。拆除的钢丝扣应集中回收处理，不得随地乱掷。

5. 施工质量验收

① 拆除物件应由垂直运输机械安全输送至地面。吊机不允许设在脚手架内。施工前应仔细检查各节点、攀桩、传动、索具等是否可靠，杆件必须两点捆扎吊运。

② 拆除时，建筑内应及时关闭窗户，严禁向窗外伸挑任何物件。

③ 高层脚手架拆除应沿建筑四周一步一步递减。不允许两步同时一前一后踏步式拆除，不宜分立面拆除。如遇特殊情况，应有企业有关部门预先制定技术方案，经加固措施后，方可分立面拆除。

④ 立杆、斜拉杆的接长杆拆除，应两人以上配合进行，不宜单独作业，否则容易引起事故。

⑤ 连墙杆、斜拉杆、登高设施的拆除，应随脚手架整体拆除同步施工，不允许先行拆除。

⑥ 在拆除绑扎时，操作者应保持安全意识，站立位置、用力均需得当，防止原杆在搭设校正时其弯势的回弹。

⑦ 翻脚手板应注意站立位置，并应自外向里翻起竖立，以防止未清除的残留物从高处坠落直接伤人。

⑧ 悬空口的拆除，应预先进行加固或设落地支撑措施后，方可进行拆除工作。

⑨ 输送至地面的杆件，应及时按类堆放，整理保养。

第四章 04 Chapter

高处作业安全施工

第一节　临边与洞口作业施工

一、临边作业安全施工

1. 施工现场管理

（1）"三宝"防护　"三宝"是指现场施工作业中必备的安全帽、安全带和安全网。操作工人进入施工现场首先必须熟练掌握"三宝"的正确使用方法，其使用要点见表 4-1。

表 4-1　"三宝"的正确使用

名称	使用要点	图例
安全帽	戴安全帽前应将帽后调整带按自己头形调整到合适的位置，然后将帽内弹性带系牢。缓冲衬垫的松紧由带子调节，人的头顶和帽体内顶部的空间垂直距离一般应在 25～50mm 之间，最好不要小于 32mm，这样才能保证当遭受冲击时，帽体内有足够的空间可以用来缓冲，平时也有利于头和帽体间的通风	
安全带	①架子工使用的安全带绳长范围限定在 1.5～2.0m 之间 ②使用 3m 以上长绳需加缓冲器；缓冲器、自锁钩和速差式自控装置可以串联使用 ③使用频繁的绳，要经常做外观检查，如有异常，应立即更换新绳，带子的使用期限为 3～5 年，发现异常应提前报废	

续表

名称	使用要点	图例
安全网	①安装时,在每个系结点上,边绳应与支撑物(架)靠紧,并用一根独立的系绳连接,系结点沿网边均匀分布,其距离不得大于750mm ②安装平网应外高里低,以15°为宜,网不宜绑紧 ③安装立网时,安装平面应与水平面垂直,立网底部必须与脚手架全部封严	

(2) 临边作业设置的垂直起重机械防护

① 楼层卸料平台的防护见图 4-1。

卸料平台两侧应设置1～1.2m高的防护栏杆及脚手板

卸料平台宽度不小于80cm

图 4-1 卸料平台的防护

② 物料提升机吊篮的防护见图 4-2。

防护栏的高度应为1～1.2m

图 4-2 物料提升机吊篮

2. 临边作业施工的常用标识

临边作业施工的常用标识如图 4-3 和图 4-4 所示。

3. 施工现场设置要求

① 临边作业设置防护栏杆的具体范围:基坑周边(图 4-5)、尚未安装栏杆或栏板的阳台、无女儿墙的屋面周边、框架工程楼层的周边、斜马道两侧边、料台与挑平台周边、雨篷与挑檐边等处,都必须设置防护栏杆,并且挂密目网进行封闭。

② 当临边的外侧面临街道时,除防护栏杆外,敞口立面必须采取满挂安全网(图

标识说明：在临边作业防护施工时，应将"禁止跨越"的标识挂在防护栏杆上，提醒工作人员注意安全

图 4-3 "禁止跨越"标识

标识说明：在临边作业防护施工时，应将"当心坠落"的标识挂在临边醒目的位置，提醒工作人员此处危险，当心坠落

图 4-4 "当心坠落"标识

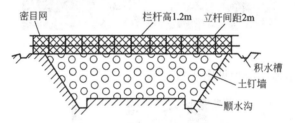

图 4-5 基坑周边防护示意

4-6）或其他可靠措施做全封闭处理。

图 4-6 采取满挂安全网防护

外侧。

4. 施工细节操作

（1）防护栏杆搭设

① 防护栏杆应由上、下两道横杆及栏杆柱组成（图 4-7），上杆离地高度为 1.0～1.2m，下杆离地高度为 0.5～0.6m。

② 坡度大于 1∶2.2 的屋面，防护栏杆应高1.5m，并加挂安全立网。除经设计计算外，横杆长度大于 2m 时，必须加设栏杆柱。

（2）栏杆柱的固定（图 4-8）

① 当在基坑四周固定时，可采用钢管并打入地面 50～70cm 深。钢管离边口的距离不应小于50cm。当基坑周边采用板桩时，钢管可打在板桩

② 当栏杆所处位置有发生人群拥挤、车辆冲击或物件碰撞等可能时，应加大横杆截

图 4-7　施工现场防护栏杆的组成

上杆离地高度为1.0～1.2m

下杆离地高度为0.5～0.6m

栏杆柱的固定及其与横杆的连接，其整体构造应使防护栏杆在上杆任何处都能经受任何方向的1000N外力

图 4-8　防护栏杆柱的固定

面或加密柱距。

（3）安全立网和挡脚板的安装　防护栏杆必须自上而下用安全立网封闭，或在栏杆下边设置严密固定的高度不低于18cm的挡脚板（图4-9）或40cm的挡脚笆。

挡脚板与挡脚笆上如有孔眼，短边长不应大于25mm。板与笆下边距离底面的空隙不应大于10mm

挡脚板的高度不低于18cm

图 4-9　挡脚板的设置

5. 施工质量验收

① 首层墙高度超过3.2m的二层楼面周边，以及无外脚手架的高度超过3.2m的楼层周边，必须在外围架设安全平网一道（图4-10）。

② 钢管质量验收（图4-11）。我国施工现场普遍使用直径为48mm的钢管，因此，钢管横杆及栏杆柱均采用48mm×（2.75～3.5）mm的管材，以扣件或电焊固定。

③ 毛竹质量验收。毛竹横杆小头有效直径不应小于72mm，栏杆柱小头直径不应小于80mm，并须用不小于16号的镀锌钢丝绑扎，不应少于3圈，并无泻滑。

图 4-10　楼层周边架设安全平网

钢管表面应平直光滑，不可有裂缝、结疤、分层、错位、硬弯、毛刺、压痕和深的划道

钢管外径、壁厚、端面等的偏差应符合规范的规定，不可超出偏差范围

图 4-11　钢管质量验收

④ 原木横杆质量验收。原木横杆（图 4-12）上杆梢径不应小于 70mm，下杆梢径不应小于 60mm，栏杆柱梢径不应小于 75mm，并须用相应长度的圆钉钉紧，或用不小于 12 号的镀锌钢丝绑扎，要求表面平顺和稳固无动摇。

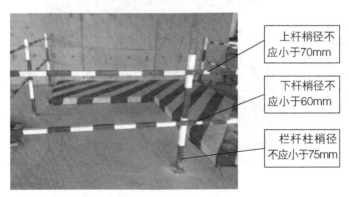

上杆梢径不应小于70mm

下杆梢径不应小于60mm

栏杆柱梢径不应小于75mm

图 4-12　原木横杆

⑤ 钢筋横杆质量验收。钢筋横杆（图 4-13）上杆直径不应小于 16mm，下杆直径不应小于 14mm，栏杆柱直径不应小于 18mm，采用电焊或镀锌钢丝绑扎固定。

二、洞口作业施工

1. 施工现场管理

洞口分为平行于地面的，如楼板、人孔、梯道、天窗、管道沟槽、管井、地板门和斜

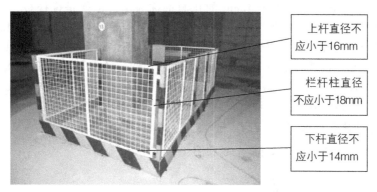

图 4-13　钢筋横杆

通道等的洞口，称为平面洞口（图 4-14）；垂直于地面的，如墙壁和窗台墙等的洞口，称为竖向洞口（图 4-15）。

图 4-14　施工现场平面洞口

图 4-15　施工现场竖向洞口

（1）孔　楼板、屋面、平台等面上，短边尺寸小于 25cm 的孔洞；位于墙上，高度小于 75cm 的孔洞都称为孔。

（2）洞　楼板、屋面、平台等面上，短边尺寸大于或等于 25cm 的孔洞；位于墙上，高度大于或等于 75cm、宽度大于 45cm 的孔洞都称为洞。也就是说楼板、屋面、平台等面上，短边尺寸达到了 25cm 即为洞；墙上，高度达到了 75cm、宽度达到 45cm 亦为洞。

（3）洞口作业　孔与洞边口旁的高处作业，包括施工现场及通道旁深度在 2m 及 2m 以上的桩孔、人孔、沟槽与管道、孔洞等边沿上的作业。还有一些洞口是因工程和工序的需要而产生的，使人与物有坠落的危险或危及人身安全，如俗称的施工现场"四口"：预留洞口、电梯井口、楼梯口、通道口。

2. 洞口作业施工的常用标识

洞口作业施工的常用标识如图 4-16 和图 4-17 所示。

标识说明：在洞口作业时，应将"注意安全"的标识挂在洞口旁边醒目的位置，时刻提醒工作人员注意自身安全

图 4-16　"注意安全"标识

标识说明：在洞口作业时，应将"禁止入内"的标识挂在洞口处醒目的位置，提醒工作人员禁止进入洞口内，以免发生危险

图 4-17　"禁止入内"标识

3. 施工现场设置要求

① 暂不通行的楼梯口、通道口和暂不用的电梯井口（图 4-18），均应进行临时封闭，封闭要牢固严密。

楼梯口、通道口、电梯井口和坑、井处要有醒目的示警标志，夜间要设红灯来示警

图 4-18　电梯井口安全防护

② 洞口防护栏杆的杆件及其搭设与临边作业防护栏杆的搭设相同，具体搭设见临边作业防护栏杆的设置。

4. 施工细节操作

（1）板与墙的洞口安全防护设置

① 板与墙的洞口必须根据具体情况（较小的洞口可临时砌死）设置牢固的盖板、钢筋防护网、防护栏杆与安全平网或其他防坠落的防护设施。

② 楼板面等处边长为 25～50cm 的洞口（图 4-19）、安装预制构件时的洞口以及缺件临时形成的洞口，可用竹、木等做盖板盖住洞口。

盖板应能保持四周搁置均衡，并有固定其位置的措施

图 4-19 楼板面的洞口

③ 钢筋防护网防护（图 4-20）。边长为 50～150cm 的洞口，必须设置以扣件扣接钢管而成的网格，并在其上满铺竹笆或脚手板。

边长在150cm以上的洞口，四周应设防护栏杆，洞口下张设安全平网。也可采用贯穿于混凝土板内的钢筋构成防护网，钢筋网格间距不得大于20cm

图 4-20 洞口采用钢筋防护网防护

（2）电梯井口安全防护设置 电梯井各层门口必须设置防护栏杆或固定格栅门（图 4-21）；电梯井内应每隔两层并最多隔 10m 设一道安全平网（图 4-22），平网内无杂物，网与井壁间隙不大于 10cm。当防护高度超过一个标准层时，不可采用脚手板等硬质材料做水平防护。防护栏杆和固定格栅门应整齐、固定需牢固，应采用工具式、定型化防护设施，装拆方便，便于周转和使用。

（3）通道口安全防护设置 结构施工自二层起，在建工程地面出入口处的通道口（包括物料提升机、施工用电梯的进出通道口）、施工现场在施工人员流动密集的通道上方，应搭设防护棚（图 4-23）。防止因落物而产生的物体打击事故。出入口处的防护棚宽度应大于出入口，长度应根据建筑物的高度而设置，应符合坠落半径的尺寸要求。

5. 施工质量验收

① 墙的洞口，必须设置牢固的盖板、防护栏

图 4-21 门口采用固定格栅门防护

每隔两层并最多隔10m设一道安全平网，平网内无杂物，网与井壁间隙不大于10cm

图 4-22　设置安全平网

防护棚顶部材料可采用5cm厚木板或相当于厚木板强度的其他材料，材料强度需能承受10kPa的均布静荷载；防护棚上部严禁堆放材料，如果因场地狭小，防护棚兼作物料堆放架时，则应经计算确定，按设计图样来进行验收

图 4-23　通道口搭设防护棚

杆、安全网或其他防坠落的防护设施。

② 电梯井口必须设防护栏杆或固定格栅门（图 4-24）。

电梯井内应每隔两层并最多隔10m设一道安全网

图 4-24　设置固定格栅门

③ 桩、钻孔桩等桩孔上口，杯形、条形基础上口，未填土的坑槽，以及人孔、天窗、地板门等处，均应按洞口防护要求设置稳固的盖件。

第二节　攀登与悬空作业施工

一、攀登作业施工

1. 施工现场管理

① 载人的垂直运输设备，如外用电梯等，其他垂直运输设备，如物料提升机、塔吊

及上述的吊篮脚手架等在任何情况下均不可载人上下。

②基坑施工作业人员上下必须设置专用的通道（图4-25），不准攀爬模板、脚手架，避免发生危险。人员专用通道应在施工组织设计中确定，其攀登设施可视条件采用梯子或专门的搭设，搭设要规范。

③起重吊装过程中作业人员应走专用爬梯或斜道，不允许攀爬脚手架或建筑物来上下。

图4-25　基坑上下专用通道

2. 攀登施工作业的常用标识

攀登施工作业的常用标识如图4-26和图4-27所示。

图4-26　"必须戴安全帽"标识

标识说明：在攀登作业时，应将"必须戴安全帽"的标识悬挂在醒目的位置，提醒攀爬工作人员必须佩戴安全帽，防止攀爬中头部受到磕碰

图4-27　"必须系安全带"标识

标识说明：在攀登作业时，应将"必须系安全带"的标识悬挂在醒目的位置，提醒工作人员必须先系安全带再作业，以增强工作的安全性

3. 施工现场设置要求

（1）落地式脚手架、悬挑式脚手架上的登高上下设施　各类人员上下脚手架时必须在专门设置的斜道（图4-28）上行走，不可攀爬脚手架，斜道可附着在脚手架设置中，也可靠近建筑物独立设置。

人行斜道（图4-29）宽度不小于1m，坡度宜采用1:3；运料斜道宽度不小于1.5m，坡度宜采用1:6。之字形斜道拐弯处设置平台时，其宽度不应小于斜道宽度，斜道两侧及平台外围均应按临边防护要求设置防护栏杆及挡脚板，栏杆高度应为1.2m，挡脚板高度不可小于18cm。

（2）门形脚手架（图4-30）的上下设施　门形脚手架一般配有钢制爬梯，专门为作业人员上下使用，由钢梯梁、踏板、搭钩等组成。钢梯挂在相邻上下两步门架的横杆上，用防滑脱挡板与横杆锁扣来固定牢固。

高度不大于6m的脚手架，可采用一字形斜道；高度大于6m的脚手架，可采用之字形斜道

图 4-28　施工现场设置的斜道

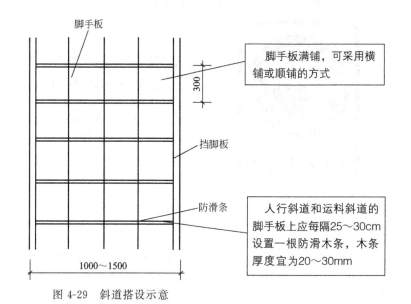

脚手板

脚手板满铺，可采用横铺或顺铺的方式

挡脚板

防滑条

人行斜道和运料斜道的脚手板上应每隔25～30cm设置一根防滑木条，木条厚度宜为20～30mm

图 4-29　斜道搭设示意

禁止在脚手架外侧进行攀登，从外侧攀登不仅容易发生人身事故，而且由于交叉支撑本身刚度差，产生变形后容易影响脚手架的正常使用

图 4-30　门形脚手架

（3）吊篮脚手架施工中的上下设施　吊篮（图4-31）主要用于高层建筑施工的装修作业，吊篮可随作业要求进行升降。即进行外装修作业的登高是采用吊篮的升降进行的。吊篮除吊篮的升降操作人员及进行外装修施工的作业人员外，严禁非升降操作人员及非作业人员进入吊篮，依靠其上下。

吊篮升降作业时，非升降操作人员不可留在吊篮内；在吊篮升降到位固定之前，其他作业人员不可进入吊篮内

图 4-31 吊篮

吊篮升降作业应由经过培训的人员专门负责，人员应相对固定，如有人员变动必须重新培训熟悉作业环境后上岗。

（4）附着式升降脚手架施工的上下设施　附着式升降脚手架人员上下各作业层应设专用通道（斜道）和扶梯。

4. 施工细节操作

① 柱、梁和行车梁等构件吊装所需的直爬梯及其他登高用拉攀件，应在构件施工图或说明内做出规定。

② 攀登的用具，结构构造上必须牢固可靠。供人上下的踏板其使用荷载不应大于 1100N。当梯面上有特殊作业，质量超过上述荷载时，应按实际情况加以验算。

③ 梯脚底部应坚实，不得垫高使用。梯子的上端应有固定措施。立梯工作角度以 75°±5° 为宜，踏板上下间距以 30cm 为宜，不得有缺失。

④ 梯子如需接长使用，必须有可靠的连接措施，且接头不得超过 1 处。连接后梯梁的强度，不应低于单梯梯梁的强度。

⑤ 折梯使用时上部夹角以 35°～45° 为宜，铰链必须牢固，并应有可靠的拉撑措施。

⑥ 固定式直爬梯（图 4-32）应用金属材料制成。

梯宽不应大于50cm，支撑应采用不小于L70×6的角钢，埋设与焊接均必须牢固。梯子顶端的踏棍应与攀登的顶面齐平，并加设1～1.5m高的扶手

图 4-32 固定式直爬梯

⑦ 使用直爬梯进行攀登作业时，攀登高度以 5m 为宜。超过 2m 时，宜加设护笼，超过 8m 时，必须设置梯间平台。

⑧ 作业人员应从规定的通道上下，不得在阳台之间等非规定通道进行攀登，也不得任意利用吊车臂架等施工设备进行攀登。

5. 施工质量验收

① 钢柱安装登高时，应使用钢挂梯或设置在钢柱上的爬梯。钢柱的接柱应使用梯子或操作台。操作台横杆高度，当无电焊防风要求时，其高度不宜小于 1m，有电焊防风要

求时，其高度不宜小于 1.8m。

② 登高安装钢梁（图 4-33）时，应视钢梁高度在两端设置挂梯或搭设钢管脚手架。需在梁面上行走时，其一侧的临时护栏横杆可采用钢索，当改用扶手绳时，绳的自然下垂度不应大于 $l/20$（l 为绳的长度），并应控制在 10cm 以内。

二、悬空作业施工

1. 施工现场管理

施工现场在周边临空状态下进行作业时，高度在 2m 及 2m 以上，属于悬空高处作业。悬空高处作业的定义为：在无立足点或无牢靠立足点的条件下，进行的高处作业统称为悬空高处作业。

图 4-33　安装钢梁

因此，在悬空作业无立足点时，应适当地建立牢靠的立足点，如搭设操作平台、脚手架或吊篮等，方可进行施工。

对悬空作业的另一要求为：凡作业所用索具、脚手架、吊篮、平台、塔架等设备，均应为经过技术鉴定的合格产品或经过技术部门鉴定合格后，才可采用。

2. 悬空作业施工的常用标识

悬空作业施工时常用的标识如图 4-34 和图 4-35 所示。

标识说明：悬空作业时，应将"禁止抛物"的标识悬挂在醒目的位置，提醒工作人员不得从高空向下抛物，防止坠落物品砸伤他人或砸坏机械设备

图 4-34　"禁止抛物"标识

标识说明：悬空作业时，应将"当心坠物"的标识悬挂在作业面下，提醒过往行人此处进行高空作业，应小心坠物带来的危险

图 4-35　"当心坠物"标识

3. 施工现场设置要求

拆模高处作业应配置登高用具或搭设支架。拆除模板（图 4-36）应按施工组织设计

中规定的作业程序来进行。

拆除模板作业比较危险，需设置警戒线等明显标志，以防落物伤人，并应设专门的监护人员。拆除的模板、支撑件要随拆随运，并严禁随意抛掷。不得留有未拆净的悬空模板，避免伤人。

图 4-36　拆除模板

4. 施工细节操作

（1）构件吊装和管道安装时的悬空作业必须遵守的规定

① 钢结构的吊装，构件应尽可能地在地面组装，并应搭设进行临时固定、电焊、高强螺栓连接等工序的高空安全设施，随构件同时上吊就位。拆卸时的安全措施，亦应一并考虑和落实。高空吊装预应力钢筋混凝土屋架、桁架等大型构件前，也应搭设悬空作业中所需的安全设施。

图 4-37　悬空安装大模板

② 悬空安装大模板（图 4-37）、吊装第一块预制构件、吊装单独的大中型预制构件时，必须站在操作平台上操作。吊装中的大模板和预制构件以及石棉水泥板等屋面板上，严禁站人和行走。

③ 安装管道时必须有已完结构或操作平台作为立足点，严禁在安装中的管道上站立和行走。

（2）模板支撑和拆卸时的悬空作业必须遵守的规定

① 支模应按规定的作业程序进行，模板未固定前不得进行下一道工序。严禁在连接件和支撑件上攀登上下，并严禁在上下同一垂直面上装、拆模板。结构复杂的模板，装、拆应严格按照施工组织设计的措施进行。

② 支设高度在 3m 以上的柱模板，四周应设斜撑，并应设立操作平台。低于 3m 的可使用马凳操作。

③ 支设悬挑形式的模板时，应有稳固的立足点。支设临空构筑物模板时，应搭设支架或脚手架。模板上有预留洞时，应在安装后将洞覆盖。混凝土板上拆模后形成的临边或洞口，应按本书有关章节内容进行防护。

（3）钢筋绑扎时的悬空作业必须遵守的规定

① 绑扎钢筋和安装钢筋骨架时，必须搭设脚手架和马道。

② 绑扎圈梁、挑梁、挑檐、外墙和边柱等钢筋时，应搭设操作台架和张挂安全网。悬空大梁钢筋的绑扎，必须在满铺脚手板的支架或操作平台上操作。

③ 绑扎立柱（图 4-38）和墙体钢筋时，不得站在钢筋骨架上或攀登骨架上下。

5. 施工质量验收

① 浇筑离地 2m 以上的框架、过梁、雨篷和小平台时，应设操作平台，不得直接站

3m以内的柱钢筋，可在地面或楼面上绑扎，整体竖立。绑扎3m以上的柱钢筋，必须搭设操作平台

图4-38　悬空绑扎立柱钢筋

图4-39　安装玻璃

在模板或支撑件上操作。

② 浇筑拱形结构，应自两边拱脚对称地相向进行。浇筑储仓，下口应先行封闭，并搭设脚手架以防人员坠落。

③ 安装、油漆门窗及安装玻璃（图4-39）时，严禁操作人员站在樘子、阳台栏板上操作。门窗临时固定时，封填材料未达到强度，以及电焊时，严禁手拉门窗进行攀登。

第三节　操作平台与交叉作业施工

一、操作平台安全文明操作详解

1. 施工现场管理

操作平台为施工现场中用以站人、载料并可进行操作的平台。操作平台分为移动式操作平台、悬挑式钢平台、其他平台如支撑脚手架的平台和活动塔架等。现仅介绍移动式操作平台与悬挑式钢平台。

移动式操作平台指可搬移的用于结构施工、室内装饰和水电安装等的操作平台。

悬挑式钢平台指可以吊运和搁置于楼层边的用于接送物料和转运模板等的悬挑形式的操作平台，通常采用钢构件制作。悬挑式钢平台又称为卸料平台，其又可分为斜拉式悬挑钢平台（图4-40）和下撑式悬挑钢平台。

2. 操作平台安全施工的常用标识

操作平台安全施工的常用标识如图4-41所示。

3. 施工现场设置要求

操作平台可采用 ϕ（48～51）×3.5mm 钢管以扣件连接（图4-42），亦可采用门架式或承插式钢管脚手架部件，按产品使用要求进行组装。平台次梁的间距不应大于40cm，台面应满铺3cm厚的木板或竹笆。

4. 施工细节操作

（1）移动式操作平台安全文明操作的要点

① 移动式操作平台（图4-43）应由专业技术人员按现行的相应规范进行设计，计算

图 4-40　斜拉式悬挑钢平台

标识说明：在操作平台安全施工时，应将"禁止奔跑"的标识悬挂在施工现场的醒目位置，提醒作业人员禁止奔跑，以防触碰移动式平台或跌出悬挑平台外侧而造成伤害

图 4-41　"禁止奔跑"标识

书及图纸应编入施工组织设计。

② 移动式操作平台四周必须按临边作业要求设置防护栏杆，并应布置登高扶梯。

（2）悬挑式钢平台

① 悬挑式钢平台（图 4-44）应按现行的相应规范进行设计，其结构构造应能防止左右晃动，计算书及图纸应编入施工组织设计。

② 构造上宜一前一后各设两道斜拉杆或钢丝绳，两道中的每一道均应做单道受力计算。

图 4-42　操作平台采用钢管扣件连接

③ 钢平台安装时，钢丝绳应采用专用的挂钩挂牢，采取其他方式时卡头的卡子不得少于 3 个。建筑物锐角利口围系钢丝绳处应加衬软垫物，钢平台外口应略高于内口。

④ 钢平台左右两侧必须装置固定的防护栏杆。

⑤ 钢平台吊装（图 4-45）需待横梁支撑点电焊固定，接好钢丝绳，调整完毕，经过检查验收后，方可松卸起重吊钩再进行操作。

5. 施工质量验收

① 钢平台使用时，应有专人进行检查，发现钢丝绳有锈蚀损坏应及时调换，焊缝脱焊应及时修复。

操作平台的面积不应超过10m²，高度不应超过5m。还应进行稳定验算，并采取措施减少立柱的长细比

装设轮子的移动式操作平台，轮子与平台的接合处应牢固可靠，立柱底端离地面不得超过80mm

图4-43　移动式操作平台

悬挑式钢平台应设置4个经过验算的吊环。吊运平台时应使用卡环，不得使吊钩直接钩挂吊环。吊环应用甲类3号沸腾钢制作

图4-44　悬挑式钢平台

② 操作平台上应显著地标明容许荷载值。操作平台上人员和物料的总重量，严禁超过设计的容许荷载，并应配备专人加以监督。

③ 钢平台应制成定型化、工具化的结构，无论采用钢丝绳吊拉或型钢支撑式，都应能简单合理地与建筑结构连接。悬挑式钢平台的安装与拆卸应简单、方便。

图4-45　悬挑式钢平台吊装

二、交叉作业安全文明操作详解

1. 施工现场管理

现场施工调度要求的主要内容如下。

① 调度工作的依据要正确，这些依据有施工过程中检查和发现出来的问题、计划文件、设计文件、施工组织设计、有关技术组织措施、上级的指示文件等。

② 调度工作要做到"三性"，即及时性（指反映情况及时、调度处理及时）、准确性（指依据准确、了解情况准确、分析问题原因准确、处理问题的措施准确）、预防性（指对工程中可能出现的问题，在调度上要提出防范措施和对策）。

③ 采用科学的调度方法，即逐步采用新的现代调度方法和手段，广泛应用电子计算机技术。

④ 为了加强施工指挥的统一性，必须给调度部门和调度人员应有的权力。

⑤ 调度部门无权改变施工作业计划的内容，但在遇到特殊情况无法执行原计划时，可通过一定的批准手续，经技术部门同意，按下列原则进行调度：

a. 一般工程服从于重点工程和竣工工程；

b. 交用期限迟的工程，服从于交用期限早的工程；

c. 小型或结构简单的工程，服从于大型或结构复杂的工程。

2. 交叉作业的常用标识

交叉作业施工的常用标识如图 4-46 和图 4-47 所示。

标识说明：在交叉作业时，应将"非工作人员勿动"标识挂在作业处，提醒非工作人员或其他专业的工作人员不要动非本专业内的机械设备等物品

图 4-46 "非工作人员勿动"标识

标识说明：在交叉作业时，应将"当心扎脚"的标识进行悬挂，提醒所有工作人员注意脚下

图 4-47 "当心扎脚"标识

3. 施工现场设置要求

模板施工中交叉作业应尽量避免在同一垂直作业面内进行；无法避免在同一垂直作业面施工时，需设置隔离防护措施。

由于上方施工可能坠落物件或处于起重机把杆回转范围之内的通道，在其受影响的范围内，均需搭设顶部能防止穿透的双层防护廊（图 4-48）。

4. 施工细节操作

① 支模、粉刷、砌墙等各工种进行上下立体交叉作业（图 4-49）时，不得在同一垂直方向上操作。下层作业的位置，必须处于依上层高度确定的可能坠落范围半径之外。不符合以上条件时，应设置安全防护层。

结构施工自二层起，凡人员进出的通道口（包括井架、施工用电梯的进出通道口），均应搭设安全防护廊。高度超过24m以上的交叉作业，应设双层安全防护棚

图 4-48　双层防护廊

图 4-49　交叉作业

② 钢模板（图 4-50）、脚手架等拆除时，下方不得有其他操作人员。

钢模板部件拆除后，临时堆放处离楼层边沿的距离不应小于1m，堆放高度不得超过1m。楼层边口、通道口、脚手架边缘等处，严禁堆放任何拆下物件

图 4-50　钢模板拆除

5. 施工质量验收

① 脚手架作业层脚手板与建筑物之间的缝隙（≥15cm）已构成人或物掉落危险时，需采取防护措施，可采用设置安全平网，以防落物对作业层以下发生伤害。

② 基坑内施工交叉作业、多层作业时，上下应设置隔离层。

第二篇
施工现场临时用电

第五章 05 Chapter

防雷与接地施工

第一节 避雷针和接闪器

一、避雷针的安装施工

1. 施工现场管理

① 在土壤电阻率低于200Ω·m区域的电杆可不另设防雷接地装置，但在配电室的架空进线或出线处应将绝缘子铁脚与配电室的接地装置相连接。

② 施工现场内的起重机、井字架、龙门架等机械设备，以及钢脚手架和正在施工的在建工程等的金属结构，当在相邻建筑物、构筑物等设施的防雷装置接闪器的保护范围以外时，应按表5-1的规定安装防雷装置。表5-1中地区年均雷暴日应按《施工现场临时用电安全技术规范》（JGJ 46—2012）的规定执行。

表 5-1 施工现场内机械设备及高架设施需安装防雷装置的规定

地区年平均雷暴日/d	机械设备高度/m
≤15	≥50
>15，<40	≥32
≥40，<90	≥20
≥90及雷害特别严重的地区	≥12

若最高机械设备上避雷针（接闪器）的保护范围能覆盖其他设备，且又最后退出现场，则其他设备可不设防雷装置。

确定防雷装置接闪器的保护范围可采用《施工现场临时用电安全技术规范 (JGJ 46—2012) 的滚球法。

③ 机械设备或设施的防雷引下线可利用该设备或设施的金属结构体（图5-1），但应保证电气连接。

④ 机械设备上的避雷针（接闪器）长度应为1～2m。塔式起重机可不另设避雷针（接闪器）。

⑤ 安装避雷针（接闪器）的机械设备，所有固定的动力、控制、照明、信号及通信线路，宜采用钢管敷设。钢管与该机械设备的金属结构体应做电气连接。

⑥ 做防雷接地机械上的电气设备，所连接的PE线必须同时做重复接地，同一台机械

施工现场内所有防雷装置的抗冲击接地电阻值不得大于30Ω

图 5-1　金属结构体作防雷引下线

电气设备的重复接地和机械的防雷接地可共用同一接地体，但接地电阻应符合重复接地电阻值的要求。

2. 避雷针安装施工的常用标识

避雷针安装施工的常用标识如图 5-2 所示。

标识说明：在避雷针安装完成以后，应将"当心触电"的标识悬挂在避雷线接地体的醒目位置，时刻提醒过往行人此处危险，当心触电

图 5-2　"当心触电"标识

3. 施工现场设置要求

（1）避雷针的制作　独立避雷针用镀锌圆钢、角钢及钢板分段焊接而成，通常设计应给出结构图，也可参照图 5-3 制作。独立避雷针各段材料规格见表 5-2。

表 5-2　独立避雷针各段材料规格表

材料 \ 部位	A 段	B 段	C 段	D 段	E 段
主材	φ16 圆钢	φ19 圆钢	φ22 圆钢	φ25 圆钢	φ25 圆钢
横材	φ12 圆钢	φ16 圆钢	φ16 圆钢	φ19 圆钢	φ19 圆钢
斜材					
钢接合板厚度	8mm 钢板	12mm 钢板	12mm 钢板	12mm 钢板	12mm 钢板
支撑板	∟ 50×50×5	∟ 50×50×5	∟ 50×50×5 或 ∟ 75×75×6	∟ 75×75×6	∟ 75×75×6
螺栓	M16×70	M16×75	M18×75	M18×75	M18×75
质量/kg	39	99	134	206	229

注：1. 针塔所用钢材均为 Q300，一律采用电焊焊接。组装调直时，不允许重力敲击，以免影响质量。各部分施工误差不应超过±1mm。

2. 避雷针塔为分段装配式，其断面为等边三角形。

3. 全部金属构架须刷樟丹油一道、灰铅油两道。

4. Ⅰ—Ⅰ、Ⅱ—Ⅱ、Ⅲ—Ⅲ也可采用图 5-3 中①节点做法安装。

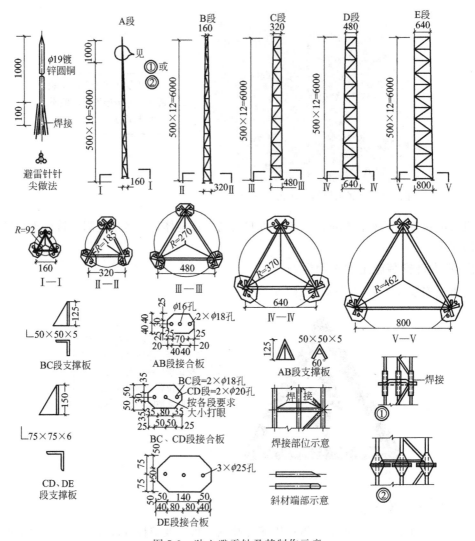

图 5-3　独立避雷针及其制作示意

　　（2）组对　在安装现场清理出宽 5m、长度大于避雷针总高度的一块平地，其中一端位于安装避雷针的基础旁，以便于吊装。将避雷针各段按顺序在平地上摆好，其中最下一段的底部应靠近基础，然后各节组对好，并且用螺栓连接，在螺栓连接点上下两段间用 $\phi12$ 镀锌圆钢焊接跨接线。有时为了连接可靠，可以把螺母与螺杆用电焊焊死。

　　在最低一段距离基础 1m 处，每条边上焊接两条 M16 的镀锌螺栓，间隔 100mm，作为接地体连接的紧固点。

　　（3）补漆与检查　组对好的避雷针，应进行补漆和检查（图 5-4）。避雷针的散件通常应用镀锌铁件，也有涂防锈漆及银粉漆的。

　　采用铁件直接焊接的避雷针，应先将焊点的焊渣清理干净，再用金属刷、砂布除锈，然后涂防锈漆二道，银粉漆一道。

　　（4）吊装　独立避雷针重心低并且质量不大，可用起重机吊装（图 5-5）或人字抱杆吊装。

　　（5）埋设接地体　在距离避雷针基础 3m 开外挖一条深 0.8m、宽度宜于工人操作的

采用镀锌铁件的避雷针，组装好后应将焊接处及锌皮剥脱处补漆。焊接处应先涂沥青，风干后再涂银粉漆，涂刷前应将焊渣清除干净。脱锌皮处应先用纱布将污渍清除掉，然后再涂银粉漆

图 5-4　避雷针的检查

环形沟，如图 5-6 所示，并将避雷针接地螺栓至沟挖出通道。将镀锌接地极棒 $\phi(25\sim30)\times(2500\sim3000)$mm 圆钢垂直打入沟内，沟底上留出 100mm，间隔可按总根数计算，通常为 5m。也可用∟ $50\times50\times5$ 的镀锌角钢或 $\phi50$ 的镀锌钢管作接地极棒。

将所有的接地极棒打入沟内后，应分别测量接地电阻，然后通过并联计算总的接地电阻，其值应小于 10Ω。若不满足此条件，应增加接地极棒数量，直到总接地电阻 $\leqslant10\Omega$ 为止。

测量接地电阻时应注意以下几点。

图 5-5　避雷针采用起重机吊装

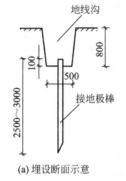

(a) 埋设断面示意　　　　　(b) 埋设平面示意

图 5-6　接地体埋设示意

① 测量时必须断开接地引线和接地体（接地干线）的连接。

② 电流极、电压极的布置方向应和线路方向或地下金属管线方向垂直。

③ 雨雪天或气候恶劣天气应停止测量，防雷接地宜在春季最干燥时测量；保护接地、工作接地宜在春季最干燥时或冬季冰冻最严重时测量。否则应将测量结果乘以季节调节系数，调节系数见表 5-3 和表 5-4。其中，表 5-3 按土壤类别给出了调整系数。表 5-4 是按月份区分接地电阻率，主要是按土壤的潮湿程度衡量的，是工程中常用的一种简易系数计算方法，不考虑土壤类别，只考虑潮湿程度，用起来比较方便。两表可同时使用，以使测量值更准确。

表 5-3　土壤季节调节系数（按土壤类别）

土壤类别	深度/m	φ_1	φ_2	φ_3
黏土	0.5~0.8	3	2	1.5
	0.8~3.0	2	1.5	1.4

土壤类别	深度/m	φ_1	φ_2	φ_3
陶土	0~2	2.4	1.36	1.2
砂砾盖于陶土		1.8	1.2	1.1
园地	0~3	—	1.32	1.2
黄砂	0~2	2.4	1.56	1.2
杂以黄砂的砂砾		1.5	1.3	
泥灰		1.4	1.1	1.0
石灰石		2.5	1.51	1.2

注：1. φ_1 为测量前下过数天的雨，土壤很潮湿时用。

2. φ_2 为测量时土壤较潮湿，具有中等含水量时用。

3. φ_3 为测量时土壤干燥或测量前降雨量不大时用。

表 5-4 土壤季节调节系数（按月份区分）

月份	1	2	3	4	5	6	7	8	9	10	11	12
调整系数	1.05	1.05	1	1.60	1.90	2.00	2.20	2.55	1.60	1.55	1.50	1.35

（6）接地干线、接地引线的焊接　接地干线与接地体的焊接如图 5-7 所示。焊接通常应使用电焊，实在有困难可使用气焊。焊接必须牢固可靠，尽量将焊接面焊满。接地引线与接地干线的焊接如图 5-8 所示，要求同上。接地干线和接地引线应使用镀锌圆钢。焊接完成后将焊缝处焊渣清理干净，然后涂沥青漆防腐。

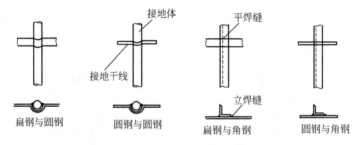

图 5-7　接地干线与接地体的焊接示意

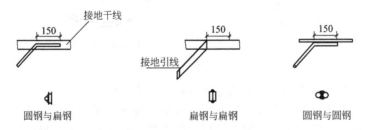

图 5-8　接地引线与接地干线的焊接示意

（7）接地引线与避雷针连接　将接地引线与避雷针的接地螺栓可靠连接，若引线为圆钢（图 5-9），则应在端部焊接一块长 300mm 的镀锌扁钢，开孔尺寸应与螺栓相对应。连接前应再测一次接地电阻，使其符合要求。检查无误后，即可回填土。

4. 施工细节操作

（1）避雷针在屋面上的安装

① 保护范围的确定。对于单支避雷针，其保护角可按 45°或 60°考虑。两支避雷针外侧的保护范围按单支避雷针确定，两针之间的保护范围，对民用建筑可简化为两针间的距

离小于避雷针的有效高度（避雷针凸出建筑物的高度）的 15 倍，且不宜大于 30m 来布置，如图 5-10 所示。

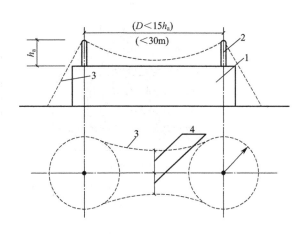

图 5-9　接地引线与避雷
针的接地螺栓连接

图 5-10　两支避雷针简化保护范围示意
1—建筑物；2—避雷针；3—保护范围；4—保护宽度；
h_a—避雷针高度；D—避雷针间距

② 安装施工。在屋面安装避雷针，混凝土支座应与屋面同时浇筑。支座应设在墙或梁上，否则应进行校验。地脚螺栓应预埋在支座内，并且至少要有 2 根与屋面、墙体或梁内钢筋焊接（图 5-11）。在屋面施工时，可由土建人员预先浇筑好，待混凝土强度满足施工要求后，再安装避雷针，连接引下线。

施工前，先组装好避雷针，在避雷针支座底板上相应的位置焊上一块肋板，再将避雷针立起，找直、找正后进行点焊，加以校正后焊上其他三块肋板

图 5-11　地脚螺栓与墙体钢筋焊接

避雷针要求安装牢固，并与引下线焊接牢固，屋面上有避雷带（网）的还要与其焊成一个整体，如图 5-12 所示。

（2）避雷针自墙上的安装　避雷针在建筑物墙上的安装方法如图 5-13 所示。避雷针下覆盖的一定空间范围内的建筑物都可受到防雷保护。图 5-13 中的避雷针（即接闪器）就是引雷装置。

针尖采用圆钢制成，针管采用焊接钢管，均应热镀锌。若热镀锌有困难时，可刷红丹一道、防腐漆两道（图 5-14），以防锈蚀；针管连接处应将管钉安好后再行焊接。

避雷针安装位置应正确，焊接固定的焊缝应饱满无遗漏，螺栓固定的应备帽等防松零件应齐全，焊接部分补刷的防腐漆要完整。

（3）独立避雷针的安装

① 独立避雷针（图 5-15）的制作要符合设计（或标准图）的要求。垂直度误差不得超

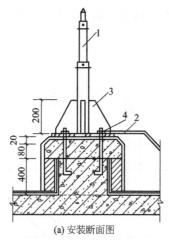

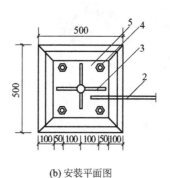

(a) 安装断面图 (b) 安装平面图

图 5-12　避雷针在屋面上的安装

1—避雷针；2—引下线；3—100×8，∟200 肋板；4—M25×350 地脚螺栓；5—300×8，∟300 底板

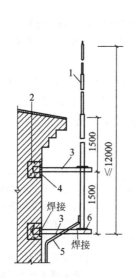

(a) 在侧墙上安装 (b) 在山墙上安装

图 5-13　在建筑物墙上安装避雷针示意

1—避雷针；2—240×240×2500 钢筋混凝土梁，当避雷针高小于 1m 时，改为 240×240×370 预制混凝土块；

3—支架（∟63×6）；4—预埋铁板（—100×100×4）；5—接地引下线；6—支持板；

7—预制混凝土块（240×240×370）

图 5-14　涂刷防腐漆

过总长度的 0.2%，固定针塔或针体的螺母应采用双螺母。

②独立避雷针接地装置的接地体距离人行道、出入口等经常有人通过、停留的地方不得少于 3m，有条件时，越远越好。若达不到时可用下列方法补救：

a. 水平接地体局部区段埋深大于 1m；

b. 接地带通过人行道时，可包敷绝缘物，使电流不从这段接地线流散入地，或者使流散的电流大大减少；

c. 在接地体上面敷设一层 50～80mm 的沥青层

用塔身作接地引下线时，为保证有良好的电气通路，紧固件及金属支持件均应热镀锌。若无条件时，应刷红丹一道、防腐漆两道

图 5-15 独立避雷针的安装

或者采用沥青、碎石及其他电阻率高的地面。

③ 装在独立避雷针塔上照明灯的电源引入线，必须采用直埋地下的带金属护层的电缆或钢管配线，电缆护层或金属管必须接地，且埋地长度应在 10m 以上才能与配电装置接地网相连，或与电源线、低压配电装置相连接。

5. 施工质量验收

避雷针一般采用圆钢或焊接钢管制成，其直径应不小于下列数值。

① 针长 1m 以下：圆钢为 12mm，钢管为 20mm。

② 针长 1~2m：圆钢为 16mm，钢管为 25mm。

③ 独立烟囱顶上的避雷针：圆钢为 20mm，钢管为 40mm。

当避雷针采用镀锌钢筋和钢制作时，截面面积不小于 $100mm^2$，钢管厚度不小于 3mm。1~2m 长的避雷针宜采用组装形式，其各节尺寸见表 5-5。

表 5-5 避雷针采用组装形式的各节尺寸

避雷针高度/m	1.0	2.0	3.0	4.0	5.0	6.0	7.0	8.0	9.0	10.0	11.0	12.0
第一节尺寸/mm $\phi25(\phi50)$	1000	2000	15000	1000	1500	1500	2000	1000	1500	2000	2000	2000
第二节尺寸/mm $\phi40(\phi70)$			15000	1500	1500	2000	2000	1000	1500	2000	2000	2000
第三节尺寸/mm $\phi50(\phi80)$				1500	2000	2500	3000	2000	2000	2000	2000	2000
第四节尺寸/mm $\phi100$								4000	4000	4000	5000	6000

注：表中括号内数值为该节避雷针外套固定钢管直径。

二、接闪器的安装施工

1. 施工现场管理

① 接闪器安装应在混凝土支座达到设计强度后进行。

② 明装避雷带（网）应在土建屋面工程施工完成后进行。

③ 在女儿墙上安装避雷带（网），应在墙顶部留置好预留孔。

2. 接闪器安装的常用标识

接闪器安装的常用标识如图 5-16 所示。

3. 施工现场设置要求

对接闪器进行布置时，常采用滚球法布置。滚球法是以某一规定半径（h_r）的一个球体，沿需要防直击雷的部位滚动，当球体只触及接闪器（包括被利用作为接闪器的金属物），或只触及接闪器和地面（包括与大地接触并能承受雷击的金属物），而不触及需要保护的部位时，则该部分就得到接闪器的保护，如图 5-17 所示。

标识说明：当接闪器安装施工时，应将"当心坠落"的标识牌悬挂在施工现场醒目的位置，时刻提醒工作人员小心攀爬，当心坠落

图 5-16 "当心坠落"标识牌

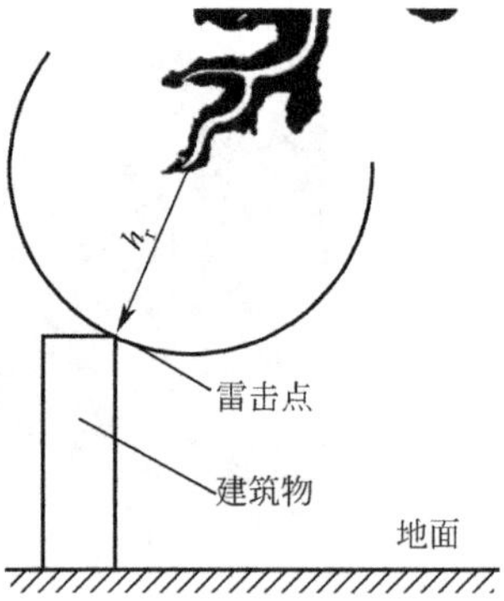

图 5-17 接闪器保护示意

滚球法的原理是基于以下闪电数学模型（电气-几何模型）：

$$h_r = 2I + 30\left[1 - \exp\left(\frac{-I}{6.8}\right)\right]$$

式中　h_r——滚球半径，即闪电的最后闪络距离（击距），见表 5-6；

　　　I——与 h_r 相对应的得到保护的最小雷电流幅值，kA。

表 5-6　滚球半径与避雷网尺寸

建筑物防雷类别	滚球半径 h_r/m	建筑物防雷类别	滚球半径 h_r/m
第一类防雷建筑物	30	第三类防雷建筑物	60
第二类防雷建筑物	45		

4. 施工细节操作

（1）避雷网（带）的安装　避雷网（带）是指在建筑物顶部沿四周或屋脊、屋檐安装的金属网带，用作接闪器（图 5-18）。通常用来保护建筑物免受直击雷和感应雷的破坏。由于避雷网接闪面积大，更容易吸引雷电先导，使附近的尤其是比它低的物体受到雷击的概率大为降低。

采用避雷网(带)时，屋顶上任何一点距离避雷网(带)的距离不应大于10m。当有3m及以上平行避雷带时，每隔30～40m宜将平行避雷带连接起来

图 5-18　接闪器

避雷网分为明网和暗网。明网是用金属线制成的网，架设在建筑物顶部，用截面面积足够大的金属件与大地相连防雷电；暗网则是用建（构）筑物结构中的钢筋网进行雷电防护。只要每层楼楼板内的钢筋与梁、柱、墙内钢筋有可靠电气连接，并且承台和地桩有良好的电气连接，就能起到有效的雷电防护作用。无论明网还是暗网，金属网格越密，防雷效果越好。

避雷网和避雷带宜采用圆钢或扁钢，优先采用圆钢。圆钢直径不应小于 8mm，扁钢截面面积不应小于 48mm²、厚度不小于 4mm。避雷网适用于对建筑物的屋脊、屋檐或屋顶边缘及女儿墙上等易受雷击部位进行重点保护，表 5-7 给出了不同防雷等级建（构）筑物上的避雷网规格。

表 5-7　各类建（构）筑物上的避雷网规格

类别	避雷网网格尺寸/m	类别	避雷网网格尺寸/m
第一类工业建筑物和构筑物	≤5×5 或≤6×4	第三类工业建筑物和构筑物	≤20×20 或≤24×16
第二类工业建筑物和构筑物	≤10×10 或≤12×8		

① 明装避雷网（带）　避雷带明装（图 5-19）时，要求避雷带距离屋面的边缘不应超过 500mm。在避雷带转角中心处严禁设置支座。避雷带的制作可以在屋面施工时现场浇筑，也可以预制后再砌牢或与屋面防水层进行固定。

女儿墙上设置的支架应垂直预埋，或者在墙体施工时预留不小于100mm×100mm×100mm的孔洞。埋设时先埋设直线段两端的支架，然后拉通线埋设中间支架。水平直线段支架间距为1～1.5m，转弯处间距为0.5m，支架距转弯中心点的距离为0.25m，垂直间距为1.5～2m，相互之间距离应均匀分布

图 5-19　避雷带明装施工

屋脊上安装的避雷带（图 5-20）使用混凝土支座或支架固定。现场浇筑支座时，将脊瓦敲去一角，使支座与脊瓦内的砂浆连成一体；用支架固定时，用电钻将脊瓦钻孔，将支架插入孔中，用水泥砂浆填塞牢固。固定支座和支架水平间距为 1～1.5m，转弯处为 0.25～0.5m。

避雷带沿坡屋顶屋面敷设时，使用混凝土支座固定，并且支座应与屋面垂直

图 5-20　屋脊上避雷带的安装施工

明装避雷带应采用镀锌圆钢或扁钢制作。镀锌圆钢直径为 12mm，镀锌扁钢截面面积为 25mm×4mm 或 40mm×4mm。避雷带在敷设时，应与支座或支架进行卡固或焊接成一体，引下线上端与避雷带交接处，应弯曲成弧形再与避雷带并齐后进行搭接焊。

避雷带沿女儿墙及电梯机房或水池顶部四周敷设时，不同平面的避雷带至少应有两处互相焊接连接。建筑物屋顶上的凸出金属物体，例如旗杆、透气管、铁栏杆、爬梯、冷却水塔以及电视天线杆等金属导体都必须与避雷网焊接成整体。避雷带在屋脊上的安装做法如图 5-21 所示。

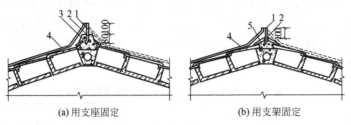

(a) 用支座固定   (b) 用支架固定

图 5-21 避雷带在屋脊上的安装做法

1—避雷带；2—支架；3—支座；4—引下线；5—1：3水泥砂浆

明装避雷带采用建筑物金属栏杆或敷设镀锌钢管时，支架的钢管直径不应小于避雷带钢管的管径，其埋入混凝土或砌体内的下端应焊接短圆钢作加强肋，埋设深度不应小于150mm，中间支架距离不应小于管径的4倍。明装避雷网（带）支架如图5-22所示。避雷带与支架应焊接连接固定，焊接处应打磨光滑无凸起，焊接连接处经处理后应涂樟丹漆和银粉漆防腐。避雷带之间连接处，管内应设置与管外径和连接管内径相吻合的钢管作衬管，衬管长度不应小于管外径的4倍。

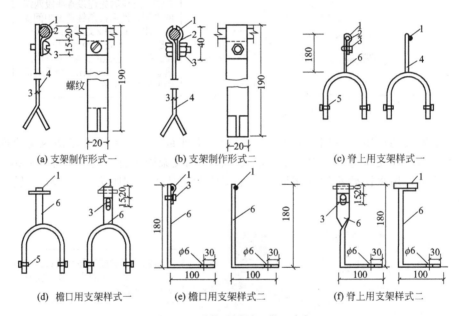

(a) 支架制作形式一   (b) 支架制作形式二   (c) 脊上用支架样式一

(d) 檐口用支架样式一   (e) 檐口用支架样式二   (f) 脊上用支架样式二

图 5-22 明装避雷网（带）支架

1—避雷网；2—扁钢卡子；3—M5机螺钉；4—扁钢 20mm×3mm 支架；

5—M6机螺钉；6—扁钢 25mm×4mm 支架

避雷带通过建筑物伸缩沉降缝时，应向侧面弯曲成半径为100mm的弧形，并且支持卡子中心距建筑物边缘距离为400mm，如图5-23所示。或将避雷带向下部弯曲，如图5-24所示。还可以用裸铜软绞线连接避雷网。

安装好的避雷网（带）应平直、牢固，不应有高低起伏和弯曲现象。平直度检查：每2m允许偏差不宜大于3‰，全长不宜超过10mm。

② 暗装避雷网（带）　暗装避雷网是利用建筑物内的钢筋作为避雷网。用建筑物内V形折板内钢筋作避雷网时，将折板插筋与吊环和网筋绑扎，通长筋与插筋、吊环绑扎。为便于与引下线连接，折板接头部位的通长筋应在端部预留钢筋头100mm长。对于等高多

跨搭接处，通长筋之间应用 ϕ8 圆钢连接焊牢，绑扎或连接的间距为 6m。V 形折板屋顶防雷装置的做法如图 5-25 所示。

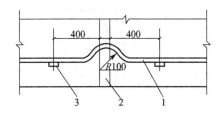

图 5-23　避雷网通过伸缩沉降缝做法一
1—避雷带；2—伸缩缝；3—支架

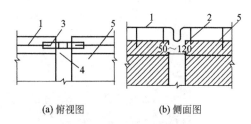

(a) 俯视图　　　　(b) 侧面图

图 5-24　避雷网通过伸缩沉降缝做法二
1—避雷带；2—支架；3—25mm×4mm、
扁钢的长度 L=500mm 的跨越扁钢；
4—伸缩沉降缝；5—屋面女儿墙

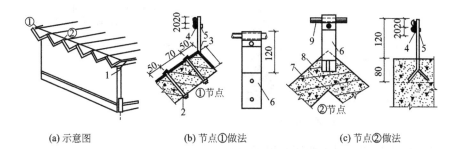

(a) 示意图　　　　(b) 节点①做法　　　　(c) 节点②做法

图 5-25　V 形折板屋顶防雷装置的做法示意
1—ϕ8 镀锌圆钢引下线；2—M8 螺栓；3—焊接点；4—40mm×4mm 镀锌扁钢；
5—ϕ6 镀锌机螺钉；6—40mm×4mm 镀锌扁钢支架；7—预制混凝土板；
8—现浇混凝土板；9—ϕ8 镀锌圆钢避雷带

当女儿墙上压顶为现浇混凝土时，可利用压顶内的通长钢筋作为建筑物暗装防雷接闪器，防雷引下线可采用直径不小于 ϕ10 的圆钢，引下线与压顶内的通长钢筋采用焊接连接。当女儿墙上的压顶为预制混凝土板时，应在顶板上预埋支架做接闪带；若女儿墙上有铁栏杆，防雷引下线应由板缝引出顶板与接闪带连接，引下线在压顶处应与女儿墙顶板内通长钢筋之间用 ϕ10 圆钢作连接线进行连接；当女儿墙设圈梁时，圈梁与压顶之间有立筋时，女儿墙中相距 500mm 的两根 ϕ8 或一根 ϕ10 立筋可用作防雷引下线，可将立筋与圈梁内通长钢筋绑扎。引下线的下端既可以焊接到圈梁立筋上，把圈梁立筋与柱的主筋连接起来，也可以直接焊接到女儿墙下的柱顶预埋件上或钢屋架上。

当屋顶有女儿墙时，将女儿墙上明装避雷带与所有金属导体以及暗装避雷网焊接成一个整体作为接闪器，就构成了建筑物的整体防雷系统。

（2）引下线的安装

① 一般要求　防雷装置引下线（图 5-26）通常采用明敷、暗敷，也可以利用建筑物内主筋或其他金属构件作为引下线。引下线可沿建筑物最易受雷击的屋角外墙处明敷设，对建筑艺术要求较高者也可暗敷设。建筑物的消防梯、钢柱等金属构件宜作为引下线，各部件之间均应连接成电气通路。各金属构件可被覆有绝缘材料。

烟囱上的引下线（图 5-27）采用圆钢时，其直径不应小于 12mm。

明敷引下线应热镀锌或涂漆。在腐蚀性较强的场所，应采取加大截面面积或其他防腐措施。

引下线可采用圆钢或扁钢，优先采用圆钢，圆钢直径不应小于8mm，扁钢截面面积不应小于48mm²、厚度不应小于4mm，引下线采用暗敷时，圆钢直径不应小于10mm，扁钢截面面积不应小于80mm²、厚度不应小于4mm

图 5-26　防雷装置引下线

采用扁钢时，截面面积不应小于100mm²、厚度不应小于4mm

图 5-27　烟囱上的引下线

对于各类防雷建筑物引下线还有以下要求。

a. 第一类防雷建筑物安装独立避雷针的杆塔、架空避雷线和架空避雷网的各支柱处应至少设一根引下线。用金属制成或有焊接、绑扎连接钢筋网的混凝土杆塔、支柱可以作为引下线，引下线不应少于2根，并且应沿建筑物的四周均匀或对称布置，其间距不应大于12m。

b. 第二类防雷建筑物引下线不应少于2根，并且应沿建筑物四周均匀或对称布置，其间距不大于18m。

c. 第三类防雷建筑物引下线不应少于2根。建筑物周长不超过25m，并且高度不超过40m时，可以只设一根引下线。引下线应沿建筑物四周均匀或对称布置，其间距不应大于25m。高度超过40m的钢筋混凝土烟囱、砖烟囱应设两根引下线，可利用螺栓连接或焊接的一座金属爬梯作为两根引下线。

d. 用多根引下线明敷时，在各引下线距离地面0.3～1.8m处应设断接卡。当利用混凝土内钢筋、钢柱做自然引下线并且同时采用基础接地体时，可不设断接卡，但是应在室内外的适当地点设置若干连接板，供测量、接人工接地体和做等电位联结用。当仅用钢筋作引下线并且采用埋入土壤中的人工接地体时，应在每根引下线上距地不低于0.3m处设置接地体连接板。采用埋于土壤中的人工接地体时应设断接卡，其上端应与连接板或钢柱焊接。连接板处要有明显标志。

e. 在易受机械损伤和要防止人身接触的地方，地面上1.7m至地面下0.3m的一段接地线应采取暗敷或采用镀锌角钢、改性塑料管或橡胶管等保护设施。

f. 当利用金属构件、金属管道作接地引下线时，应在构件或管道与接地干线间焊接金属跨接线。

② 明敷引下线的安装　明敷引下线应预埋支持卡子，支持卡子应凸出外墙装饰面15mm以上，露出长度应一致，然后将圆钢或扁钢固定在支持卡子上。通常第一个支持卡子在距室外护坡2m高处预埋，距第一个卡子正上方1.5～2m处埋设第二个卡子，依此

向上逐个埋设，间距应均匀相等。

明敷引下线调直后，从建筑物的最高点由上而下，逐点与预埋在墙体内的支持卡子套环卡固，用螺栓或焊接固定，直到断接卡子为止，如图 5-28 所示。

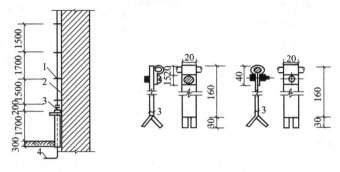

(a) 引下线安装示意图　　　　　(b) 支座内支架的构造

图 5-28　明敷引下线安装做法

1—扁钢卡子；2—明敷引下线；3—断接卡子；4—接地线

引下线经过屋面挑檐处，应做成弯曲半径较大的慢弯，引下线经过挑檐板和女儿墙的做法如图 5-29 所示。

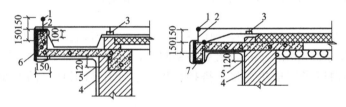

(a) 明装引下线分别经过现浇挑檐板和预制挑檐板的两种做法

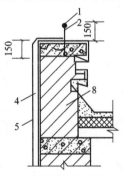

(b) 引下线经过女儿墙的做法

图 5-29　明装引下线经过挑檐板和女儿墙的做法

1—避雷带；2—支架；3—混凝土支架；4—引下线；5—固定卡子；

6—现浇挑檐板；7—预制挑檐板；8—女儿墙

③ 暗敷引下线的做法　沿墙或混凝土构造柱暗敷的引下线，通常使用直径不小于 $\phi 12$ 的镀锌圆钢或截面面积为 25mm×4mm 的镀锌扁钢。钢筋调直后与接地体（或断接卡子）用卡钉或方卡钉固定好，垂直固定距离为 1.5～2m，由上至下展放或者一段段连接钢筋。暗装引下线经过挑檐板或女儿墙的做法如图 5-30 所示，图中 B 为女儿墙墙体厚度。

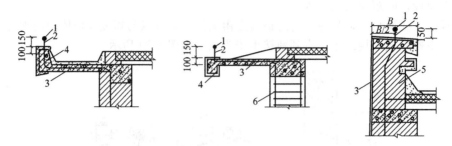

图 5-30 暗装引下线经过挑檐板或女儿墙的做法

1—避雷带；2—支架；3—引下线；4—挑檐板；5—女儿墙；6—柱主筋

利用建筑物钢筋作引下线，钢筋直径为 $\phi16$ 及以上时，应利用绑扎或焊接的两根钢筋作为一组引下线；当钢筋直径小于 $\phi16$ 时，应利用绑扎或焊接的四根钢筋作为一组引下线。

引下线上部应与接闪器焊接，焊接长度不应小于钢筋直径的 6 倍，并且应双面施焊；中间与每一层结构钢筋需进行绑扎或焊接连接，下部在室外地坪下 $0.8\sim1\mathrm{m}$ 处焊接一根 $\phi12$ 或截面面积为 $40\mathrm{mm}\times4\mathrm{mm}$ 的镀锌导体，伸向室外距外墙皮的距离不应小于 $1\mathrm{m}$。

④ 断接卡子　为便于测试接地电阻值，接地装置中自然接地体与人工接地体连接处和每根引下线都应有断接卡子，断接卡子应有保护措施，引下线断接卡子应设在距地面 $1.5\sim1.8\mathrm{m}$ 的位置。

断接卡子包括明装和暗装两种，如图 5-31 和图 5-32 所示。可用截面面积为 $40\mathrm{mm}\times4\mathrm{mm}$ 或截面面积为 $25\mathrm{mm}\times4\mathrm{mm}$ 的镀锌扁钢制作，用两个镀锌螺栓拧紧。引下线的圆钢与断接卡子的扁钢应采用搭接焊接，搭接长度不应小于圆钢直径的 6 倍，并且应双面施焊。

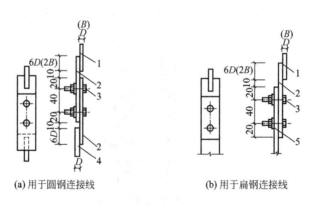

(a) 用于圆钢连接线　　　　(b) 用于扁钢连接线

图 5-31　明装引下线断接卡子的安装

1—圆钢引下线；2—扁钢 $25\mathrm{mm}\times4\mathrm{mm}$，$L=90\times6D$（$D$ 为圆钢直径）连接板；

3—M8$\times$30mm 镀锌螺栓；4—圆钢接地线；5—扁钢接地线；B—扁钢宽度

明装引下线在断接卡子的下部，应套竹管、硬塑料管保护，保护管伸入地下部分不应小于 $300\mathrm{mm}$。明装引下线不应套钢管，必须外套钢管保护时，需在钢保护管的上、下侧焊接跨接线，并且与引下线连接成一体。

用建筑物内钢筋作引下线时，由于建筑物从上而下电气连接成为一个整体，所以不能设置断接卡子，需要在柱或剪力墙内作为引下线的钢筋上另外焊接一根圆钢，引至柱或墙外侧的墙体上，在距地面 1.8m 处，设置接地电阻测试箱；也可在距地面 1.8m 处的柱

（或墙）外侧，用角钢或扁钢制作预埋连接板，与柱（或墙）的主筋进行焊接，再用引出连接板与预埋连接板焊接，引至墙体的外表面。

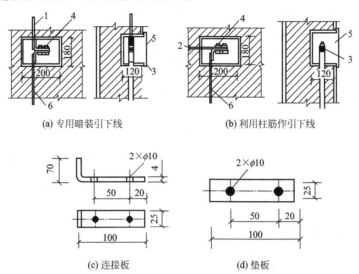

(a) 专用暗装引下线　　(b) 利用柱筋作引下线

(c) 连接板　　　　　(d) 垫板

图 5-32　暗装引下线断接卡子的安装

1—专用引下线；2—至柱筋引下线；3—断接卡子；

4—M10×30mm 镀锌螺栓；5—断接卡子箱；6—接地线

5. 施工质量验收

① 接闪器与防雷引下线必须采用焊接或卡接器连接，防雷引下线与接地装置必须采用焊接或螺栓连接。

② 接闪器与建筑物顶部其他外露金属物体及避雷引下线连接必须可靠，焊接质量良好。

③ 接闪器位置正确，避雷带平正顺直，支持件间距均匀、牢固可靠，每个支持件应能承受大于 49N（5kg）的拉力；明敷接地引下线及室内接地干线的支持件间距应均匀，水平直线部分间距为 0.5～1.5m；垂直直线部分间距为 1.5～3m；弯曲部分间距为 0.3～0.5m。

④ 接闪器焊接固定的焊缝饱满无遗漏，焊接部分的防腐油漆完整，螺栓固定的防松零件应齐全。

⑤ 镀锌材料的质量检查要求

a. 按批检查合格证或镀锌厂出具的镀锌质量证明书。

b. 外观质量检查镀锌层应覆盖完整、表面无锈斑。

⑥ 电焊条的质量检查要求

a. 按批查验合格证和材质证明书，有异议时，应按批抽样送到有资质的实验室检测。

b. 外观检查电焊条应包装完整，拆包抽检，焊条尾部无锈斑。

第二节　变、配电室防雷装置和接地装置

一、变、配电室防雷装置的施工

1. 施工现场管理

① 为保证供电系统接地可靠和故障电流的流散畅通，变压器室、高低压开关室内的接地干线应有不少于 2 处与接地装置引出干线连接。

② 进行检修工作时需临时接地的地方（如断路器室、配电间等），均应引入接地干线，并设有专供连接临时接地线使用的接线板和螺栓。

③ 避雷器应用最短的接地线与变电所、配电所的主接地网连接。

④ 装有避雷针和避雷线的构架上的照明灯电源线，必须采用植埋于地下的带金属护层的电缆或穿入金属管的导线。电缆护层金属管必须接地，埋地长度应在 10m 以上方可与配电装置的接地网相连或与电源线、低压配电装置相连接（图 5-33）。不得使用蛇皮管、保温管的金属外皮或金属网及电缆金属护层作接地线。

在电气设备需接地的房间内，电缆的金属护层应接地，并应保证其全长为完好的电气通路

图 5-33　接地网与配电装置连接

2. 变、配电室防雷装置施工的常用标识

变、配电室防雷装置施工的常用标识如图 5-34 所示。

标识说明：在变、配电室防雷装置安装施工时，应将"有电危险、请勿靠近"的标识牌悬挂在施工作业处醒目的位置，提醒非工作人员请勿靠近，以免发生触电伤害

图 5-34　"有电危险、请勿靠近"标识

3. 施工现场设置要求

① 当电缆穿过零序电流互感器时，电缆头的接地线应通过零序电流互感器后接地；由电缆头至穿过零序电流互感器的一段电缆金属护层和接地线应对地绝缘。

② 配电间隔和静止补偿装置的栅栏门（图 5-35）及变、配电室金属门铰链处的接地连接，应采用编织铜线。变、配电所的避雷器应用最短的接地线与接地干线连接。

③ 发电厂和变电所的避雷线不应有接头。

④ 电气设备与接地线的连接一般采用焊接和螺栓连接两种。需要移动的设备（如变压器）宜采用螺栓连接。如电气设备装在金属结构上且有可靠的金属连接时，接地线或接零线可直接焊在金属构架上。

⑤ 当利用金属构件、金属管道作接地线时，应在构件或管道与接地干线间焊接金属跨接线。

⑥ 接地线在穿越墙壁、楼板和地坪处应加套钢管或其他坚固的保护套管，钢套管应与接地线做电气连通。

图 5-35　栅栏门接地施工

4. 施工细节操作

（1）利用自然接地体进行防雷接地安装

① 交流电气设备的接地应利用埋在地下的金属管道（但可燃或有爆炸介质的金属管道除外）、金属井管等自然接地体。当采用与大地有可靠连接的建（构）筑物的金属结构作为接地体时，为保证完好的电气通路，应在金属构件的连接处焊跨接线。跨接线用截面面积不小于 $100mm^2$ 的钢材焊接，如图 5-36 所示。

② 交流电气设备的接地线可利用下列物体

a. 利用起重机轨道。利用起重机轨道时，轨道之间接缝处要用 25mm×4mm 的扁钢作跨接线，轨道尽头再与接地干线连接，如图 5-37 所示。

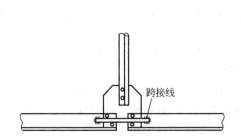

图 5-36　利用建（构）筑物金属结构作接地线

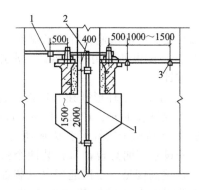

图 5-37　利用起重机轨道作接地连接
1—接地线；2—连接线；3—支持卡子

b. 利用配电的钢管。钢管配线可用钢管作接地线，在管接头和接线盒处都要用跨接线连接，如图 5-38 所示。跨接线截面应按下列条件进行选择。

Ⅰ. 电线管直径不大于 32mm 或钢管直径不大于 25mm 时，应选择直径为 6mm 的圆钢。

Ⅱ. 钢管直径为 32mm 或电线管直径为 40mm，应选择直径为 8mm 的圆钢。

Ⅲ. 电线管直径为 50mm 或钢管直径为 40～50mm，应选用直径为 10mm 的圆钢。

Ⅳ. 钢管管径为 70～80mm 时，选用 25mm×4mm 的扁钢。

c. 利用电缆金属构架。接地线的卡箍内部需垫 2mm 厚的铅带；电缆钢铠与接地线卡

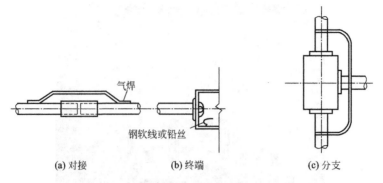

(a) 对接　　　　　(b) 终端　　　　　(c) 分支

图 5-38　管接头和接线盒跨接做法

箍相接触部分需刮擦干净，卡箍、螺栓、螺母及垫圈均需镀锌。卡箍安装完毕后，将裸露的钢铠缠以沥青、黄麻，外包黑胶布。注意接地线与管道、铁路等的交叉部位，以及接地线可能受到机械损伤的场所，应采取保护措施，如图 5-39 所示。

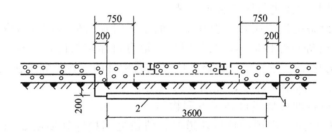

图 5-39　接地线穿过轨道的做法
1—接地线；2—保护钢管

（2）变、配电所避雷针塔的制作安装

① 变、配电所常用的避雷针。常用的避雷针有钢筋混凝土环形杆独立避雷针和钢筋结构避雷针。

a. 钢筋混凝土环形杆独立避雷针包括无照明台、单照明台及双照明台三种，按总高度分，其规格有 11m、13m、15m、17m、19m 五种。

b. 钢筋结构避雷针可分无照明灯台及双照明灯台两类，总高度为 20m、25m、30m 三种。若设置照明灯台，每台装两个灯，灯的最大直径为 540mm，每套灯具最大质量为 35kg，设置高度见《全国通用电气装置标准图集》和相关设计图样。

钢筋混凝土环形杆独立避雷针和钢筋结构避雷针适用地区：风压值为 $400\sim700$ kN/m^2 的地区；地基容许承载力为 $100\sim150kN/m^2$，且地质土层分布均匀，不考虑有地下水或湿陷性黄土因素的地区；地震烈度为 8 度及 8 度以下地区。

② 按设计图样要求，根据《全国通用电气装置标准图集》中的标准图进行备料制作。

③ 避雷针尖应采用热镀锌方法防止锈蚀，针塔部分刷红丹两道，油漆两道。在有条件时可采用热镀锌。刷漆工作应在焊接工作完成以后进行。

④ 基础施工按《全国通用电气装置标准图集》的要求进行。当开挖基坑时，严禁扰动基坑四周土方，最好使其保持原状，并要防止雨水进入；在不能保证基础周围土方原状的情况下，在回填土时必须分层夯实，且在浇筑混凝土时使用模板。

⑤ 基础混凝土强度达到设计要求的 70% 以上时，方可吊装钢筋针塔。

⑥ 钢筋针塔整体吊装时至少设置三个吊点，针塔要采用木杆加固增强刚性，以防止

吊装时变形。当针塔就位用安装螺栓固定后,应随即进行塔脚和基础连接铁板的焊接工作。

5. 施工质量验收

在变、配电室内明敷接地干线时,可用螺栓或焊接连接将接地干线固定在距地250～300mm 的支持卡子上,如图 5-40 所示。其中支持件的间距如下。

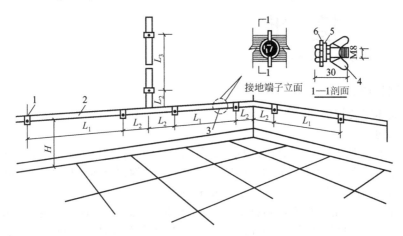

图 5-40　变、配电室内明敷接地干线安装示意

1—支持卡子;2—接地干线;3—接地端子;

4—蝶形螺母;5—弹簧垫圈;6—镀锌垫圈

① 水平直线部分:$L_1 = 1 \sim 1.5 \text{m}$。

② 转弯或分支处:$L_2 = 0.5 \text{m}$。

③ 垂直部分:$L_3 = 1.5 \sim 2 \text{m}$。

④ 距地面高度:$H = 250 \sim 300 \text{mm}$。

二、接地装置的施工

1. 施工现场管理

① 装设接地体前,需沿着接地体的线路先挖沟,以便打入接地体和敷设连接接地体的扁钢(图 5-41)。

② 由于地的表面层易于冰冻,冻土层使接地电阻增大,并且地表层易被挖动,可能损坏接地装置,因此接地装置需埋于地表层以下。

2. 接地装置安装的常用标识

接地装置安装施工的常用标识如图 5-42 所示。

3. 施工现场设置要求

① 按设计规定测出接地网的路线,在此路线上挖掘深 0.8～1m、宽 0.5m 的沟。沟上部稍宽,底部渐窄。沟底如有石子应清除。

② 挖沟时如附近有建(构)筑物,沟的中心线与建(构)筑物的基础距离不得小于 2m。

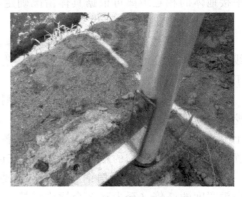

图 5-41　接地体的扁钢连接

标识说明：在接地装置安装施工时，应将"注意接地"的标识悬挂在施工处醒目的位置，提醒工作人员注意接地

接 地

图 5-42 "注意接地"标识

4. 施工细节操作

（1）接地体安装施工

① 安装要求

a. 接地体打入地中时，一般用锤打入。打入时，可按设计位置将接地体打在沟的中心线上。当接地体露在地面上的长度为 150～200mm（沟深 0.8～1m）时，可停止打入，使接地体最高点离施工完毕后的地面有 600mm 的距离。

b. 敷设的管子或角钢及连接扁钢应避开其他地下管路、电缆等设施。一般与电缆及管道等交叉时，二者间距不小于 100mm，与电缆及管道平行时二者间距不小于 350mm。

c. 敷设接地时，接地体应与地面保持垂直。若泥土很干、很硬，可浇些水使其疏松，以便于打入接地体。

d. 利用自然接地体和外引接地装置时，应用不少于 2 根导体在不同地点与人工接地体连接，但对电力线路除外。

e. 直流电力回路中，不应利用自然接地体作为电流回路的零线、接地线或接地体。直流电力回路专用的中性线、接地体及接地线不应与自然接地体连接。自然接地体的接地电阻值符合要求时，一般不敷设人工接地体，但发电厂、变电所和有爆炸危险的场所除外。当自然接地体在运行时连接不可靠或阻抗较大不能满足接地要求时，应采用人工接地体。当利用自然、人工两种接地体时，应设置将自然接地体与人工接地体分开的测量点。

f. 电力线路杆塔的接地引出线，其截面面积不应小于 $50mm^2$。敷设在腐蚀性较强的场所或土壤电阻率 $\rho \leqslant 100\Omega \cdot m$ 的潮湿土层中的接地装置，应适当加大截面。

g. 为了减少相邻接地体的屏蔽作用，垂直接地体的间距不宜小于其长度的 2 倍，水平接地体的相互距离可根据具体情况确定，但不应小于 5m。

② 垂直接地体

a. 垂直接地体在长度为 2.5m 时，其间距一般不小于 5m。直流电力回路专用的中性线、接地体及接地线不得与自然接地体有金属连接；如无绝缘隔离装置时，间距不应小于 1m。

b. 垂直接地体一般使用 2.5m 长的钢管或角钢，其端部按图 5-43 所示加工。沟槽开挖好后立即安装接地体和敷设接地扁钢，以防止土方侧塌。接地体一般采用手锤垂直打入土中，如图 5-44 所示。接地体顶面埋设深度不应小于 0.6m。角钢及钢管接地体应垂直配置。接地体与建筑物的距离不宜小于 1.5m。

c. 接地体一般使用扁钢或圆钢。接地体的连接应采用焊接（搭接焊），焊接长度为：扁钢宽度的 2 倍（至少有 3 个棱边焊接）；圆钢直径的 6 倍；圆钢与扁钢连接时，为了达到连接可靠，除应在其接触部位两侧进行焊接外，还应焊以由钢带弯成的弧形或直角形卡子，或直接由钢带本身弯成弧形（或直角形）与钢管（或角钢）焊接。

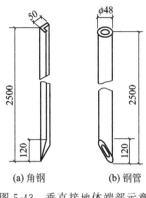

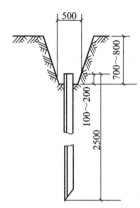

图 5-43　垂直接地体端部示意　　　　图 5-44　接地体埋设示意

③ 水平接地体

a. 水平接地体多用于环绕建筑四周的联合接地，常用 40mm×40mm 的镀锌扁钢，要求最小截面不应小于 100mm²，厚度不应小于 4mm。由于接地体（扁钢）竖直放置时，散流电阻较小，故当接地体沟挖好后，应竖直敷设在地沟内（不应平放）。顶部埋设深度距地面不应小于 0.6m，如图 5-45 所示。水平接地体多根平行敷设时，其水平间距不小于 5m。

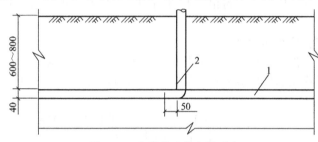

图 5-45　水平接地体安装示意
1—接地体；2—接地线

b. 对于沿建筑物外面四周敷设成闭合环状的水平接地体，可埋设在建筑物散水及灰土基础以外的基础槽边。

（2）接地线安装

① 接地干线（图 5-46）至少应在不同的两点与接地网相连接，自然接地体至少应在不同的两点与接地干线相连接。

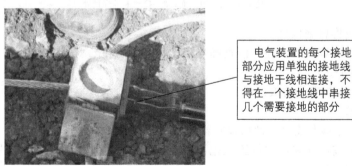

电气装置的每个接地部分应用单独的接地线与接地干线相连接，不得在一个接地线中串接几个需要接地的部分

图 5-46　接地干线的安装

② 接零保护回路中不得串装熔断器、开关等设备，并应有重复（至少两点）的接地，车间周长超过 400m 时，每 200m 处应设一点接地；架空线终端，分支线长度超过 200m

的分支线处及沿线每1000m处应加设重复接地装置。

③ 接地线明敷时，应按水平或垂直敷设，但亦可与建筑物倾斜结构平行。直线段不应有高低起伏及弯曲等情况，在直线段水平部分支持件的间距一般为1～1.5m，垂直部分支持件的间距一般为1.5～2m，转弯处支持件的间距一般为0.5m。

④ 接地线应防止发生机械损伤和化学腐蚀。在公路、铁路或管道等交叉及其他可能使接地线遭受机械损伤之处，均应用管子或角钢等加以保护；接地线在穿过墙壁时应通过明孔、钢管或其他坚固的保护管进行保护。

⑤ 接地线沿建筑物墙壁水平敷设时，离地面宜保持250～300mm的距离，接地线与建筑物墙壁间应有10～15mm的间隙。在接地线跨越建筑物伸缩缝（沉降缝）处时，应加设补偿器，补偿器可用接地线本身弯成弧状代替。

⑥ 利用各种金属构件、金属管道等作接地线时，应保证其全长为完好的电气通路；利用串联的金属构件、管道作接地线时，应在其串联部位焊接金属跨接线。

⑦ 接至电气设备、器具和可拆卸的其他非带电金属部件接地（接零）的分支线，必须直接与接地干线相连，严禁串联连接。接至电气设备上的接地线应用螺栓连接。当有色金属接地线不能采用焊接连接时，也可用螺栓连接。

（3）接地扁钢的敷设

① 当接地体打入地中后，即可沿沟敷设扁钢。扁钢敷设的位置、数量和规格应符合设计规定。

② 扁钢敷设前应检查和调直。

③ 将扁钢放置于沟内，依次将扁钢与接地体焊接连接。扁钢应侧放，不可平放。

④ 扁钢与钢管连接的位置应距接地体最高点约100mm，如图5-47所示。

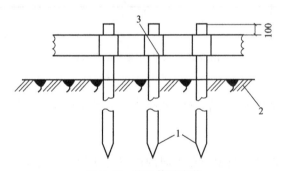

图5-47 接地体的安装
1—接地体；2—地沟面；3—接地卡子焊接处

⑤ 焊接时应将扁钢拉直。

⑥ 扁钢与钢管焊好后，经过检查确定接地体埋设深度、焊接质量等均符合设计要求时，即可将沟填平。

（4）接地干线与支线的敷设

① 敷设要求

a. 室外接地干线与支线一般敷设在沟内。

b. 敷设前应按设计规定的位置先挖沟，沟的深度不得小于0.5m，宽约为0.5m，然后将扁钢埋入（图5-48）。

c. 接地干线支线末端露出地面应大于0.5m，以便接引地线。

d. 室内的接地线多为明敷设，但部分设备连接的支线需经过地面时，可埋设在混凝土内。明敷设的接地线大多数是纵横敷设在墙壁上，或敷设在母线架和电缆架的构架上。

图 5-48　扁钢埋入沟槽内

接地干线和接地体的连接、接地支线与接地干线的连接应采用焊接

② 预留孔与埋设保护套

a. 预留孔（图 5-49）。当浇制板或砌墙时，应预留出穿接地线的孔，预留孔的大小应比敷设接地线的厚度、宽度多 6mm 以上。

图 5-49　预留孔设置

施工时按预留孔尺寸截一段扁钢预埋在墙壁内，也可以在扁钢上包一层油毛毡或几层牛皮纸埋设在墙壁内，预留孔距墙壁表面应有 15～20mm 的距离

b. 保护套。当用保护套时，应将保护套埋设好。保护套可用厚 1mm 以上的铁皮做成方形或圆形，大小应使接地线穿入时每边有 6mm 以上的空隙。

③ 埋设支持件。明敷设在墙上的接地线应分段固定，方法是在墙上埋设支持件，将接地扁钢固定在支持件上。图 5-50 为一种常用的支持件，支持件形式一般由设计要求提出。

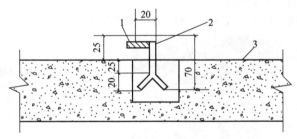

图 5-50　接地线支持件示意

1—接地线；2—支持件；3—墙壁

a. 施工前，用 40mm×4mm 的扁钢按图 5-50 所示的尺寸将支持件做好。

b. 为了使支持件埋设整齐，在墙壁浇捣前先埋入一块方木预留小孔，若墙壁为砖墙则支持件可在砌砖时直接埋入。

c. 埋设方木时应拉线或画线，孔的深度和宽度为 50mm，孔间的距离（即支持件的距离）一般为 1～1.5m，转弯部分为 1m。

d. 明敷设的接地线应垂直或水平敷设，当建筑物的表面倾斜时，也可沿建筑物表面平行敷设。与地面平行的接地干线一般距地面 250～300mm。

e. 墙壁抹灰后，即可埋设支持件。为了保证接地线全长与墙壁保持相同的距离和加快埋设速度，埋设支持件时，可用方木制成样板放入墙内，待墙砌好后，将方木样板剔出，然后将支持件放入孔内，再用水泥砂浆将孔填满。

④ 接地线的敷设

a. 敷设时应按设计将一端放在电气设备处，另一端放在距离最近的接地干线上，两端都应露出混凝土地面。露出端的位置应准确，接地线的中部可焊在钢筋上加以固定。

b. 所有电气设备都需单独地埋设接地分支线，不可将电气设备串联接地。

c. 当支持件埋设完毕，水泥砂浆完全凝固以后，即可敷设在墙上的接地线。将扁钢放在支持件内，不得放在支持件外。经过墙壁的地方应穿过预留孔，然后焊接固定。敷设的扁钢应事先调直，不应有明显的起伏、弯曲。

d. 接地线与电缆、管道交叉处及其他有可能使接地线遭受机械损伤的地方，接地线应用钢管或角钢加以保护，否则接地线与上述设施交叉处应保持 25mm 以上的距离。

（5）接地导体的连接

① 接地线相互间的连接及接地线与电气装置的连接，应采用搭焊。搭焊的长度：扁钢或角钢应不小于其宽度的 2 倍；圆钢应不小于其直径的 6 倍，而且应有三边以上焊接。

② 扁钢与钢管（或角钢）焊接时，为了使连接可靠，除应在其接触两侧进行焊接外，还应将由钢带弯成的弧形（或直角形）与钢管（或角钢）焊接；钢带距钢管（或角钢）顶部应有 100mm 的距离。

③ 当利用建筑物内的钢管、钢筋及起重机轨道等自然导体作为接地导体时，连接处应保证有可靠的接触，全长不能中断。金属结构的连接处应与截面面积不大 100mm^2 的钢带焊接起来。金属结构物之间的接头及焊口，焊接完毕后应涂樟丹。

④ 采用钢管作接地线时应有可靠的接头。在暗敷情况下或中性点接地的电网中的明敷情况，应在钢管管接头的两侧点焊两点。

⑤ 接地线和伸长接地（例如管道）相连接时，应在靠近建筑物的进口处焊接。若接地线与管道之间的连接不能焊接时，应用卡箍连接，卡箍的接触面应镀锡，并将管子连接处擦干净。管道上的水表、法兰、阀门等处应用裸铜线将其跨接。

（6）接地装置（接地线）涂漆

① 涂黑漆。明敷的接地线表面应涂黑漆（图 5-51）。

如因建筑物的设计要求，需涂其他颜色，则应在连接处及分支处涂以宽为 15mm 的两条黑带，其间距为 150mm

图 5-51　接地线涂黑漆

② 涂紫色带黑色条纹。中性点接于接地网的明设接地导线，应涂以紫色带黑色条纹。

③ 涂黑带。在三相四线网络中，如接有单相分支线并用其零线作接地线时，零线在分支点应涂黑色带以便识别。

④ 标黑色接地记号。在接地线引向建筑物内的入口处，一般应在建筑物的外墙上标以黑色接地记号。

⑤ 刷白底漆后标黑色接地记号。室内干线专门备有检修用临时接地点处，应刷白色底漆后标以黑色接地记号。

⑥ 涂樟丹两道再涂黑漆。接地引下线垂直地面的上、下侧 300～500mm 段处，应涂刷樟丹两道，再涂黑漆。涂刷前要将引线表面的锈污等擦刷干净。

5. 施工质量验收

① 当接地体采用钢管时，应选用直径为 38～50mm、壁厚不小于 3.5mm 的钢管。然后按设计提供的长度切割（一般为 2.5m）。钢管打入地下的一端加工成一定的形状，如为一般松软土质时，可切成斜面。为了避免打入时受力不均使管子歪斜，也可以加工成扁尖形。如土质很硬，可将尖端加工成圆锥形，如图 5-52 所示。

② 采用角钢时，一般选用 50mm×50mm×5mm 的角钢，切割长度一般为 2.3m。角钢的一端加工成尖头形状，如图 5-53 所示。

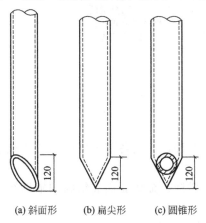

(a) 斜面形　(b) 扁尖形　(c) 圆锥形

图 5-52　接地钢管加工示意

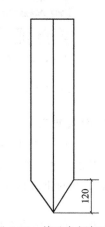

图 5-53　接地角钢加工示意

③ 为防止接地钢管或角钢产生裂口，可用圆钢加工成一种护管帽，套入接地管端，用一块短角钢（长约 10cm）焊在接地角钢的一端，如图 5-54 所示。

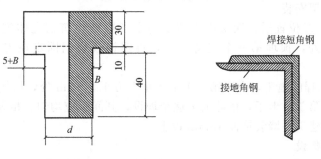

(a) 钢管护管帽加工图　(b) 短角钢焊接示意图

图 5-54　接地体顶端护管帽加固示意图

B—钢管管壁厚度；*d*—管内径

三、防雷引下线的施工

1. 施工现场管理

① 防雷引下线的布置、安装数量和连接方式应符合设计要求。

② 专设引下线应沿建筑物外墙明敷，并经最短路径接地；建筑外观要求较高者可暗

敷，但其圆钢直径不应小于 10mm，扁钢截面面积不应小于 $80mm^2$。

③ 暗敷在建筑物抹灰层内的引下线应有卡钉分段固定；明敷的引下线应平直、无急弯，并应设置专用支架固定，引下线焊接处应刷油漆防腐且无遗漏。

④ 设计要求接地的幕墙金属框架和建筑物的金属门窗，应就近与防雷引下线连接可靠，连接处不同金属间应采取防电化学腐蚀措施。

2. 防雷引下线施工的常用标识

防雷引下线施工的常用标识如图 5-55 所示。

标识说明：在防雷引下线焊接施工时，应将"当心弧光"的安全标识悬挂在施工现场醒目的位置，时刻提醒工作人员作业时注意防护，当心弧光对产生眼睛伤害

图 5-55 "当心弧光"标识

3. 施工现场设置要求

① 建筑物的消防梯、钢柱等金属构件宜作为引下线，但其各部分之间均应连成电气通路；如因装饰需要，可被覆有绝缘材料。

② 满足以下条件的建筑物立面装饰物、轮廓线栏杆、金属立面装饰物的辅助结构可作为引下线：

a. 其截面不小于专设引下线的截面，且厚度不小于 0.5mm；

b. 垂直方向的电气贯通采用焊接、卷边压接、螺钉或螺栓连接。

4. 施工细节操作

（1）引下线支架安装

① 当确定引下线位置后，明敷引下线支持卡子应随建筑物主体施工预埋。通常在距室外护坡 2m 高处，预埋第一个支持卡子，将圆钢或扁钢固定在支持卡子上作为引下线。

② 随着主体工程的施工，在距第一个卡子正上方 1.5～2m 处，用线坠对准第一个卡子的中心点，埋设第二个卡子，依此向上逐个埋设，其间距应均匀、相等。支持卡子露出长度应一致，凸出建筑外墙装饰面 15mm 以上。

（2）引下线明敷设

① 明敷设引下线必须在调直后进行。引下线的调直方法如下。

a. 引下线材料为扁钢，可放在平板上用地锤调直（图 5-56）。

b. 引下线为圆钢，可将其一端固定在锤锚的机具上，另一端固定在绞磨或倒链的夹具上，冷拉调直，也可用钢筋调直机进行调直。

② 经调直的引下线材料运到安装地点后，可用绳子提拉到建筑物最高点，由上而下逐点使其与埋设在墙体内的支持卡子进行套环卡固、用螺栓或焊接固定，直到断接卡子为止。

③ 当通过屋面挑檐板等处需要弯折时，不应构成锐角转折，应做成曲径较大的慢弯。弯曲部分线段的总长度应小于拐弯开口处距离的 10 倍。

（3）引下线沿墙或混凝土构造柱暗敷设

① 引下线沿砖墙或混凝土构造柱内暗设时（图 5-57），暗设引下线一般应采用不小于 $\phi 12$ 的镀锌圆钢或 $-25mm \times 4mm$ 的镀锌扁钢。

图 5-56　扁钢调直　　　　　　图 5-57　引下线沿混凝土构造柱暗敷设

② 通常将钢筋调直后先与接地体（或断接卡子）连接好，由下至上展放（或一段一段地连接）钢筋，敷设路径应尽量短而直，可直接通过挑檐板或女儿墙与避雷带焊接，如图 5-58 所示。

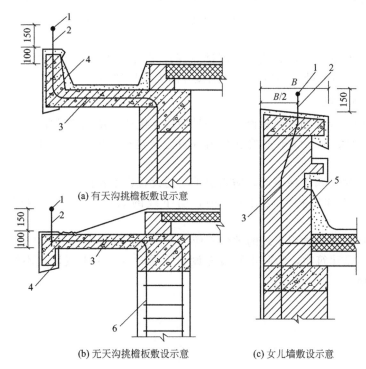

(a) 有天沟挑檐板敷设示意

(b) 无天沟挑檐板敷设示意　　　　　(c) 女儿墙敷设示意

图 5-58　暗敷设引下线通过挑檐板和女儿墙做法示意

1—避雷带；2—支架；3—引下线；4—挑檐板；5—女儿墙；6—柱主筋；B—女儿墙的宽度

③ 当引下线沿建筑物外墙抹灰层内安装时，应在外墙装饰抹灰前把扁钢或圆钢避雷带由上至下展放好，并用卡钉固定好，其垂直固定距离为 $1.5 \sim 2m$。

（4）利用建筑物钢筋作防雷引下线

① 利用建筑物钢筋混凝土中钢筋作引下线时，引下线间距：第一类防雷建筑物引下

线间距不应大于12m；第二类防雷建筑物引下线间距不应大于18m；第三类防雷建筑物引下线间距不应大于25m。以上第一、二、三类建筑防雷施工，建筑物外廓各个角上的柱筋均应被利用。

② 利用建筑物钢筋混凝土中的钢筋作为防雷引下线时，应符合下列规定。

a. 建筑物宜利用钢筋混凝土屋顶、梁、柱、基础内的钢筋作为引下线。

b. 构件内有箍筋连接的钢筋或呈网状的钢筋，其箍筋与钢筋、钢筋与钢筋应采用土建施工的绑扎法、螺栓连接、对焊或搭焊连接。单根钢筋、圆钢或外引预埋连接板、线与构件内钢筋的连接应焊接或采用螺栓紧固的卡夹器连接。构件之间必须连接成电气通路。

c. 敷设在混凝土中作为防雷装置的钢筋或圆钢，当仅为一根时，其直径不应小于10mm。被利用作为防雷装置的混凝土构件内有箍筋连接的钢筋时，其截面积总和不应小于一根直径为10mm钢筋的截面积。

d. 引下线在施工时，应配合土建施工，按设计要求找出全部钢筋位置，用油漆做好标记，保证每层钢筋上、下进行贯通性连接（绑扎或焊接），随着钢筋作业逐层串联焊接（或绑扎）至顶层。

e. 引下线其上部（屋顶上）与接闪器相连的钢筋必须焊接连接，不应做绑扎连接，焊接长度不应小于钢筋直径的6倍，并应在两面进行焊接。

f. 如果结构内钢筋含碳量或含锰量高，焊接易使钢筋变脆或强度降低时，可采用绑扎连接，也可改用直径不小于16mm的副筋，或不受力的构造筋，或者单独另设钢筋。

g. 利用建筑物钢筋混凝土基础内的钢筋作为接地装置，每根引下线处的冲击接地电阻不宜大于5Ω。

h. 在建筑结构完成后，必须通过测试点测试接地电阻，若达不到设计要求，可在室外柱（或墙）0.8~1m处，预留导体处加接外附人工接地体。

5. 施工质量验收

① 引下线应沿建筑物外墙敷设，并经最短路径接地，建筑艺术要求较高者也可暗敷，但截面应加大一级。引下线不宜敷设在阳台附近及建筑物的出入口和人员较易接触到的地点。

② 根据建筑物防雷等级不同，防雷引下线的设置也不相同。

a. 第一类防雷建筑物专设引下线时，引下线的数量不应少于两根，间距不应大于12m。

b. 第二类防雷建筑物引下线的数量不应少于两根，间距不应大于18m。

c. 第三类防雷建筑物，为防雷装置专设引下线时，其引下线数量不宜少于两根，间距不应大于25m。

第六章 06 Chapter

低压配电线路施工

第一节　电杆和拉线的安装

一、电杆的安装施工

1. 施工现场管理

在架空电力线路中，电杆埋在地上，主要是用来架设导线，安装绝缘子、横担，有时还要承受导线的拉力和各种金具的质量。根据材质的不同，电杆可分为木电杆（图 6-1）、钢筋混凝土电杆（图 6-2）和铁塔（图 6-3）三种。

木电杆运输和施工方便，价格便宜，绝缘性能较好，但是机械强度较低，使用年限较短，日常的维修工作量偏大。目前除在建筑施工现场作为临时用电架空线路外，在其他施工场所中用得不多

图 6-1　木电杆

钢筋混凝土电杆常用的多为圆形空心杆，其规格见表6-1

图 6-2　钢筋混凝土电杆

铁塔一般用于35kV以上架空线路的重要位置上

图 6-3　铁塔

表 6-1　钢筋混凝土电杆规格

杆长/m	7	8		9		10		11	12	13	15
梢径/mm	150	150	170	150	190	150	190	190	190	190	190
底径/mm	240	256	277	270	310	283	323	337	350	363	390

2. 电杆安装的常用标识

电杆安装施工的常用标识如图 6-4 所示。

标识说明：在电杆安装施工时，应将"必须系安全带"的标识悬挂在施工现场的出入口处，时刻提醒工作人员高空作业必须系安全带

图 6-4　"必须系安全带"标识

3. 施工现场设置要求

① 电杆的地下装置为基础。混凝土电杆的基础主要包括卡盘（图 6-5）、底座（图 6-6）以及拉线盘（图 6-7）等，这些均为水泥制件。

② 接地装置主要包括避雷器、避雷线以及接地引线和接地极等。

③ 架空线路工程使用的器材，必须符合国家或有关部委的现行标准要求及具备出厂的质量合格证明，对导线、电杆、绝缘子、金具应有生产制造许可证的复印件。若无出厂质量证明或资料不全者，必须按有关规定进行检验，其中绝缘子和电瓷件无论是否有证件，安装前必须进行耐压试验。

图 6-5　卡盘

图 6-6　底座

图 6-7　拉线盘

4. 施工操作细节

（1）汽车起重机立电杆（图 6-8）

电杆组立位置应正确，桩身应垂直。允许偏差：直线杆横向位移不大于50mm，杆梢偏移不大于杆梢直径的1/2，转角杆紧线后不向内角倾斜，向外角倾斜不大于1个杆梢直径

图 6-8　汽车起重机立电杆

① 立杆时，先将汽车起重机开到距坑道适当的位置加以稳固，然后在电杆（从根部量起）1/3～1/2 处系一根起吊钢丝绳，再在杆顶向下 500mm 处系三根临时调整绳。

② 起吊时，坑边站两人负责电杆根部进坑，另由三人各拉一根调整绳，以坑为中心，站位呈三角形，由一人负责指挥。

③ 当杆顶吊离地面 500mm 时，对各处绑扎的绳扣进行一次安全检查，确认无问题后再继续起吊。

④ 电杆竖立后，调整电杆使之位于线路中心线上，偏差不超过 50mm，然后逐层（300mm 厚）填土夯实。填土应高于地面 300mm，以备沉降。

（2）人字抱杆立杆　人字抱杆立杆（图 6-9）是一种简易的立杆方式，它主要依靠装在人字抱杆顶部的滑轮组，通过钢丝绳穿绕杆脚上的转向滑轮、引向绞磨或手摇卷扬机来吊立电杆。

以立 10kV 线路电杆为例，所用的起吊工具主要包括人字抱杆 1 副（杆高约为电杆高度的 1/2）；承载 3t 的滑轮组一副，承载 3t 的转向滑轮一个，绞磨或手摇卷扬机一台；起吊用钢丝绳（φ10）45m；固定人字抱杆用牵引钢丝绳（φ6）两条，长度为电杆高度的 1.5～2 倍；锚固用的钢钎 3～4 根。

（3）三脚架立杆　立杆时，首先将电杆移到

图 6-9　人字抱杆立杆

电杆坑边，立好三脚架，做好防止三脚架根部活动和下陷的措施，然后在电杆梢部系三根拉绳，以控制杆身，如图 6-10 所示。在电杆杆身 1/2 处，系一根短的起吊钢丝绳，套在

滑轮吊钩上。用手摇卷扬机起吊时，当杆梢离地 500mm 时，对绳扣做一次安全检查，确认无问题后，方可继续起吊。将电杆竖起落于杆坑中，即可调整杆身，填土夯实。

三脚架立杆也是一种较简易的立杆方式，它主要依靠装在三脚架上的小型卷扬机、上下两只滑轮以及牵引钢丝绳等吊立电杆

图 6-10　三脚架立杆施工

（4）倒落式人字抱杆立杆　采用倒落式人字抱杆立杆（图 6-11）的工具主要包括人字抱杆、滑轮、卷扬机（或绞磨）以及钢丝绳等。

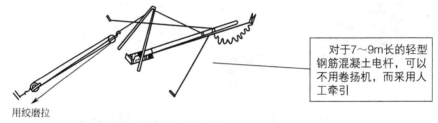

对于7～9m长的轻型钢筋混凝土电杆，可以不用卷扬机，而采用人工牵引

用绞磨拉

图 6-11　采用倒落式人字抱杆立杆示意

① 立杆前，先将制动用钢丝绳一端系在电杆根部，另一端在制动桩上绕 3～4 圈，再将起吊钢丝绳一端系在抱杆顶部的铁帽上，另一端绑在从电杆的底部往上长度的 2/3 处。

在电杆顶部接上临时调整绳三根，按三个角分开控制。总牵引绳的方向要与制动桩、坑中心、抱杆铁帽处于同一直线上。

② 起吊时，抱杆和电杆同时竖起，负责制动绳和调整绳的人要配合好，控制好抱杆和电杆后平衡起吊。

③ 当电杆起立至适当位置时，缓慢松开制动绳，使电杆根部逐渐进入坑内，但是杆根应在抱杆失效前接触坑底。当杆根快要触及坑底时，应控制其正好处于立杆的正确位置上。

④ 在整个立杆过程中，左右侧拉线要均衡施力，以保证杆身稳定。

⑤ 当杆身立至与地面成 70°位置时，与起吊方向相反一侧的临时拉线要适当拉紧，以防电杆倾倒。当杆身立至 80°时，立杆速度应放慢，并且用与起吊方向相反一侧的拉线与卷扬机配合，使杆身调整到正直。

⑥ 最后用填土将基础填妥、夯实，拆卸立杆工具。

（5）架腿立杆　架腿立杆又称撑式立杆，它是利用撑杆来竖立电杆的。该方法使用工具比较简单，但是劳动强度大。当立杆少，又缺乏立杆机具的情况下，可以采用，但是只能竖立木杆和 9m 以下的混凝土电杆。

采用这种方法立杆时，应先将杆根移至坑边，对正马道，坑壁竖一块木滑板，电杆梢部系三根拉绳，以控制杆身，防止在起立过程中倾倒，然后将电杆梢抬起，到适当高度时用撑杆交替进行，向坑心移动，电杆即逐渐抬起。

（6）电杆调整要求　调整杆位通常可用杠子拨，或用杠杆与绳索联合吊起杆根，使其移至规定位置。调整杆面（图 6-12）可用转杆器弯钩卡住，推动手柄使杆旋转。

直线杆的横向位移不应大于50mm；电杆的倾斜不应使杆梢的位移大于半个杆梢径

图 6-12　调整杆面

① 站在相邻未立杆的杆坑线路方向上的辅助标桩处（或其延长线上），面对线路向已立杆方向观测电杆，或通过垂球观测电杆，指挥调整杆身，使之与已立正直的电杆重合。

② 若为转角杆，观测人站在与线路垂直方向或转角等分角线的垂直线（转角杆）的杆坑中心辅助桩延长线上，通过垂球观测电杆，指挥调整杆身，此时横担轴向应正对观测方向。

③ 转角杆应向外角预偏，紧线后不应向内角倾斜，向外角的倾斜不应使杆梢位移大于一个杆梢直径。转角杆的横向位移不应大于50mm。

④ 终端杆立好后应向拉线侧预偏，紧线后不应向拉线反方向倾斜，向拉线侧倾斜不应使杆梢位移大于一个杆梢直径。

⑤ 双杆立好后应正直，双杆中心与中心桩之间的横向位移偏差不得超过50mm；两杆高低偏差不得超过20mm；迈步不得超过30mm；根开不应超过±30mm。

5. 施工质量验收

① 钢筋混凝土电杆验收（图 6-13）应保证表面光滑，内外壁厚均匀，不应有露筋、跑浆等现象。

电杆不应出现纵向裂纹，横向裂纹的宽度不应超过0.1mm

图 6-13　钢筋混凝土电杆验收

② 钢圈连接的混凝土电杆，焊缝不得有裂纹、气孔、结瘤和凹坑。

③ 混凝土电杆顶应封口，以防止雨水进入。

④ 混凝土电杆杆身弯曲不应超过杆长的 1/1000。

二、拉线的安装施工

1. 施工现场管理

① 首先要熟悉国家和当地的有关技术规定、标准等。设计图样上的路径选择只能作

为参考，在现场还要进一步核对工程设计施工图中电杆和拉线的方位，与地下现有的管道、电缆等方位是否冲突，特别是交叉路口及弯道处。只有到现场实地勘测后，才能确定最终的路径。

② 现场勘查内容包括：将要施工的架空线路区域内，是否有需要跨越交叉的高、低压线路，路灯线路和电信线路，铁路、道路等设施。若有障碍，应首先考虑适当调整杆位、线路，避开和减少矛盾，若还不能解决问题，应确定该线路的高度以及防护措施，并且应在立杆前或放线前与有关单位联系，办理好停电等手续，这样可不变更原有的线路设计。

③ 在线路基本确定的基础上，还要进一步勘查电杆杆位以及拉线盘附近是否存在与工程有冲突的地下设施。若和个别杆位有冲突，可通过调整杆间距离来解决，若与杆位冲突较多，影响较大，则必须改变线路的方位和走向。10kV 及以下架空线路杆塔埋地部分，与地下工程设施（不包括电缆线路）间的水平净距不宜小于 1m。

④ 在线路基本确定后，要根据现场的实际需要进行电杆的定位。供电点和用电点之间要尽量走近路，两点间路径越接近直线越好，线路要尽量减少转角，更不能迂回曲折。电杆定位的同时，要确定好立杆方向，以便在挖电杆坑时确定杆坑马道的方向，便于立杆。

2. 拉线安装施工的常用标识

拉线安装施工的常用标识如图 6-14 所示。

标识说明：在拉线安装施工时，应将"必须戴防护手套"的标识悬挂在施工现场的醒目位置，提醒工作人员注意手部的防护

图 6-14 "必须戴防护手套"标识

3. 施工现场设置要求

架空电力线路使用的线材，架设前应进行外观检查，且应符合下列规定：

① 不应有松股、交叉、折叠、断裂及破损等缺陷；

② 不应有严重腐蚀现象；

③ 钢绞线、镀锌铁线表面镀锌层应良好，无锈蚀；

④ 绝缘线表面应平整、光滑、色泽均匀、无破损绝缘层，厚度应符合规定。绝缘线的绝缘层应挤包紧密，且易剥离，绝缘线端部应有密封措施。

4. 施工细节操作

电杆拉线的制作方法包括束合法和绞合法两种。由于绞合法存在绞合不好会产生各股受力不均的缺陷，目前常采用束合法，其制作方法如下。

（1）伸线　将成捆的铁线放开拉伸，使其挺直，以便束合。伸线方法：可使用两只紧线钳将铁线两端夹住，分别固定在柱上，用紧线钳收紧，使铁线伸直；也可以采用人工拉伸，将铁线的两端固定在支柱或大树上，由 2~3 人手握住铁线中部，每人同时用力拉数次，使铁线充分伸直。

（2）束合　将拉直的铁线按照需要股数合在一起，另用 $\phi 1.6 \sim \phi 1.8$ 的镀锌铁线在适当处压住一端拉紧缠扎 3～4 圈，而后将两端头拧在一起成为拉线结，形成束合线。拉线结在距地面 2m 以内的部分间隔 600mm；在距地面 2m 以上部分间隔 1.2m。

（3）拉线把的缠绕（图 6-15）　拉线把包括自缠法和另缠法两种缠绕方法，其具体操作如下。

① 自缠法。缠绕时先将拉线折弯嵌进三角圈（心形环）折转部分和本线合并，临时用钢绳卡头夹牢，折转一股，其余各股散开紧贴在本线上，然后将折转的一股，用钳子在合并部分紧紧缠绕 10 圈，余留 20mm 长并在线束内，多余部分剪掉。第一股缠完后接着再缠第二股，用同样方法缠绕 10 圈，依此类推。由第 3 股起每次缠绕圈数依次递减一圈，直至缠绕 6 次为止。每次缠

图 6-15　拉线把的缠绕

绕也可按下法进行：即每次取一股，换另一股将它压在下面，然后折面留出 10mm，将余线剪掉。

9 股及以上拉线，每次可用两根一起缠绕。每次的余线至少要留出 30mm 压在下面，余留部分剪齐折回 180°紧压在缠绕层外。若股数较少，缠绕不到 6 次即可终止。

② 另缠法。先将拉线折弯处嵌入心形环，折回的拉线部分和本线合并，颈部用钢丝绳卡头临时夹紧，另用一根 $\phi 3.2$ 的镀锌铁线作为绑线，一端和折回部分并在一起，另一端用钢丝钳缠绕，3～5 股拉线缠绕长度为 200mm，7 股以上拉线缠绕长度为 300mm，然后将 $\phi 3.2$ 的绑线两端自相缠绕 3 圈成小辫，剪掉多余部分。中间相隔 200mm，同上述方法缠绕长度 100mm，然后将拉线股全部折回，绑线两端自相扭绞成麻花小辫。

（4）安装拉线需要注意的问题

① 安装要求

a. 拉线与电杆之间的夹角不宜小于 45°；当受地形限制时，可适当小些，但是不应小于 30°。

b. 终端杆的拉线以及耐张杆承力拉线应与线路方向对正，分角拉线应与线路分角线方向对正，防风拉线应与线路方向垂直。

c. 采用绑扎固定的拉线安装时，拉线两端应设置心形环。

d. 当一根电杆上装设多股拉线时，拉线不应有过松、过紧、受力不均匀等现象。

e. 埋设拉线盘的拉线坑应有滑坡（马道），回填土应有防沉土台，拉线棒与拉线盘的连接应使用双螺母。

f. 居民区、厂矿内，混凝土电杆的拉线从导线之间穿过时，应装设拉线绝缘子。在断线情况下，拉线绝缘子距地面不应小于 2.5m。

g. 合股组成的镀锌铁线用作拉线时，股数不应少于三股，其单股直径不应小于 4.0mm，绞合应均匀、受力相等，不应出现抽筋现象。

合股组成的镀锌铁线拉线采用自身缠绕固定时，宜采用直径不小于 3.2mm 的镀锌铁线绑扎固定。绑扎应整齐紧密，其缠绕长度为：三股线不应小于 80mm，五股线不应小于 150mm，花缠不应小于 250mm，上端不应小于 100mm。

h. 钢绞线拉线可采用直径不小于 3.2mm 的镀锌铁线绑扎固定。绑扎应整齐、紧密，缠绕长度不能小于表 6-2 所列数值。

表 6-2 最小缠绕长度

钢绞线截面 /mm²	最小缠绕长度/mm				
	上段	中段有绝缘子的两端	与拉棒连接处		
			下端	花缠	上端
25	200	200	150	250	80
35	250	250	200	250	80
50	300	300	250	250	80

i. 为了防止腐蚀拉线，在地面上下各 300mm 部分应涂刷防腐油，然后用浸过防腐油的麻布条缠卷，并且用铁线绑牢。

② 拉线坑的开挖（图 6-16）。拉线坑应开挖在标定拉线桩位处，其中心线和深度应符合设计要求。在拉线引入一侧应开挖斜槽，以免拉线不能伸直，影响拉力。其截面和形式可根据具体情况确定。

拉线坑深度应根据拉线盘埋设深度确定，应有斜坡，回填土时，应将土块打碎后夯实。拉线坑宜设防沉层

图 6-16 拉线坑的开挖

③ 拉线盘的埋设。在埋设拉线盘（图 6-17）前，首先应将下把拉线棒组装好，然后再进行整体埋设。

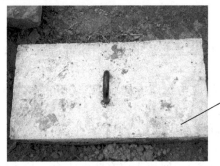

拉线盘埋设深度应符合工程设计规定，最低不应低于1.3m

图 6-17 拉线盘埋设施工

拉线棒应与拉线盘垂直，其外露地面部分长度应为 500～700mm。目前，普遍采用的下把拉线棒为圆钢拉线棒，它的下端套有丝口，上端有拉环，安装时拉线棒穿过水泥拉线盘孔，放好垫圈，拧上双螺母即可。在下把拉线棒装好之后，将拉线盘放正，使底把拉环露出地面 500～700mm，即可分层填土夯实。

拉线棒地面上下 200～300mm 处，都要涂以沥青。泥土中含有盐碱成分较多的地方，还要从拉线棒出土 150mm 处起，缠卷 80mm 宽的麻带，缠到地面以下 350mm 处，并且浸透沥青，以防腐蚀。涂油和缠麻带都应在填土前做好。

④ 拉线上把安装。拉线上把装在混凝土电杆上，须用拉线抱箍以及螺栓固定。其方法是用一只螺栓将拉线抱箍抱在电杆上，然后把预制好的上把拉线环放在两片抱箍的螺孔间，穿入螺栓拧上螺母固定。上把拉线环的内径以能穿入直径为 16mm 的螺栓为宜，但

是不能大于 25mm。

在来往行人较多的地方，拉线上应装设拉线绝缘子（图 6-18）。

其安装位置，应使拉线断线而沿电杆下垂时，绝缘子距地面的高度在2.5m以上，不致触及行人。同时，使绝缘子距电杆最近距离也应保持2.5m，使人不致在杆上操作时触及接地部分

图 6-18　拉线绝缘子安装施工

5. 施工质量验收

采用拉桩杆拉线的安装应符合下列规定。

① 拉杆桩埋设深度不应小于杆长的 1/6。

② 拉杆桩应向张力反方向倾斜 15°～20°。

③ 拉杆坠线与拉桩杆夹角不应小于 30°。

④ 拉桩坠线上端固定点的位置距拉桩杆顶应为 0.25m，距地面不应小于 4.5m。

第二节　导线的架设和杆上电气设备的安装

一、导线的架设与连接

1. 施工现场管理

（1）导线的型号　导线型号一般由两部分组成，前面的字母表示导线的材料，即 T—铜线、L—铝线、LG—钢芯铝线、HL—铝合金线、J—绞线；后面的数字表示导线的标称截面，例如：

TJ-25 表示标称截面为 25mm^2 的铜绞线；

LJ-35 表示标称截面为 35mm^2 的铝绞线；

LGJ-25/4 表示标称截面为 25mm^2 的钢芯铝绞线（25 指铝线截面，4 指钢线截面）；

LGJQ-150 表示标称截面为 150mm^2 的轻型钢芯铝绞线；

LGJJ-185 表示标称截面为 185mm^2 的加强型钢芯铝绞线。

（2）导线的规格　导线的规格主要是针对导线的直径、交货长度和标称截面而言。导线的直径通常是指导线的外径，可用游标深度尺进行测量。导线的交货长度是指导线在工厂制造的每捆（卷）线的长度。导线的标称截面常根据导线的根数直径，用公式计算出其实际截面的大小，再取其整数，并以该整数作为该导线的标称截面，如 LJ-25 的计算截面是 25.41mm^2，取整数 25mm^2，即为标称截面。

对于 10kV 及以下架空线路的导线截面，通常根据计算负荷、允许电压损失及机械强度来确定。如采用允许电压降校核导线的标称截面，其方法如下。

① 1～10kV 配电线路，自供电的变电所二次侧出口至线路末端变压器或末端受电变电所一次侧入口的允许电压降为供电变电所二次侧额定电压的 5%。

② 1kV 以下配电线路，自配电变压器二次侧出口至线路末端（不包括接户线）的允许电压降为额定电压的 4%。

③ 配电线路导线截面的确定，除根据负荷条件外，还应与地区配电网的发展规划相结合。

在选择导线截面时，要有一定的裕度，配电导线截面不宜小于表 6-3 所列数值的规定。

表 6-3　导线截面最小值　　　　　　　　　　　　　　　单位：mm²

导线种类	1~10kV 配电线路			1kV 以下配电线路		
	主干线	分干线	分支线	主干线	分干线	分支线
铝绞线及铝合金线	120(125)	70(63)	50(40)	95(100)	70(63)	50(40)
钢芯铝绞线	120(125)	70(63)	50(40)	95(100)	70(63)	50(40)
铜绞线	—	—	16	50	35	16
绝缘铝绞线	150	95	50	95	70	50
绝缘铜绞线	—	—	—	70	50	35

注：括号内数值对应的是圆线同心绞线。

2. 导线架设安装施工的常用标识

导线架设安装施工的常用标识如图 6-19 所示。

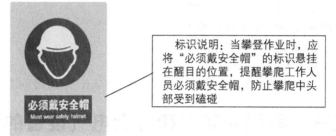

标识说明：当攀登作业时，应将"必须戴安全帽"的标识悬挂在醒目的位置，提醒攀爬工作人员必须戴安全帽，防止攀爬中头部受到磕碰

图 6-19　"必须戴安全帽"标识

3. 施工现场设置要求

导线采用钳压接续管进行连接（图 6-20）时，应符合下列规定。

压接后的接续管弯曲度不应大于管长的2%；压接后或矫直后的接续管不应有裂纹

图 6-20　接续管连接

① 接续管型号与导线规格应配套。
② 压接前导线的端头要用绑线绑牢，压接后不应拆除。
③ 钳压后，导线端头露出长度不应小于 20mm。
④ 压接后的接续管两端附近的导线不应有灯笼、抽筋等现象。

4. 施工细节操作

（1）放线与架线　在导线架设放线（图 6-21）前，应勘察沿线情况，清除放线道路上可能损伤导线的障碍物，或采取可靠的防护措施。

放线包括拖放法和展放法两种。拖放法是将线盘架设在放线架上拖放导线；展放法是将线盘架设在汽车上，行进中展放导线。放线一般从始端开始，通常以一个耐张段为一单元进行。可以先放线，即把所有导线全部放完，再一根根地将导线架在电杆横担上；也可

对于跨越公路、铁路、一般通信线路和不能停电的电力线路时，应在放线前搭好牢固的跨越架，跨越架的宽度应稍大于电杆横担的长度，以防止掉线

图 6-21　放线

以边放线边架线。放线时应使导线从线盘上方引出，放线过程中，线盘处要有人看守，保持放线速度均匀，同时检查导线质量，发现有问题应及时处理。

当导线沿线路展放在电杆旁的地面上以后，可由施工人员登上电杆将导线用绳子提到电杆的横担上。架线（图 6-22）时，导线吊上电杆后，应放在事先装好的开口木质滑轮内，防止导线在横担上拖拉磨损。钢导线也可使用钢滑轮。

（2）导线的修补　导线有损伤时一定要及时修补，否则会影响电气性能。导线修补包括以下几种情况。

① 导线在同一处损伤，有下列情况之一时，可不做修补：单股损伤深度小于直径的 $1/2$，但应将损伤处的棱角与毛刺用 0 号砂纸磨光；钢芯铝绞线、钢芯铝合金绞线损伤截面面积小于导电部分截面面积的 5%，并且强度损失小于 4%；单金属绞线损伤截面面积小于导电部分截面面积的 4%。

图 6-22　导线架设

② 当导线在同一处损伤时，应进行修补（图 6-23），修补应符合规定要求。受损导线采用缠绕处理的规定：受损伤处线股应处理平整；选用与导线同种金属的单股线作为缠绕材料，且其直径不应小于 2mm；缠绕中心应位于损伤最严重处，缠绕应紧密，受损部分应全部覆盖，缠绕长度不应小于 100mm。

受损导线采用修补管修补的规定：损伤处的铝或铝合金股线应先恢复其原始绞制状态；修补管的中心应位于损伤最严重处，需修补导线的范围距管端部不得小于 20mm

图 6-23　导线的修补

预绞丝修补的规定：受损伤处线股应处理平整；修补预绞丝长度不应小于 3 个节距；修补预绞丝中心应位于损伤最严重处，并且应与导线紧密接触，损伤部分应全部覆盖。

③ 导线在同一处的损伤有下列情况之一时，应将导线损伤部分全部割去，重新用直线接续管连接：强度损伤或损伤截面面积超过修补管修补的规定；连续损伤的强度、截面面积虽未超过可以用修补管修补的规定，但损伤长度已超过修补管能修补的范围；钢芯铝

绞线的钢芯断一股；导线出现灯笼的直径超过1.5倍导线直径而且无法修复；金钩、破股已形成无法修复的永久变形。

（3）导线的连接

① 由于导线的连接质量直接影响到导线的机械强度和电气性能，所以架设的导线连接规定如下：在任何情况下，每一档距内的每条导线，只能有一个接头；导线接头位置与针式绝缘子固定处的净距离不应小于500mm；与耐张线夹之间的距离不应小于15m。

② 架空线路在跨越公路、河流、电力及通信线路时，导线及避雷线上不能有接头。

③ 不同金属、不同规格、不同绞制方向的导线严禁在挡距内连接，只能在电杆上跳线时连接。

④ 导线接头处的力学性能，不应低于原导线强度的90%，电阻不应超过同长度导线电阻的1.2倍。

常用的导线的连接方法有钳压接法、缠绕法和爆炸压接法。如果接头在跳线处，可以使用线夹连接，接头在其他位置时，通常采用钳压接法连接。

（4）压接后接续管两端出口处、接缝处以及外露部分应涂刷油漆　压接铝绞线时，压接顺序从导线断头开始，按交错顺序向另一端进行；铜绞线与铝绞线压接方法相类似；压接钢芯铝绞线时，压接顺序从中间开始，分别向两端进行，压接$240mm^2$钢芯铝绞线时，可用两只接续管串联进行，两管间距不应小于15mm。

（5）紧线　在做好耐张杆、转角杆和终端杆拉线后，就可以分段紧线。先将导线的一端在绝缘子上固定好，然后在导线的另一端用紧线器紧线。在杆的受力侧应装设正式和临时拉线，用钢丝绳或具有足够强度的钢线拴在横担的两端，以防横担偏扭。待紧完导线并固定好后，拆除临时拉线。

紧线（图6-24）时，在耐张段的操作端直接或通过滑轮来牵引导线，导线收紧后，再用紧线器夹住导线。

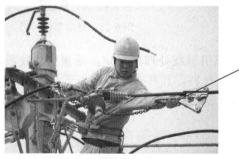

紧线的方法有两种：一种是将导线逐根均匀收紧的单线法；另一种是三根或两根同时收紧。前者适用于导线截面面积较小、耐张段距离不大的场合；后者适用于导线型号大、挡距大、电杆多的情况。紧线的顺序，应从上层横担开始，依次至下层横担；先紧中间导线，后紧两边导线

图6-24　紧线施工

（6）测量弧垂　导线弧垂是指一个挡距内导线下垂形成的自然弛度，也称为导线的弛度。弧垂是表示导线所受拉力的量，弧垂越小拉力越大，反之，拉力越小。导线紧固后，弛度误差不应超过设计弛度的±5%，同一挡距内各条导线的弛度应该一致；水平排列的导线，高低差应不大于50mm。

测量弧垂时，用两个规格相同的弧垂尺（弛度尺），把横尺定位在规定的弧垂数值上，两个操作者都把弧垂尺勾在靠近绝缘子的同一根导线上，导线下垂最低点与对方横尺定位点应处于同一直线上。弧垂测量应从相邻电杆横担某一侧的一根导线开始，接着测另一侧对应的导线，然后交叉测量第三根和第四根，以保证电杆横担受力均匀，没有因紧线而出现扭斜现象。

（7）导线的固定　导线在绝缘子上通常用绑扎的方法来固定，绑扎方法因绝缘子形式和安装地点不同而各异，常用方法如下。

① 顶绑法。顶绑法适用于 1～10kV 直线杆针式绝缘子的固定绑扎。铝导线绑扎时应在导线绑扎处先绑 150mm 长的铝包带。所用铝包带宽为 10mm、厚为 1mm。绑线材料应与导线的材料相同，其直径在 2.6～3.0mm 范围内。

② 侧绑法。转角杆针式绝缘子上的绑扎，导线应放在绝缘子颈部外侧。若由于绝缘子顶槽太浅，直线杆也可以用这种绑扎方法。在导线绑扎处同样要绑以铝带。

③ 耐张线夹固定导线法。耐张线夹固定导线法是用紧线钳先将导线收紧，使弧垂比所要求的数值稍小些。然后在导线需要安装线夹的部分，用同规格的线股缠绕，缠绕时，应从一端开始绕向另一端，其方向须与导线外股缠绕方向一致。缠绕长度需露出线夹两端各 10mm。卸下线夹的全部 U 形螺栓，使耐张线夹的线槽紧贴导线缠绕部分，装上全部 U 形螺栓及压板，并稍拧紧。最后按顺序拧紧。在拧紧过程中，要使受力均衡，不要使线夹的压板偏斜和卡碰。

5. 施工质量验收

① 当低压线路与铁路有交叉跨越，采用铝绞线时，其截面不应小于 35mm^2。

② 不同金属、不同绞向、不同截面的导线严禁在挡距内连接。

③ 高压配电架空线路在同一横担上的导线，其截面差不宜大于三级。

④ 空配电线路的导线不应采用单股的铝绞线或铝合金绞线。高压线路的导线不应采用单股铜绞线。

⑤ 1kV 以下三相四线制的零线截面应与相线截面相同。

若中性线截面选择不当，可能产生断线烧毁用电设备事故。中性线截面过小，遇到大风天气也会造成断线、混线事故，甚至烧毁用电设备，造成严重事故或人员伤亡。

在离海岸 5km 以内的沿海地区或工业区，应根据腐蚀性气体和尘埃产生腐蚀作用的严重程度，选用不同防腐性能的防腐型钢芯铝绞线。

⑥ 同一档距内，同一根导线上的接头不得超过一个。

⑦ 导线接头位置与导线固定处的距离应大于 0.5m，有防振装置者应在防振装置以外。

⑧ 当导线在同一处损伤需要进行修补时，损伤修补处理标准应符合表 6-4 的规定。

表 6-4 导线损伤修补处理标准

导线类别	损伤情况	处理方法
铝绞线	导线在同一处损伤程度已经超过规定,但因损伤导致强度损失不超过总拉断力的 5%时	缠绕或修补预绞线修理
铝合金绞线	导线在同一处损伤导致的强度损失超过总拉断力的 5%,但不超过 17%时	补修管修补
钢芯铝绞线	导线在同一处损伤程度已超过规定,但因损伤导致强度损失不超过总拉断力的 5%,且截面积损伤又不超过导电部分总截面积的 7%时	缠绕或修补预绞线修理
钢芯铝合金绞线	导线在同一处损伤的强度损失已超过总拉断力的 5%但不足 7%,且截面积损伤也不超过导电部分总截面积的 25%时	补修管修补

二、杆上电气设备的安装

1. 施工现场管理

① 电杆上电气设备安装应牢固可靠；电气连接应接触紧密；不同金属连接应有过渡措施；瓷件表面光洁，无裂缝、破损等现象。

② 电杆上变压器及变压器台的安装，其水平倾斜不大于台架根开的 1/100；一、二次引线排列整齐、绑扎牢固；储油柜油位正常、外壳干净；接地可靠，接地电阻值符合规定要求；套管压线螺栓等部件齐全；呼吸孔道畅通。

2. 杆上电气设备安装施工的常用标识

杆上电气设备安装施工的常用标识如图 6-25 所示。

标识说明：悬空作业时，应将"当心落物"的标识悬挂在作业面下，提醒过往行人此处进行高空作业，应小心坠物带来的危险

图 6-25 "当心落物"标识

3. 施工现场设置要求

① 杆上隔离开关分合操作灵活，操动机构机械销定可靠，分合时三相同期性好，分闸后，刀片与静触头间空气间隙距离不小于 200mm，地面操作杆的接地（PE）可靠，且应有标志。

② 杆上避雷器（图 6-26）安装要排列整齐、高低一致，其间隔距离为：1～10kV 不应小于 350mm；1kV 以下不应小于 150mm。避雷器的引线应短而直且连接紧密。当采用绝缘线时，其截面应符合下列规定。

a. 引上线：铜线不小于 $16mm^2$，铝线不小于 $25mm^2$。

b. 引下线：铜线不小于 $25mm^2$，铝线不小于 $35mm^2$，引下线接地可靠，接地电阻值符合规定要求。与电气部分连接，不应使避雷器产生外加应力。

③ 低压熔断器和开关安装要求各部分接触应紧密，便于操作。低压熔体安装要求无弯折、压偏、伤痕等现象。

图 6-26 杆上避雷器

4. 施工细节操作

① 跌落式熔断器（图 6-27）的安装要求各部分零件完整；转轴光滑灵活，铸件不应有裂纹、砂眼、锈蚀；瓷件良好，熔丝管不应有受潮膨胀或弯曲现象。

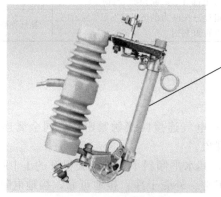

熔断器应安装牢固、排列整齐，熔管轴线与地面的垂线夹角为15°～30°；熔断器水平相间距离不小于500mm；操作时灵活可靠，接触紧密；合熔丝管时上保护继电器的触点应有一定的压缩行程；上、下引线压紧；与线路导线的连接应紧密可靠

图 6-27 跌落式熔断器

② 杆上断路器和负荷开关（图 6-28）的安装，其水平倾斜不应大于台架长度的 1/100。当采用绑扎连接时，连接处应留有防水弯，其绑扎长度应不小于 150mm。断路器和负荷开关的外壳应干净，不应有漏油现象，气压不低于规定值；外壳应接地可靠，接地电阻值应符合规定要求。

③ 杆上隔离开关的安装应符合下列规定：

a. 瓷件良好；

b. 操作机构动作灵活；

c. 隔离刀刃，分闸后应有不小于 200mm 的空气间隙；

d. 与引线的连接紧密可靠；

e. 水平安装的隔离刀刃，分闸时宜使静触头带电；地面操作杆的接地（PE）可靠，且有标识；

图 6-28 负荷开关

f. 三相连动隔离开关的三相隔离刀刃应分合同期。

5. 施工质量验收

架空电力线路使用的金具，属于国家标准产品，出厂时均应严格检查，但由于某些原因，有些产品出现影响产品完整性和质量的现象，因此，为保证工程质量，安装前应对金具进行外观检查，并应符合下列规定：

① 表面应光洁，无裂纹、毛刺、飞边、砂眼、气泡等缺陷；

② 线夹船体压板与导线的接触面应光滑；

③ 遇有局部锌皮剥落者，除锈后应涂红樟丹及油漆；

④ 螺栓表面不应有裂纹、砂眼、锌皮剥落及锈蚀等现象，螺杆与螺母应配合良好；

⑤ 金具上的各种连接螺栓应有防松装置，采用的防松装置应镀锌良好，弹力适合，厚度符合有关规定的要求。

第三节 室内布线和钢管敷设

一、室内布线

1. 施工现场管理

施工现场导线的连接应符合下列要求。

① 在割开导线绝缘层进行连接时，不应损伤线芯；导线的接头应在接线盒内连接；不同材料的导线不准直接连接；分支线接头处，干线不应受到来自支线的横向拉力。

② 绝缘导线（图 6-29）除线芯连接外，在连接处应用绝缘带（塑料带、黄蜡带等）包缠应均匀、严密，绝缘强度不低于原有强度。

③ 单股铝线与电气设备端子可直接连接；多股铝芯线应采用焊接或压接端子后再与电气设备端子连接，压模规格同样应与线芯截面相符。

④ 单股铜线与电气器具端子可直接连接，截面超过 2.5mm^2 的多股铜线连接应采用焊接或压接端子再与电气器具连接。采用焊接应先将线芯拧紧，经焊锡后再与器具连接，焊锡应饱满，焊后要清除残余焊药和焊渣，不应使用酸性焊剂。用压接法连接时，压模的规格应与线芯截面相符。

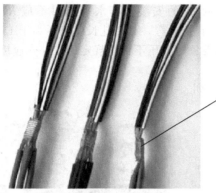

在接线端子的端部与导线绝缘层的空隙处，也应用绝缘带包缠严密，最外层处还应用黑胶布扎紧一层，以防机械损伤

图 6-29 绝缘导线连接

2. 室内布线的常用标识

室内布线施工的常用标识如图 6-30 所示。

标识说明：在室内布线施工作业时，应将"有人工作，请勿合闸"的标识悬挂在配电箱明显的位置，提醒此处有人作业，非工作人员禁止合闸

有人工作 请勿合闸

图 6-30 "有人工作，请勿合闸"标识

3. 施工现场设置要求

（1）管子弯曲

① 外观。管路弯曲处不应有起皱、凹陷等缺陷，弯扁程度不应大于管外径的 10%，配管接头不宜设在弯曲处，不宜把埋地管的弯曲部分露出地面，镀锌钢管不准用热搣弯法以免使镀锌层脱落。

② 弯曲半径。明配管弯曲半径一般不小于管外径的 6 倍；如两个连接盒只有一个弯时，则可不小于管外径的 4 倍。暗配管埋设于混凝土楼板内时，弯曲半径一般不小于管外径的 6 倍；埋设于地下时，则不应小于管外径的 10 倍。

（2）配管连接

① 塑料管连接（图 6-31）。硬质塑料管采用插入法连接时，插入深度应为管内径的 1.1～1.8 倍；采用套接法连接时，套管长度为连接管口内径的 1.5～3 倍，连接管的对口

用胶黏剂连接接口必须牢固、密封。半硬塑料管用套管粘接法连接时，套管长度应不小于连接管外径的2倍

图 6-31 塑料管连接

处应位于套管的中心。

② 薄壁管连接（图6-32）。薄壁管严禁采用对口焊接连接，也不宜采用套筒连接，如必须采用螺纹连接，套螺纹长度一般为束节长度的1/2。

③ 厚壁管连接。厚壁管在2mm及2mm以下应用套丝连接，对埋入泥土或暗配管宜采用套筒焊接，焊口应焊接牢固、严密，套筒长度为连接管外径的1.5～3倍，连接管的对口应处在套管的中心。

图6-32 薄壁管连接

4. 施工细节操作

（1）配管安装

① 配管敷设要求。

a. 明配管（图6-33）时，管路应沿建筑物表面横平竖直敷设，但不得在锅炉、烟道和其他发热表面上敷设。

> 水平或垂直敷设的明配管路允许偏差值：2m以内均为3mm，全长不应超过管子内径的1/2

图6-33 明配管施工

图6-34 暗配管施工

b. 暗配管（图6-34）时，电线保护管宜沿最近的路线敷设，并应减少弯曲，力求管路最短，以节约费用，降低成本。

c. 敷设塑料管（图6-35）时的环境温度不应低于−15℃，并应采用配套塑料接线盒、灯头盒、开关盒等配件。

d. 在电线管路超过下列长度时，中间应加装接线盒或拉线盒，其位置应便于穿线：

Ⅰ. 管子长度每超过40m，无弯曲时；

> 当塑料管在砖墙内剔槽敷设时，必须用不小于M10的水泥砂浆抹面保护，厚度不应小于15mm

图6-35 敷设塑料管施工

Ⅱ. 管子长度每超过 30m，有一个弯时；

Ⅲ. 管子长度每超过 20m，有两个弯时；

Ⅳ. 管子长度每超过 12m，有三个弯时。

e. 塑料管进入接线盒、灯头盒、开关盒或配电箱内，应加以固定。钢管进入灯头盒、开关盒、拉线盒、接线盒及配电箱时，暗配管可用焊接固定，管口露出盒（箱）应小于 5mm；明配管应用锁紧螺母或护圈帽固定，露出锁紧螺母的螺纹为 2～4 扣。

f. 埋入建（构）筑物的电线保护管，为保证暗敷设后不露出抹灰层，防止因锈蚀造成抹灰面脱落，影响整个工程质量，管路与建（构）筑物主体表面的距离不应小于 15mm。

g. 无论明配、暗配管，都严禁用气、电焊切割，管内应无铁屑，管口应光滑。在多尘和潮湿场所的管口，管子连接处及不进入盒（箱）的垂直敷设的上口穿线后都应密封处理。与设备连接时，应将管子接到设备内，如不能接入时，应在管口处加接保护软管引入设备内，并应采用软管接头连接，在室外或潮湿房屋内，管口处还应加防水弯头。

h. 埋地管路不宜穿过设备和建筑物基础，如要穿过时，应加保护管保护；埋入墙或混凝土内的管子，离表面的净距不应小于 15mm；暗配管管口出地坪不应低于 200mm；进入落地式配电箱的管路，排列应整齐，管口应高出基础面不小于 50mm。

i. 暗配管应尽量减少交叉。如有交叉时，大口径管应放在小口径管下面，成排暗配管间距间隙应大于或等于 25mm。

j. 管路在经过建筑物伸缩缝及沉降缝处，都应有补偿装置。硬质塑料管沿建筑物表面敷设时，在直线段每 30m 处应装补偿装置。

② 配管固定

a. 明配管固定。明配管应排列整齐，固定间距均匀。管卡与管终端、转弯处中点、电气设备或接线盒边缘的距离 L 根据管径不同而不同。L 与管径的对照见表 6-5。不同规格的成排管，固定间距应按小口径管距规定安装。金属软管的固定间距不应大于 1m。

表 6-5　L 与管径的对照　　　　　　单位：mm

管径	15～20	25～32	40～50	65～100
L	150	250	300	500

b. 暗配管固定（图 6-36）。电线管暗敷在钢筋混凝土内，应沿钢筋敷设，并用电焊或铅丝与钢筋固定，固定间距不大于 2m；敷设在钢筋网上的波纹管，宜绑扎在钢筋的下侧，固定间距应不大于 0.5m；在吊顶内，电线管不宜固定在轻钢龙骨上，而应用膨胀螺栓或粘接法固定。

在砖墙内剔槽敷设的硬、半硬塑料管，须用不小于M10的水泥砂浆抹面保护，其厚度应不小于15mm

图 6-36　暗配管的固定

③ 接线盒（箱）安装

a. 各种接线盒（箱）的安装位置，应根据设计要求，并结合建筑结构来确定。

b. 接线盒（箱）的标高应符合设计要求，一般采用联通管测量、定位。

通常，暗配管开关箱标高一般为 1.3m（或按设计标高），离门框边为 150～200mm；暗插座箱离地一般不低于 300mm，特殊场所一般不低于 150mm；相邻开关箱、插座箱、盒高低差不大于 0.5mm；同一室内开关、插座箱高低差不大于 5mm。

c. 对半硬塑料管，当管路直线段长度超过 15m 或直角弯超过 3 个时，也应在中间加装接线盒。

d. 明配管不准使用八角接线盒与镀锌接线盒，而应采用圆形接线盒。

在盒、箱上开孔，应采用机械方法，不准用气焊、电焊开孔，暗敷箱、盒一般先用水泥固定，并应采取有效防堵措施，防止水泥砂浆进入。

e. 箱、盒内应清洁无杂物，用单只盒、箱并列安装时，盒、箱间拼装尺寸应一致，盒、箱间用短管、锁紧螺母连接。

④ 管内配线

a. 穿在管内绝缘导线的额定电压不应低于 500V。按标准，黄、绿、红色分别为 A、B、C 三相色标，黑色线为零线，黄绿相间混合线为接地线。

b. 管内导线总截面面积（包括外护层）不应超过管截面面积的 40%。

c. 同一交流回路的导线必须穿在同一根管内。电压为 65V 及以下的回路，同一设备或生产上相互关联设备所使用的导线，同类照明回路的导线（但导线总数不应超过 8 根），各种电机及用电设备的信号、控制回路的导线都可穿在同一根配管中。穿管前，应将管中积水及杂物清除干净。

d. 管内导线不得有接头和扭结，在导线出管口处应加装护圈。为了便于导线的检查与更换，配线所用的铜芯软线最小线芯截面面积不小于 $1mm^2$，铜芯绝缘线最小线芯截面面积不小于 $7mm^2$，铝芯绝缘线最小线芯截面面积不小于 $2.5mm^2$。

e. 敷设在垂直管路中的导线，当导线截面面积分别为 $50mm^2$（及其以下）、$70～95mm^2$、$120～240mm^2$，横向长度分别超过 30m、20m、18m 时，应在管口处或接线盒中加以固定。

⑤ 管路接地。在 TN-S、TN-C/S 系统中，由于有专用的保护线（PE 线），可以不必利用金属电线管作保护接地或接零的导体，因而金属管和塑料管可以混用。当金属管、金属盒（箱）、塑料管、塑料盒（箱）混合使用时，金属管和金属盒（箱）必须与保护线（PE 线）有可靠的电气连接。

a. 成排管路之间的跨接线，圆钢截面应按大的管径规格选择，跨接圆钢应弯曲成与管路形状相近的圆弧形。

b. 管与箱、盒间的跨接线应按接入箱、盒中大的管径规格选择，明装成套配电箱应采用管端焊接接地螺栓后，用导线与箱体连接；暗装预埋箱、盒可采用跨接圆钢与箱体直接焊接，由电源箱引出的末端支管应构成环形接地。圆钢焊接时，应在圆钢两侧焊接，不准用电焊点焊束节来代替跨接线连接。

⑥ 钢管防腐（图 6-37）。钢管内外均应刷防腐漆。明敷薄壁管应刷一层水柏油；顶棚内配管有锈蚀的应刷一层水柏油；明敷的厚壁管应刷一层底漆、一层面漆；暗敷在墙（砖）内的厚壁管应刷一层防腐漆（红丹）；镀锌钢管镀层剥落处应补漆；电焊跨接处应补漆；预埋箱、盒有锈蚀处应补漆；支架、配件应除锈，保持干净，刷一层防腐漆和一层面漆。

（2）管内线路试验

① 导线通电试验。导线通电试验主要是为了检查导线是否有折断、接触不良及误接等现象。试验时，可用万用表先将导线的一端全部短接，然后在导线的另一端用万用表的欧姆挡每两个端头测试一次，检查是否正确。

暗敷在混凝土内配管可不刷漆；埋地黑铁管应刷两层水柏油进行防腐；埋入有腐蚀性土层内的管线，应按设计要求确定防腐方式

图 6-37　钢管防腐

② 绝缘电阻的测量

a. 使用绝缘电阻表（图 6-38）时应水平放置。在接线前先摇动手柄，指针应在"∞"处，再把"L""E"两接线柱瞬时短接，再摇动手柄，指针应指在"0"处。

选用绝缘电阻表应注意电压等级。测500V以下的低压设备绝缘电阻时，应选用500V的绝缘电阻表；500～1000V的设备用1000V绝缘电阻表；1000V以上的设备用2500V绝缘电阻表

图 6-38　使用绝缘电阻表测量施工

b. 测量时，先切断电源，把被测设备清扫干净，并进行充分放电。放电方法是将设备的接线端子用绝缘线与大地接触（电荷多的如电力电容器则需先经电阻与大地接触，然后再直接与大地接触）。

c. 使用绝缘电阻表时，摇动手柄应由慢变快，读取额定转速下 1min 指示值。接线柱上电压很高，禁止用手触摸。当指针指零时，不要再继续摇动手柄，以防表内线圈烧坏。

③ 检查相位与耐压试验

a. 检查相位。线路敷设完工后，始端与末端相位应一致，测法参考电缆相位检查方法。

b. 耐压试验。重要场所对主动力装置应做交流耐压试验，试验电压标准为 1000V。当回路绝缘电阻值在 10MΩ 以上时，可用 2500V 级绝缘电阻表代替，时间为 1min。

5. 施工质量验收

（1）导线的选择

① 对电线、电缆导体的截面大小进行选择时，应按其敷设方式、环境温度和使用条件确定，其额定载流量不应小于预期负荷的最大计算电流，线路电压损失不应超过允许值。单相回路中的中性线应与相线等截面。

② 室内布线若采用单芯导线作固定装置的 PEN 干线时，其截面对铜材不应小于 $10mm^2$，对铝材不应小于 $16mm^2$；当用多芯电缆的线芯作 PEN 线时，其最小截面可为 $4mm^2$。

③ 当 PE 线所用材质与相线相同时，按热稳定要求，截面不应小于表 6-6 所列规定。

表 6-6　保护线的最小截面　　　　　　　　　　　　　　　单位：mm^2

装置的相线截面 S	接地线及保护线最小截面	装置的相线截面 S	接地线及保护线最小截面
S≤16	S	S>35	S/2
16<S≤35	16		

④ 同一建筑物、构筑物的各类电线绝缘层颜色选择应一致，并应符合下列规定。

a. 保护地线（PE）应为绿、黄相间色。

b. 中性线（N）应为淡蓝色。

c. 相线应符合下列规定：L1 应为黄色；L2 应为绿色；L3 应为红色。

⑤ 当用电负荷大部分为单相用电设备时，其 N 线或 PEN 线的截面不宜小于相线截面；以气体放电灯为主要负荷的回路中，N 线截面不应小于相线截面；采用可控硅调光的三相四线或三相三线配电线路，其 N 线或 PEN 线的截面不应小于相线截面的 2 倍。

（2）导线的布置要求 导管与热水管、蒸气管平行敷设时，宜敷设在热水管、蒸气管的下面。导管与热水管、蒸气管间的最小距离宜符合表 6-7 的规定。

表 6-7 导管与热水管、蒸气管间的最小距离   单位：mm

导管敷设位置	管道种类	
	热水管道	蒸气管道
在热水、蒸气管道上面平行敷设	300	1000
在热水、蒸气管道下面或水平平行敷设	200	500
与热水、蒸气管道交叉敷设	100	300

二、钢管敷设

1. 施工现场管理

现场管理的要点主要是钢管种类和规格的选择。种类的选择主要是根据环境条件和安装方式来选择。在潮湿场所的明配和暗配于地下的钢管都应选用厚壁管。明配或暗配于干燥场所时，均选用薄壁管。

规格的选择应根据管内所穿导线根数和截面面积大小进行选择。一般规定管内导线总面积不应大于管线截面面积的 40%。对于设计完毕的施工图，管线的种类与规格已经确定，施工时要选用与设计相符的钢管种类与规格。

2. 钢管敷设施工的常用标识

钢管敷设施工的常用标识如图 6-39 所示。

标识说明：钢管在敷设的过程中，避免不了要对钢管进行切割，在切割钢管的过程中就必须要求工作人员佩戴防护眼镜

图 6-39 "必须戴防护眼镜"标识

3. 施工现场设置要求

（1）钢管的防腐处理 钢管内壁除锈可用圆形钢丝刷，两头各绑一根铁丝，穿过钢管，来回拉动钢丝刷，把管内铁锈清除干净。钢管外壁可用钢丝刷打磨，也可用电动除锈机来除锈（图 6-40）。除锈后，将钢管的内外表面涂上防腐漆。

钢管外壁刷漆要求与敷设方式有关：

非镀锌钢管应在在配管前对管道的内壁、外壁除锈、刷防腐漆

图 6-40　使用除锈机对钢管除锈

① 埋入混凝土内的钢管外壁可不刷防腐漆；

② 埋入砖墙内的钢管应刷红丹漆等防腐漆；

③ 直埋于土层内的钢管外壁应刷两道沥青或使用镀锌钢管；

④ 明敷钢管应刷一道防腐漆，一道面漆（若设计未规定颜色，一般用灰色漆）；

⑤ 采用镀锌钢管时，锌层剥落处应刷防腐漆；

⑥ 设计有特殊要求时，应按设计规定进行防腐处理。电线管一般因为已刷防腐黑漆，所以只需在管子焊接处、连接处以及漆脱落处补刷同样色漆。

（2）钢管切割　配管前必须把钢管按每段所需长度切断，可根据需要使用钢锯、割刀或无齿锯切割，严禁用电、气焊切割钢管。钢管的切割（图 6-41）方法很多，钢管批量较小时可使用钢锯或割管器（钢管割刀），批量较大时可以使用型钢切割机（无齿锯）。

钢管切断后，断口处应与管轴线垂直，管口应锉平、刮光，使管口整齐光滑

图 6-41　钢管的切割

（3）钢管套螺纹　钢管敷设过程中管道与管道的连接、管道与器具以及与盒（箱）的连接，均需在管道端部套螺纹。

水煤气钢管套螺纹可用管子铰板或电动套丝机制作，如图 6-42(a) 所示；电线管套螺纹一般采用圆丝板，圆丝板由板架和板牙组成，如图 6-42(b) 所示。

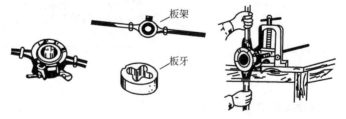

板架

板牙

(a) 套丝铰板　　(b) 板架与板牙　　(c) 管子套螺纹示意图

图 6-42　管子套丝铰板

套螺纹时，先将管子固定在管子台虎钳上，再把铰板套在管端，并调整铰板的活动刻度盘，使板牙符合需要的距离，用固定螺钉固定后，再调整铰板的 3 个支承脚，使其紧贴管子，防止套螺纹时出现斜螺纹。铰板调整好后，手握铰板手柄，平稳向里推进，并按顺

时针方法转动，如图 6-42（c）所示。

管端套螺纹长度与钢管螺纹连接的部位有关。用在与接线盒、配电箱连接处的套螺纹长度，不宜小于管外径的 1.5 倍；用于管与管相连部位时的套螺纹长度，不得小于管接头长度的 1/2 加 2～4 扣。

电线管的套螺纹操作比较简单，只要把铰板放平，平稳地向里推进，即可以套出所需的螺纹。

套完螺纹后，应随即清理管口，将管子端面毛刺处理好，使管口保持光滑，以免割破导线绝缘。

（4）钢管弯曲　钢管的弯曲半径明配时一般不小于管外径的 6 倍；若埋于地下或敷设在混凝土楼板内则不应小于管外径的 10 倍。

钢管的弯曲包括冷揻和热揻两种。冷揻一般采用手动弯管器或电动弯管器。手动弯管器一般适用于直径在 50mm 以下的钢管，且为小批量揻管。若弯制直径较大的管子或批量较大时，可使用滑轮弯管器或电动（或液压）弯管机。用火加热揻管，只限于管径较大的黑铁管。

用弯管器弯管时，应根据钢管直径选用，不得以大代小，更不能以小代大。把弯管器套在管子需要弯曲的部位（即起弯点），用脚踩住管子，扳动弯管器手柄，稍加一定的力，使钢管略有弯曲，然后逐点向后移动弯管器，重复前次动作，直至弯曲部分的后端，使钢管弯成所需要的弯曲半径和弯曲角度。

用火加热揻弯时应先把钢管内装满干燥的砂子，两端用木塞塞紧后，将弯曲部位放在烘炉或焦炭火上均匀加热，再放到模具上弯曲成型。用此法揻弯时，应比预定弯曲角度略大 2°～3°，以弥补因冷却而产生的回缩。也可以用气焊加热揻弯，先预热弯曲部分，然后从起弯点开始，边加热边弯曲，直到所需角度。为了保证弯曲质量，热揻法应确定钢管的合适加热长度。钢管加热长度 L 公式如下：

$$L = \pi \alpha R / 180$$

式中　R——弯曲半径；

　　　α——弯曲角度。

4. 施工细节操作

钢管敷设也称配管。配管工作通常从配电箱开始，逐段配至用电设备处，有时也可从用电设备端开始，逐段配至配电箱处。

（1）敷设方式　钢管的敷设方式分为暗配和明配两种，暗配就是在现浇混凝土内敷设钢管。在现浇混凝土构件内敷设管子，可用铁线将钢管绑扎至钢筋上，也可以用钉子钉在模板上，但是应将钢管用垫块垫起，用铁线绑牢，垫块可用碎石块，垫高 15～20mm，以减轻地下水对钢管的腐蚀，此项工作在浇筑混凝土前进行。

（2）砖墙内配管　在砖墙内配管（图 6-43）时，一般是随同土建砌砖时预埋；也可以预先在砖墙上留槽或剔槽。

固定时，可先在砖缝里打入木楔，再在木楔上钉钉子，用铁线将钢管绑扎在钉子上，使钢管充分嵌入槽内。应保证钢管离墙表面净距不小于15mm

图 6-43　砖墙内配管

（3）地坪内配管　在地坪内配管时，必须在土建浇制混凝土前埋设，固定方法可用木桩或圆钢等打入地中，再用铁丝将钢管绑牢。为使钢管全部埋设在地坪混凝土层内，应将管子垫高，离土层 15～20mm，这样可减少湿土对钢管的腐蚀，起到保护钢管的作用。当有许多钢管并排敷设在一起时，必须使其相互离开一定距离，以保证其间也灌上混凝土。进入落地式配电箱的钢管要整齐排列，管口高出基础面不小于 50mm。

（4）其他注意事项　为避免管口堵塞影响穿线，钢管配好后要将管口用木塞或塑料塞堵好。钢管连接处以及钢管与接线盒连接处，要按规定做好接地处理。

当电线管路遇到建筑物伸缩缝、沉降缝时，必须相应做伸缩、沉降处理。通常是装设补偿盒。在补偿盒的侧面开一个长孔，将管端穿入长孔中，无需固定，而另一端则要用六角螺母与接线盒拧紧固定，如图 6-44 所示。

（5）线管的穿线　通常应在线管全部敷设完毕，建筑物抹灰、粉刷及地面工程结束后进行管内穿线工作。在穿线前应将管中的积水及杂物清除干净。

穿线时，应先穿一根钢带线（ϕ1.6 钢丝）作为牵引线，所有导线应一起穿入，多根导线绑扎方法如图 6-45 所示。拉线时应有两人操作，一人负责送线，另一人负责拉线，两人应互相配合。

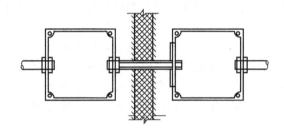

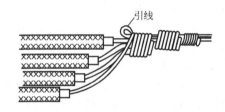

图 6-44　钢管经过伸缩缝设置补偿装置　　　　图 6-45　多根导线绑扎方法

导线穿入钢管时，管口处应装设护线套保护导线；在不进入接线盒（箱）的垂直管口穿入导线后应将管口密封。在较长的垂直管路中，导线长度与截面的关系如下：

① 截面面积为 50mm^2 及以下的导线，长度为 30m；

② 截面面积为 70～95mm^2 的导线，长度为 20m；

③ 截面面积为 120～240mm^2 的导线，长度为 10m。

为防止由于导线的本身自重拉断导线或拉脱接线盒中的接头，应在管路中间增设的拉线盒中将导线加以固定，其在接线盒中的固定方法如图 6-46 所示。

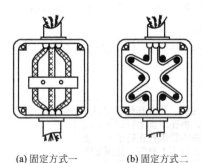

(a)固定方式一　　(b)固定方式二

图 6-46　垂直管线的固定

导线穿好后，剪除多余的导线但要留出适当的余量，便于以后接线。预留长度为：接线盒内以绕盒一周为宜；开关板内以绕板内半周为宜。为在接线时能方便分辨出各条导线，可以在各导线上标上不同标记。

穿线时应严格按照相关规定进行。同一交流回路的导线应穿于同一根钢管内。不同回路、电压等级或交流与直流的导线，不得穿在同一根管内。但下列几种情况或设计有特殊规定的除外：

① 电压为 65V 及以下的回路；

② 同一台设备的电机回路和无抗干扰要求的控制回路；

③ 照明花灯的所有回路;

④ 同类照明的几个回路,可穿入同一根管内,但管内导线总数不应多于 8 根。

钢管与设备连接时,应将钢管敷设到设备内。若不能直接进入设备内,可用金属软管连接至设备接线盒内。金属软管与设备接线盒的连接使用软管接头,各种软管接头如图 6-47 所示。

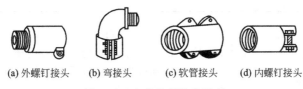

(a) 外螺钉接头　　(b) 弯接头　　(c) 软管接头　　(d) 内螺钉接头

图 6-47　各种软管接头示意

5. 施工质量验收

(1) 钢管连接质量验收　按照施工规范要求,钢管与钢管的连接有管箍连接(螺纹连接)、套管连接和紧定螺钉连接等方法。通常情况下,多采用管箍连接,不能直接用电焊连接。

① 螺纹连接　钢管与钢管之间采用螺纹连接时,为了使管路系统接地良好、可靠,要在管箍两端焊接用圆钢或扁钢制作的跨接接地线,焊接长度不可小于接地线截面面积的 6 倍,或采用专用接地卡跨接,如图 6-48 所示。跨接线规格的选择见表 6-8。镀锌钢管或可挠金属电线保护管的跨接接地线宜采用专用接地线卡跨接,不应采用熔焊连接。

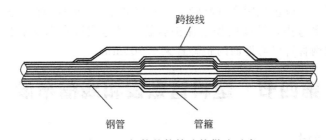

图 6-48　钢管的管箍连接做法示意

表 6-8　跨接线规格的选择

公称直径/mm		跨接线规格/mm	
电线管	钢管	圆钢	扁钢
≤32	≤25	$\phi6$	
40	32	$\phi8$	
50	40~50	$\phi10$	
70~80	70~80	$\phi12$	25×4

② 套管连接　采用套管连接时,套管长度宜为管外径的 1.5~3 倍,管与管的对口处应位于套管的中心。若套管长度不合适将不能起到加强接头处机械强度的作用。通常应视敷设管线上方的冲击大小而定,冲击大选上限,冲击小则选下限。套管采用焊接连接时,焊缝应牢固严密;对于套管的选择,由于太大的管径不易使两连接管中心线对正,造成管口连接处有效截面面积减小,致使穿线和焊接困难,所以通常根据表 6-9 选择。

表 6-9　套管规格的选择

线管公称直径/mm	套管规格/mm	备注	线管公称直径/mm	套管规格/mm	备注
15	$\phi20$	焊接钢管	50	$\phi68\times4.0$	无缝钢管
20	$\phi25$		70	$\phi83\times3.5$	
25	$\phi42\times4.0$	无缝钢管	80	$\phi95\times3.5$	
32	$\phi50\times3.5$		100	$\phi121\times3.5$	
40	$\phi57\times4.2$				

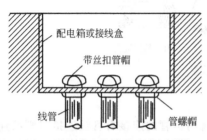

图 6-49　钢管和接线盒（箱）连接

③ 紧定螺钉连接　采用紧定螺钉连接时，螺钉应拧紧。在振动的场所，紧定螺钉应有防松措施。镀锌钢管和薄壁钢管应采用螺纹连接或套管紧定螺钉连接，不应采用熔焊连接。

（2）钢管与盒（箱）或设备的连接质量验收　暗配的黑铁管与盒（箱）连接可采用焊接连接，管口宜高出盒（箱）内壁 3～5mm，并且焊后应补刷防腐漆；明配钢管或暗配的镀锌钢管与盒（箱）连接应采用锁紧螺母或护圈帽固定，如图 6-49 所示。用锁紧螺母固定的管端螺纹宜外露锁紧螺母 2～3 扣。

管与盒（箱）直接连接时要掌握好入盒长度，不应在预埋时使管口脱出盒子，也不应使管插入盒内过长，一般在盒（箱）内露出长度应小于 5mm。

钢管与设备直接连接时，应将钢管敷设到设备的接线盒内。当钢管与设备间接连接时，对室内干燥场所，钢管端部宜增设电线保护软管或可挠金属电线保护管后引入设备的接线盒内，且钢管管口应包扎紧密（软管长度不宜大于 0.8m）；对室外或室内潮湿场所，钢管端部应增设防水弯头，导线应加套保护软管，经弯成滴水弧状后再引入设备的接线盒。与设备连接的钢管管口与地面的距离宜大于 200mm。

第四节　塑料管敷设和线槽布设

一、塑料管敷设

1. 施工现场管理

① 安装塑料线管及管内配线时，应注意保持建筑物清洁。

② 线管安装后，不应再进行建筑装饰工程施工，以防线管受到污染。

③ 使用梯子施工时，应注意不要碰坏建筑物的门窗及墙面等。

2. 塑料管敷设施工的常用标识

塑料管敷设施工的常用标识如图 6-50 所示。

3. 施工现场设置要求

① 切断硬质塑料管时，多用钢锯条。硬质 PVC（聚氯乙烯）塑料管还可以使用厂家配套供应的专用截管器截剪线管。使用时，应边转动线管边进行裁剪，使刀口易于切入管壁，刀口切入管壁后，应停止转动 PVC 管（以保证切口平整），继续裁剪，直至线管切断为止，如图 6-51 所示。

② 硬质塑料管的弯曲分为冷搣和热搣两种。冷搣法只适用于硬质 PVC 塑料管。弯管时，将相应的弯管弹簧插入管内需要弯曲处，两手握住管弯处弹簧的部位，用手逐渐弯出

标识说明：在塑料管敷设施工时，应将"禁止烟火"的标识悬挂在施工现场醒目的位置，时刻提醒工作人员塑料管等物品是易燃物品，应严禁烟火

图 6-50　"禁止烟火"标识

图 6-51　PVC 管切割

所需要的弯曲半径来，如图 6-52 所示。采用热撬时，可将塑料管按量好的尺寸放在电烘箱和电炉上加热，待变软时取出，放在事先做好的胎具内弯曲成型。但是应注意不能将管烤伤、变色。

图 6-52　PVC 管冷撬法

4. 施工细节操作

（1）塑料管的连接

① 硬质塑料管的连接　硬塑料管的连接包括螺纹连接和粘接连接两种方法。

a. 螺纹连接。用螺纹连接时，要在管口处套螺纹，可采用圆丝板，与钢管套螺纹方法类似。套完螺纹后，要清洁管口，将管口端面和内壁的毛刺清理干净，使管口光滑，以免伤线。软塑料管和波纹管没有套螺纹的加工工艺。

b. 粘接连接。硬质塑料管的粘接连接通常采用以下两种方法：插入法和套接法。

Ⅰ. 插入法。插入法又分为一步插入法和二步插入法，一步插入法适用于直径为 50mm 及以下的硬质塑料管，二步插入法适用于直径为 65mm 及以上的硬塑料管。

硬质塑料管之间以及与盒（箱）等器件的连接应采用插入法连接；连接处结合面应涂专用胶黏剂，接口应牢固密封，并应符合下列要求。

A. 管与管之间采用套管连接时，套管长度宜为管外径的 1.5～3 倍；管与管的对口处应位于套管的中心。

B. 管与器件连接时，插入深度宜为管外径的 1.1～1.8 倍。

硬质 PVC 管的连接，目前多使用成品管接头，连接管两端涂以专用胶合剂，直接插入管接头进行连接。

硬质塑料管与盒（箱）的连接，可以采用成品管盒连接件，如图 6-53 所示。连接时，管端涂以专用胶合剂插入连接即可。

Ⅱ. 套接法。套接法是将相同直径的硬塑料管加热扩大成套管，再把需要连接的两管端部倒角，并用汽油清洁插接段，待汽油挥发后，在插接段均匀涂上胶合剂，迅速插入热套管中，并用湿布冷却即可。目前这种硬塑料管快接接头工艺应用很多，套接法连接如图6-54所示。

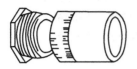

图 6-53　塑料管盒连接件

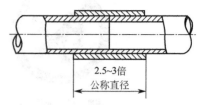

图 6-54　塑料管套接法连接

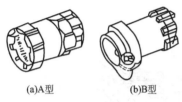

(a)A型　　(b)B型

图 6-55　管接头示意

② 半硬质塑料管和波纹管的连接　半硬质塑料管应采用套管粘接法连接，套管长度一般取连接管外径的2～3倍，接口处应用黏合剂粘接牢固。

塑料波纹管通常不用连接，必须连接时，可采用管接头连接。管接头形式有两种，如图6-55所示。当波纹管进入配电箱接线时，必须采用管接头连接，操作如图6-56所示。

(a)开口

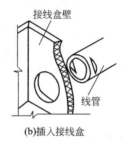

(b)插入接线盒

(c)卡固

图 6-56　波纹管与接线盒的连接示意

（2）塑料管敷设施工（图6-57）　塑料管直埋于现浇混凝土内，在浇捣混凝土时，应采取防止塑料管发生机械损伤的措施，在露出地面易受机械损伤的一段，也应采取保护措施。

（3）塑料管穿线　塑料管穿线的施工规范和施工方法与钢管内穿线完全相同，穿线后即可进行接线和调试。

5. 施工质量验收

（1）硬质塑料管验收

图 6-57　塑料管敷设施工

① 硬质塑料管（图6-58）应具有耐热、阻燃、耐冲击的性能并有产品合格证，其内外管径应符合国家统一标准。管壁厚度应均匀一致，无凸棱、凹陷、气泡等缺陷。

② 硬质聚氯乙烯管应能反复加热搋制，即热塑性能要好。再生硬质聚氯乙烯管不应用到工程中。

③ 电气线路中，使用的刚性PVC塑料管必须具有良好的阻燃性能，否则隐患极大，因阻燃性能不良而造成的火灾事故屡见不鲜。

④ 工程中，使用的电线保护管及其配件必须由阻燃处理材料制成。塑料管外壁应有

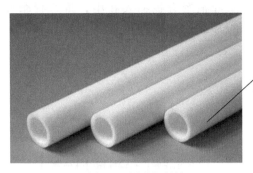

由于硬质塑料管在高温下机械强度会降低，老化加速，蠕变量大，故在环境温度大于40℃的高温场所不应敷设；在经常发生机械冲击、碰撞、摩擦等易受机械损伤的场所也不应使用

图 6-58 硬质塑料管

间距不大于 1m 的连续阻燃标记和制造厂标，其氧指数应为 27％及以上，并有离火自熄的性能。

⑤ 选择硬质塑料管时，应根据管内所穿导线截面、根数选择配管管径。一般情况下，管内导线总截面积（包括外护层）不应大于管内空截面积的 40％。

（2）半硬塑料管验收　半硬塑料管可分为难燃平滑塑料管和难燃聚氯乙烯波纹管（图 6-59）两种，多适用于居住和办公建筑的电气照明工程上，是一种经济、实用和美观的暗敷布线方式。

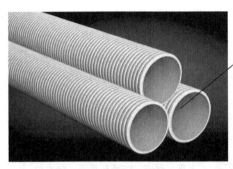

建筑物顶棚内不宜采用塑料波纹管。现浇混凝土内不宜采用塑料波纹管；塑料波纹管穿管管径可按管内导线总截面面积应小于管内空截面40%进行选择

图 6-59 聚氯乙烯波纹管

① 半硬塑料管适用于正常环境下一般室内场所，在潮湿环境中不应采用。
② 半硬塑料管不应敷设在高温和易受机械损伤的场所。
③ 混凝土板孔布线应采用塑料绝缘电线穿半硬塑料管敷设。

二、线槽布设

1. 施工现场管理

（1）木砖固定线槽　配合土建结构施工时，加气砖墙或砖墙应在剔洞后再埋木砖。梯形木砖较大的一面应朝洞里，外表面与建筑物的表面平齐，然后用水泥砂浆抹平。待凝固后，再把线槽底板用木螺钉固定在木砖上。

（2）塑料胀管固定线槽　混凝土墙、砖墙可采用塑料胀管固定塑料线槽。根据胀管直径和长度选择钻头，在标出的固定点位置上钻孔，不应歪斜、豁口，应垂直钻好孔后，将孔内残留的杂物清理干净，用木锤把塑料胀管垂直敲入孔中，直至与建筑物表面平齐，再用石膏将缝隙填实抹平。

（3）伞形螺栓固定线槽　在石膏板墙或其他护板墙上，可用伞形螺栓固定塑料线槽。根据弹线定位的标记，找好固定点位置，把线槽的底板横平竖直地紧贴在建筑物的表面。钻好孔后将伞形螺栓的两个伞叶掐紧合拢插入孔中，待合拢伞叶自行张开后，再用螺母紧固即可，露出线槽外的部分应加套塑料管。固定线槽时，应先固定两端再固定中间。

2. 线槽布设的常用标识

线槽布设的常用标识如图 6-60 所示。

标识说明：布设线槽时往往会用到切割机等机械，所以应在机械周围悬挂"当心机械伤人"标识，提醒工作人员注意安全

图 6-60 "当心机械伤人"标识

3. 施工现场设置要求

（1）线槽在墙上安装

① 金属线槽在墙上安装（图 6-61）时，可采用塑料胀管安装。当线槽的宽度 $b \leqslant 100$mm 时，可采用一个胀管固定；如线槽的宽度 $b > 100$mm 时，应采用两个胀管并列固定。金属线槽在墙上固定安装的间距为 500mm，每节线槽的固定点不应少于两个。

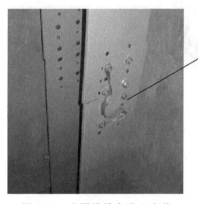

线槽固定螺钉紧固后，其端部应与线槽内表面光滑相连，线槽槽底应紧贴墙面固定。线槽的连接应连续无间断，线槽接口应平直、严密，线槽在转角、分支处和端部均应有固定点

图 6-61 金属线槽在墙上安装

② 金属线槽在墙上水平架空安装时，既可使用托臂支承，也可使用扁钢或角钢支架支承。托臂可用膨胀螺栓进行固定，当金属线槽宽度 $b < 100$mm 时，线槽在托臂上可采用一个螺栓固定。制作角钢或扁钢支架时，下料后长短偏差不应大于 5mm，切口处应无卷边和毛刺。

支架焊接后应无明显变形，焊缝均匀平整，焊缝处不得出现裂纹、咬边、气孔、凹陷、漏焊等缺陷。

（2）线槽在吊顶上的安装（图 6-62） 金属线槽在吊顶内安装时，吊杆可用膨胀螺栓与建筑结构固定。当在钢结构上固定时，可进行焊接固定，将吊架直接焊在钢结构的固定位置处；也可以使用万能吊具与角钢、槽钢、工字钢等钢结构进行固定。

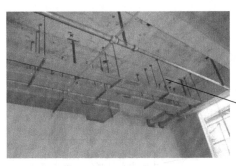

金属线槽在吊顶下吊装时，吊杆应固定在吊顶的主龙骨上，不允许固定在副龙骨或辅助龙骨上

图 6-62　金属线槽在吊顶内安装

（3）线槽在吊架上安装（图 6-63）　线槽用吊架悬吊安装时，可根据吊装卡箍的不同形式采用不同的安装方法。当吊杆安装完成后，即可进行线槽的组装。

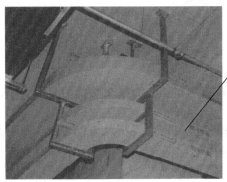

吊装金属线槽时，可根据不同需要，选择开口向上安装或开口向下安装；吊装金属线槽时，应先安装干线线槽，后装支线线槽

图 6-63　金属线槽在吊架上安装

① 线槽安装时，应先拧开吊装器，把吊装器下半部套入线槽上，使线槽与吊杆之间通过吊装器悬吊在一起。如在线槽上安装灯具时，灯具可用蝶形螺栓或蝶形夹卡与吊装器固定在一起，然后再把线槽逐段组装成形。

② 线槽与线槽之间应采用内连接头或外连接头连接，并用沉头或圆头螺栓配上平垫和弹簧垫圈用螺母紧固。

③ 吊装金属线槽在水平方向分支时，应采用二通、三通、四通接线盒进行分支连接。在不同平面转弯时，在转弯处应采用立上弯头或立下弯头进行连接，安装角度要适宜。

4. 施工细节操作

（1）塑料线槽的敷设

① 线槽的选择。选用塑料线槽（图 6-64）时，应根据设计要求和允许容纳导线的根数来选择线槽的型号和规格。

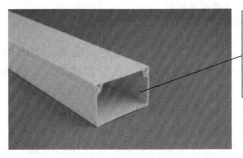

选用的线槽应有产品合格证等，线槽内外应光滑无棱刺，且不应有扭曲、翘边等现象。塑料线槽及其附件的耐火及防延燃性能应符合相关规定，一般氧指数不应低于27%

图 6-64　塑料线槽

② 弹线定位

a. 塑料线槽敷设前，应先确定好盒（箱）等电气器具固定点的准确位置，从始端至终端按顺序找好水平线或垂直线（图 6-65）。

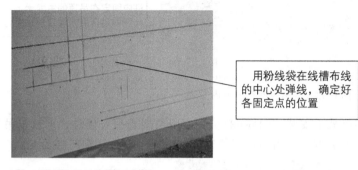

用粉线袋在线槽布线的中心处弹线，确定好各固定点的位置

图 6-65　弹线定位

b. 在确定门旁开关线槽位置时，应能保证门旁开关盒处在距门框边 0.15～0.2m 的范围内。

③ 线槽固定。塑料线槽敷设时，宜沿建筑物顶棚与墙壁交角处的墙上及墙角和踢脚板上口线上敷设。

a. 塑料线槽布线应先固定槽底，线槽槽底应根据每段所需长度切断。塑料线槽布线在分支时应做成 T 字分支。线槽在转角处，槽底应锯成 45°角对接，对接连接面应严密平整、无缝隙。

b. 塑料线槽槽底可用伞形螺栓或塑料胀管固定，也可用木螺钉将其固定在预先埋入在墙体内的木砖上，如图 6-66 所示。塑料线槽槽底的固定点间距应根据线槽规格而定。固定线槽时，应先固定两端再固定中间，端部固定点距槽底终点不应小于 50mm。固定好后的槽底应紧贴建筑物表面、布置合理、横平竖直，线槽的水平度与垂直度允许偏差均不应大于 5mm。

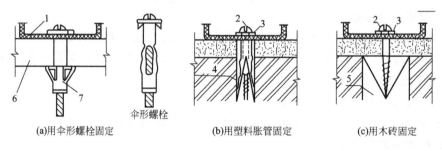

(a)用伞形螺栓固定　　(b)用塑料胀管固定　　(c)用木砖固定

图 6-66　线槽槽底固定
1—槽底；2—木螺钉；3—垫圈；4—塑料胀管；5—木砖；6—石膏壁板；7—伞形螺栓

c. 安装前，比照每段线槽槽底的长度，按需要切断，槽盖的长度要比槽底的长度短一些，如图 6-67 所示，其 A 段的长度应为线槽宽度的一半，在安装槽盖时作装饰配件就位用。塑料线槽槽盖如不使用装饰配件时，槽盖与槽底应错位搭接。槽盖安装时，应将槽盖平行放置，对准槽底，用手按槽盖，即可卡入槽底的凹槽中。

d. 在建筑物的墙角处线槽进行转角及分支布置时，应使用左三通或右三通。分支线槽布置在墙角左侧时使用左三通，分支线槽布置在墙角的右侧时应使用右三通。塑料线槽布线在线槽的末端应使用附件堵头封堵。

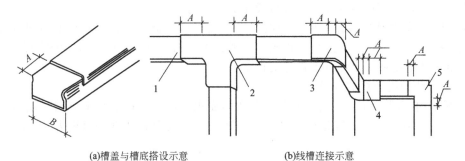

(a)槽盖与槽底搭设示意   (b)线槽连接示意

图 6-67　线槽沿墙敷设示意

1—直线线槽；2—平三通；3—阳转角；4—阴转角；5—直转角；A—搭线长度；B—线槽宽度

（2）线槽内导线敷设

① 金属线槽内导线的敷设

a. 金属线槽内配线（图 6-68）前，应清除线槽内的积水和杂物。清扫线槽时，可用抹布擦净线槽内残存的杂物，使线槽内外保持清洁。清扫地面内暗装的金属线槽时，可先将引线钢丝穿通至分线盒或出线口，然后将布条绑在引线一端送入线槽内，从另一端将布条拉出，反复多次即可将槽内的杂物和积水清理干净，也可用压缩空气或氧气将线槽内的杂物、积水吹出。

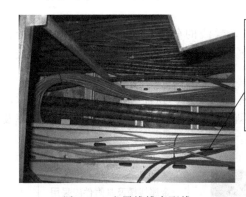

穿线时，在金属线槽内不宜有接头。但在易于检查（可拆卸盖板）的场所，可允许在线槽内有分支接头。电线电缆和分支接头的总截面面积（包括外护层）不应超过该点线槽内截面面积的75%；在不易于拆卸盖板的线槽内，导线的接头位置于线槽的接线盒内

图 6-68　金属线槽内配线

b. 放线前应先检查导线的选择是否符合要求，导线分色是否正确。

c. 放线时应边放边整理，不应出现挤压、背扣、扭结、损伤绝缘等现象，并应将导线按回路（或系统）绑扎成捆，绑扎时应采用尼龙绑扎带或线绳，不允许使用金属导线或绑线进行绑扎。导线绑扎好后，应分层排放在线槽内并做好永久性编号标志。

d. 电线在线槽内要有一定的余量。线槽内电线或电缆的总截面面积（包括外护层）不应超过线槽内截面面积的 20%，载流导线不宜超过 30 根。当设计无规定时，包括绝缘层在内的导线总截面面积不应大于线槽截面面积的 60%。控制线路、信号线路或与其相类似的线路，电线或电缆的总截面面积不应超过线槽内截面面积的 50%，电线或电缆根数不限。

e. 同一回路的相线和中性线，应敷设于同一金属线槽内。

f. 同一电源的不同回路，无抗干扰要求的线路可敷设于同一线槽内；由于线槽内电线有相互交叉和平行紧挨现象，敷设于同一线槽内有抗干扰要求的线路用隔板隔离，或采用屏蔽电线（屏蔽护套一端接地）等防护措施。

g. 在金属线槽垂直或倾斜敷设时，应采取措施防止电线或电缆在线槽内移动，使绝

缘不造成损坏，或不拉断导线或拉脱拉线盒（箱）内的导线。

h. 引出金属线槽的线路，应采用镀锌钢管或普利卡金属套管，不宜采用塑料管与金属线槽连接。线槽的出线口应位置正确、光滑、无毛刺。引出金属线槽的配管管口处应有护口，电线或电缆在引出部分不得遭受损伤。

② 塑料线槽内导线的敷设

a. 线槽内（图 6-69）电线或电缆的总截面面积（包括外护层）不应超过线槽内截面面积的 20%，载流导线不宜超过 30 根（控制线路、信号线路等线路可视为非载流导线）。

> 强、弱电线路不应同时敷设在同一根线槽内。同一路径、无抗干扰要求的线路，可以敷设在同一根线槽内

图 6-69　塑料线槽配线

b. 放线时先将导线放开、抻直，从始端到终端边放边整理，导线应顺直，不得有挤压、背扣、扭结和受损等现象。

c. 电线、电缆在塑料线槽内不得有接头，导线的分支拉头应在接线盒内进行。从室外引进室内的导线在进入墙内一段处应使用橡胶绝缘导线，严禁使用塑料绝缘导线。

5. 施工质量验收

① 金属线槽（图 6-70）内外应光滑平整，无棱刺、扭曲和变形现象。选择时，金属线槽的规格必须符合设计要求和有关规范的规定。同时，还应考虑到导线的填充率及载流导线的根数，应满足散热、敷设等安全要求。

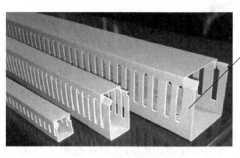

> 金属线槽及其附件应采用表面经过镀锌或静电喷漆的定型产品，其规格和型号应符合设计要求，并有产品合格证等文件

图 6-70　金属线槽质量检验

② 金属线槽安装时，应根据施工设计图，用粉袋沿墙、顶棚或地面等处弹出线路的中心线，并根据线槽固定点的要求分出均匀挡距，标出线槽支、吊架的固定位置。

③ 金属线槽吊点及支持点的距离，应根据工程具体条件确定。一般在直线段固定间距不应大于 3m，在线槽的首端、终端、分支、转角、接头及进出接线盒处应不大于 0.5m。

④ 线槽配线在穿过楼板及墙壁时，应使用保护管，而且穿楼板处必须用钢管保护，

其保护高度距地面不应低于1.8m。

⑤ 地面内暗装金属线槽布线（图6-71）时，应根据不同的结构形式和建筑布局，确定合理的线路路径及敷设位置：在现浇混凝土楼板的暗装敷设时，楼板厚度不应小于200mm；当敷设在楼板垫层内时，垫层厚度不应小于70mm，并应避免与其他管路相互交叉。

图6-71　地面内暗装金属线槽布线

第五节　护套线布线和槽板布线

一、护套线布线

1. 施工现场管理

① 在比较潮湿和有腐蚀性气体的场所可采用塑料护套线明敷施工。但在建筑物顶棚内，严禁采用护套线布设。

② 塑料护套线布线在进户时，电源线必须穿在保护管内直接进入计量箱。

2. 护套线布线施工的常用标识

护套线布线施工的常用标识如图6-72所示。

标识说明：护套线高空作业布线时，应将"当心坠落"的标识悬挂在醒目的位置，提醒高空布线人员注意安全

图6-72　"当心坠落"标识

3. 施工现场设置要求

① 选择塑料护套线（图6-73）时，其导线的规格、型号必须符合设计要求，并有产品出厂合格证。

② 施工中可根据实际需要选择使用双芯或三芯护套线。如工程设计图中标注为三根线时，可采用三芯护套线；若标注为五根线的，可采用双芯和三芯的各一根，这样不会造成浪费。

4. 施工细节操作

（1）施工要求

① 护套线宜在平顶下50mm处沿建筑物表面敷设；多根导线平行敷设时，一只扎头

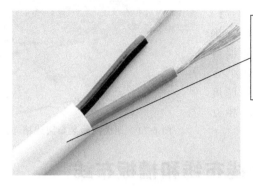

工程中所使用的塑料护套线的最小线芯截面：铜线不应小于1.0mm²，铝线不应小于1.5mm²。塑料护套线明敷设时，采用的导线截面积不宜大于6mm²

图 6-73　塑料护套线

最多夹三根双芯护套线。

②护套线敷设施工（图6-74）时，线与线之间应相互靠紧，穿过梁、墙、楼板，跨越线路，护套线交叉时都应套有保护管，护套线交叉时保护管应套在靠近墙的一根导线上。塑料护套线穿过楼板采用保护管保护时，必须用钢管保护，其保护高度从地面起不应低于1.8m；如在装设开关的地方，保护高度可到开关所在位置。

塑料护套线明配时，导线应平直，不应有松弛、扭结和曲折的现象。弯曲时，不应损伤护套线的绝缘层，弯曲半径应大于导线外径的3倍

图 6-74　护线套敷设施工

③护套线过伸缩缝处，线两端应固定牢固，并放有适当余量；暗配在空心楼板孔内的导线，孔口处应加护圈保护。

（2）画线定位（图6-75）　导线沿门头线和线脚敷设时，可不必弹线，但线卡必须紧靠门头线和线脚边缘线上。支持点间的距离应根据导线截面大小而定，一般为150～200mm。在接近电气设备或接近墙角处间距有偏差时，应逐步调整均匀，以保证美观。

（3）固定线卡　在安装好的木砖上，将线卡用铁钉钉在弹线上，勿使钉帽凸出，以免

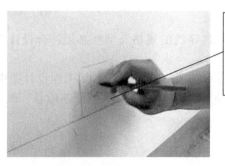

用粉线袋按照导线敷设方向弹出水平或垂直线路基准线，同时标出所有线路装置和用电设备的安装位置，均匀地画出导线的支持点

图 6-75　画线定位

划伤导线的外护套。在木结构上，可直接用钉子钉牢。在混凝土梁或预制板上敷设时，可用胶黏剂粘接在建筑物表面上，如图 6-76 所示。粘接时，一定要用钢丝刷将建筑物粘接面上的粉刷层刷净，使线卡底座与水泥直接粘接。

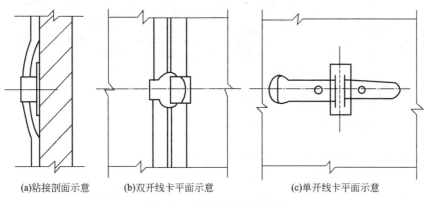

(a)粘接剖面示意　　　(b)双开线卡平面示意　　　(c)单开线卡平面示意

图 6-76　线卡粘接固定示意

（4）放线　放线是保证护套线敷设质量的重要一步。整盘护套线不能搞乱，不可使线产生扭曲。所以，放线时需要操作者相互合作，一人把整盘线套入双手中；另一人握住线头向前拉。放出的线不可在地上拖拉，以免损伤或弄脏电线的护套层。线放完后先放在地上，量好长度，并留出一定余量后剪断。如果不小心将电线弄乱或扭弯，需设法校直，其方法如下。

① 把线平放在地上（地面要平），一人踩住导线一端，另一人握住导线的另一端拉紧，用力在地上甩直。

② 将导线两端拉紧，用木柄沿导线全长来回刮（赶）直。

③ 将导线两端拉紧，用破布包住导线，用手沿电线全长捋直。

（5）导线敷设　为使线路整齐美观，必须将导线敷设得横平竖直。多条护套线成排平行敷设时，应上下左右排列紧密，不能有明显空隙。敷线时，应将线收紧。

① 短距离的直线部分先把导线一端夹紧，然后夹紧另一端，最后把中间各点逐一固定。

② 长距离的直线部分可在其两端的建筑构件的表面上临时各装一副瓷夹板，把收紧的导线先夹入瓷夹板中，然后逐一夹上线卡。

③ 在转角部分，戴上手套用手指顺弯按压，使导线挺直平顺后夹上线卡。

④ 中间接头和分支连接处应装置接线盒，接线盒固定应牢固。在多尘和潮湿的场所应使用密闭式接线盒。

⑤ 塑料护套线在同一墙面上转弯时，必须保持垂直。导线弯曲半径应不小于护套线宽度的 3 倍。弯曲时不应损伤护套和芯线外的绝缘层。铅皮护套线弯曲半径不得小于其外径的 10 倍。

（6）护套线暗敷设　护套线暗敷设是在过路盒（断接盒）至楼板中心灯位之间穿一段塑料护套线，并在盒内留出适当余量，以便和墙体内暗配管内的普通塑料线在盒内相连接。

① 暗敷设护套线（图 6-77）应在空心楼板穿线孔的垂直下方的适当高度设置过路盒。

② 暗配在空心楼板板孔内的导线必须使用塑料护套线，或使用加套塑料护层的绝缘导线，并应符合下列要求。

板孔穿线时，护套线需直接通过两板孔端部的接头，板孔孔洞必须对直。此外，还需穿入与孔洞内径一致且长度不宜小于200mm的油毡纸或铁皮制的圆筒加以保护

图 6-77　暗敷设护套线施工

a. 穿入导线前，应将楼板孔内的积水、杂物清除干净。

b. 穿入导线时，不得损伤导线的护套层。

c. 导线在板孔内不得有接头，分支接头应放在接线盒内连接。

5. 施工质量验收

塑料护套线的固定间距应根据导线截面的大小加以控制，一般应控制在 150～200mm 之间。在导线转角两边、灯具、开关、接线盒、配电板、配电箱进线前 50mm 处，还应加木楔将扎头固定；在沿墙直线段上每隔 600～700mm 处也应加木楔固定。

塑料护套线布线时，应尽量避开烟道和其他发热物体的表面。若与其他管道相遇时，应加套保护管并尽量绕开，与其他管道之间的最小距离应符合表 6-10 的规定。

表 6-10　塑料护套线与其他管道的最小距离

管道类型		最小间距/mm
蒸气管道	平行	1000
	下边	500
外包有隔热层的蒸气管道	平行	300
	交叉	200
电气开关和导线接头与煤气管道之间的最小距离		150
暖、热水管道	平行	300
	下边	200
	交叉	100
燃气管道	同一平面	500
	不同平面	200
通风上下水、压缩空气管道	平行	200
	交叉	100
配电箱与燃气管道之间的最小距离		300

二、槽板布线

1. 施工现场管理

① 在槽板配线时，应注意保持建筑物表面清洁。

② 槽板配线完成后，不应再进行室内建筑物表面的装修工作，以防止破坏或污染槽板和电气器具。

③ 施工中用的梯子应牢固，下端应有防滑措施，单面梯子与地面夹角以 60°～70° 为宜；人字梯要在距梯脚 40～60mm 处设拉绳，不准站在梯子最上一层工作。

④ 站在高处安装时，工具及材料应拿稳，防止掉落伤人。

2. 槽板布线的常用标识

槽板布线的常用标识如图 6-78 所示。

标识说明：当进行槽板布线高空作业时，应将"必须戴安全帽"的标识悬挂在醒目的位置，提醒工作人员必须戴安全帽，以免高空落物碰伤头部

图 6-78 "必须戴安全帽"标识

3. 施工现场设置要求

① 槽板（图 6-79）通常用于干燥较隐蔽的场所，导线截面不大于 10mm^2；排列时应紧贴着建筑物，槽板应整齐、牢靠，表面色泽均匀、无污染。

线槽不应太小，以免损伤线芯。线槽内导线间的距离不小于12mm，导线与建筑物和固定槽板的螺钉之间应有不小于6mm的距离

图 6-79 槽板

② 木槽板线槽内应涂刷绝缘漆，与建筑物接触部分应涂防腐漆。

③ 槽板不要设在顶棚和墙壁内，也不能穿越顶棚和墙壁。

④ 槽板配线和绝缘子配线接续后，由槽板端部起 300mm 以内的部位，需设绝缘子固定导线。

4. 施工细节操作

槽板布线是把绝缘导线敷设在槽板底板的线槽中，上部再用盖板把导线盖上的一种布线方式。槽板配线只适用于干燥环境下室内明敷设配线。它分为塑料槽板和木槽板两种，两种方法安装要求基本相同，只是塑料槽板要求环境温度不得低于−15℃。槽板配线不能设在顶棚和墙壁内，也不能穿越顶棚和墙壁。

槽板施工是在土建抹灰层干燥后，再按以下步骤进行施工。

（1）画线定位 与夹板配线相同，应尽量沿房屋的线脚、横梁、墙角等隐蔽的地方敷设，并且与建筑物的线条平行或垂直。

（2）安装槽板 首先应正确拼接槽板（图 6-80），对接时应注意将底板与盖板的接口错开。槽板固定在砖和混凝土上时，固定点间距离不应大于 500mm；固定点与起点、终

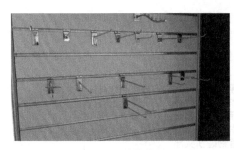

图 6-80　安装槽板

点之间距离为 30mm。

（3）导线敷设　在槽内敷设导线时应注意以下几点。

① 同一条槽板内应敷设同一回路的导线，一条槽只许敷设一根导线。

② 槽内导线不应受到挤压，不得有接头。若必须有接头时，可另装接线盒扣在槽板上。

③ 导线在灯具、开关、插座处一般要留长为 10cm 左右的预留线以便连接；在配电箱、开关板处一般预留配电箱半个周长的导线余量或按实际需要留出足够长度。

（4）固定盖板　敷设导线的同时就可把盖板固定在底板上。固定盖板时用钉子直接钉在底板中线上，槽板的终端需要做封端处理，即将盖板按底板槽的斜度弯折、包裹和固定。

5. 施工质量验收

槽板底板固定间距不应大于 500mm，盖板间距不应大于 300mm，底板、盖板距起点或终点 30mm 处应加以固定，并应符合下列规定：

① 底板对接时，接口处底板的宽度应一致，线槽要对准；

② 分支接口应做成 T 字三角形叉接；

③ 盖板接口和底板接口应错开，且二者间距离不小于 100mm；

④ 盖板无论在直接段或 90°转角时，接口都应锯成 45°斜口连接；

⑤ 直立线段槽板应用双钉固定；

⑥ 木槽板进入木台时，应伸入台内 10mm；

⑦ 穿过楼板时应有保护管，并离地面高度大于 1200mm；

⑧ 穿过伸缩缝处，应用金属软保护管做补偿装置，端头应固定，管口进槽板。

第六节　电缆和电缆保护管敷设

一、电缆敷设

1. 施工现场管理

① 电缆敷设施工前，应检查电缆的电压、型号、规格等是否符合设计要求，电缆表面是否损伤，绝缘是否良好。电缆沟、电缆隧道、排管、交叉跨越管道及直埋电缆沟深度、宽度、弯曲半径等应符合设计和规程要求；电缆通道要畅通，排水良好；金属部分的防腐层应完整；隧道内照明、通风应符合设计要求。

② 敷设电缆时施工温度应符合以下要求。

a. 施敷电缆温度符合下列情况时，应将电缆预热加温：

Ⅰ. 橡胶绝缘或塑料护套电力电缆的温度低于 −15℃；

Ⅱ. 橡胶绝缘铅包电力电缆的温度低于 −20℃。

b. 当施工环境周围温度为 5～10℃时，将电缆提高温度需预热三个昼夜；当周围温度为 25℃时需预热一个昼夜。

c. 电流加热法。将电缆线芯通入电流，使电缆本身发热。

2. 电缆敷设的常用标识

电缆敷设的常用标识如图 6-81 所示。

标识说明：在电缆敷设施工时，应将"禁止入内"的标识悬挂在施工现场的出入口，提示非工作人员禁止入内，以免发生危险

图 6-81　"禁止入内"标识

3. 施工现场设置要求

（1）在展放及敷设电缆作业 24h 以内的环境温度平均为 15～20℃时的标准值　敷设电缆温度低于表 6-11 中的数值时，应采取相应的技术措施。

表 6-11　电缆最低允许敷设温度

电缆类型	电缆结构	最低允许敷设温度/℃	电缆类型	电缆结构	最低允许敷设温度/℃
油浸纸绝缘电力电缆	充油电缆	−10	塑料绝缘电力电缆	—	0
	其他油纸电缆	0	控制电缆	耐寒护套	−20
橡胶绝缘电力电缆	橡胶或聚氯乙烯护套	−15		橡胶绝缘聚氯乙烯护套	−15
	裸铅套	−20		聚氯乙烯绝缘护套、聚氯乙烯护套	−10
	铅护套钢带铠装	−7			

（2）电缆设置

① 在三相四线制系统中使用的电力电缆，不得采用三芯电缆，另加一根单芯电缆或导线，再加电缆金属护套等做成中性线方式。

② 三相系统中，不得将三芯电缆中的一芯接地运行。

③ 并联运行的电力电缆，其长度应相等。

④ 三相系统中使用的单芯电缆，应组成紧贴的正三角形排列。每隔 1m 应绑扎牢固（充油电缆及水底电缆可除外）。

（3）电缆备用长度　电缆敷设时，在终端和接头附近应留有备用长度。而直埋电缆应在全长上留有余量（一般为线路长度的 1%～1.5%），并做波浪形敷设。

4. 施工细节操作

① 电缆在电缆沟内敷设（图 6-82）时，首先挖好一条电缆沟，电缆沟壁要用防水水泥砂浆抹面，然后把电缆敷设在沟壁的角钢支架上，最后盖上水泥板。电缆沟的尺寸根据电缆多少（通常不宜超过 12 根）而定。

② 电缆敷设前，应先检验电缆沟和电缆竖井，电缆沟的尺寸以及电缆支架间距应满足设计要求。

③ 电缆沟应平整，并且有 0.1% 的坡度。沟内要保持干燥，能防止地下水进入。沟内应设置适当数量的积水坑，能及时将沟内积水排出，通常每隔 50m 设一个，积水坑的尺寸以 400mm×400mm×400mm 为宜。

该敷设方法较直埋式投资高，但是检修方便，能容纳较多的电缆，在厂区的变、配电所中应用很广。在容易积水的地方应考虑开挖排水沟

图 6-82　电缆在电缆沟内敷设

④ 敷设在支架上的电缆（图 6-83），按电压等级排列，高压电缆在上面，低压电缆在下面，控制与通信电缆在最下面。若两侧装设电缆支架，则电力电缆与控制电缆、低压电缆应分别安装在沟的两边。

电缆支架横撑间的垂直净距，若无设计规定，一般对电力电缆不小于150mm；对控制电缆不小于100mm

图 6-83　敷设在支架上的电缆

⑤ 在电缆沟内敷设电缆时，其水平间距不得小于下列数值。

a. 电缆敷设在沟底时，电力电缆间距为 35mm，但是应不小于电缆外径尺寸；不同级电力电缆与控制电缆间距为 100mm；控制电缆间距不做规定。

b. 电缆支架间的距离应按设计规定施工，若设计无规定时，电缆间平行距离不小于100mm，垂直距离为 150～200mm。

⑥ 电缆在支架上敷设时，拐弯处的最小弯曲半径应符合电缆最小允许弯曲半径的规定。

⑦ 电缆表面距地面的距离不应小于 0.7m，穿越农田时不应小于 1m；66kV 及以上电缆不应小于 1m。只有在引入建筑物、与地下建筑物交叉及绕过地下建筑物处可埋设浅些，但是应采取保护措施。

⑧ 电缆应埋设于冻土层以下；当无法深埋时，应采取保护措施，以防止电缆受到损坏。

⑨ 垂直敷设的电缆或大于 45°倾斜敷设的电缆在每个支架上均应固定。

⑩ 排水方式应按分段（每段为 50m）设置集水井，集水井盖板结构应符合设计要求。井底铺设的卵石或碎石层与砂层的厚度应依据地点的情况适当增减。地下水位高的情况下，集水井应设置排水泵排水，以保证沟底无积水。

5. 施工质量验收

① 电缆各支持点间的距离应符合设计规定。无设计规定时，不应大于表 6-12 所

列值。

表 6-12　电缆各支持点间的距离　　　　　　　　　　　　　　　单位：m

电缆种类		敷设方式	
		水平	垂直
电力电缆	全塑料	400	1000
	除全塑料外的中低压电缆	800	1500
	35kV 及以上高压电缆	1500	2000
控制电缆		800	1000

② 电缆表面不得有未消除的机械损伤（如铠装压扁、电缆绞拧、护层开裂等），并防止过分弯曲。电缆的弯曲半径不应小于表 6-13 所列值。

表 6-13　电缆最小允许弯曲半径

电缆形式		多芯	单芯
控制电缆	非铠装、屏蔽型软电缆	$6D$	—
	铠装型、铜屏蔽型	$12D$	
	其他	$10D$	
橡皮绝缘电力电缆	无铅包、钢铠护套	$10D$	
	裸铅包护套	$15D$	
	钢铠护套	$20D$	
塑料绝缘电缆	有铠装	$15D$	$20D$
	无铠装	$12D$	$15D$
油浸纸绝缘电力电缆	铝套	$30D$	
	铅套　有铠装	$15D$	$20D$
	铅套　无铠装	$20D$	—
自容式充油(铅包)电缆		—	$20D$

注：表中 D 为电缆外径。

二、电缆保护管敷设

1. 施工现场管理

① 直埋电缆敷设时，应按要求事先埋设好电缆保护管（图 6-84），待电缆敷设时穿在管内，以保护电缆避免损伤及方便更换和便于检查。

电缆保护钢、塑管的埋设深度不应小于0.7m，直埋电缆当埋设深度超过1.1m时，可以不再考虑上部压力的机械损伤，即不需要再埋设电缆保护管

图 6-84　电缆保护管的埋设

② 电缆于铁路、公路、城市街道、厂区道路下交叉时应将其敷设于坚固的保护管内，通常多使用钢保护管，埋设深度不应小于 1m，管的长度除应满足路面的宽度

外，保护管的两端还应两边各伸出道路路基 2m、伸出排水沟 0.5m、在城市街道应伸出车道路面。

③ 直埋电缆与热力管道、管沟平行或交叉敷设时，电缆应穿石棉水泥管保护，并且应采取隔热措施。电缆与热力管道交叉时，敷设的保护管两端各伸出的长度不应小于 2m。

④ 电缆保护管与其他管道（例如水、石油、煤气管）以及直埋电缆交叉时，两端各伸出的长度不应小于 1m。

2. 电缆保护管敷设施工的常用标识

电缆保护管敷设施工的常用标识如图 6-85 所示。

标识说明：在电缆保护管敷设施工时，应将"当心坑洞"的标识悬挂在施工现场醒目的位置，提醒工作人员及过往行人此处有坑洞，需注意安全

当心坑洞
Caution, hole

图 6-85 "当心坑洞"安全标识

3. 施工现场设置要求

① 电缆保护管管口处宜做成喇叭口，可以减少直埋管在沉降时管口处对电缆的剪切力。

② 电缆保护管（图 6-86）应尽量减少弯曲，弯曲增多将造成穿电缆困难，对于较大截面的电缆不允许有弯头。电缆保护管在垂直敷设时，管子的弯曲角度应大于 90°，避免因积水而冻坏管内电缆。

③ 电缆保护管在弯制后，管的弯曲处不应有裂缝和明显凹瘪现象，管弯曲处的弯扁程度不宜大于管外径的 10%。如弯扁程度过大，将减少电缆管的有效管径，造成穿设电缆困难。

④ 保护管的弯曲半径一般为管子外径的 10 倍，且不应小于所穿电缆的最小允许弯曲

每根电缆保护管的弯曲处不应超过3个，直角弯不应超过2个。当实际施工中不能满足弯曲要求时，可采用内径较大的管子或在适当部位设置拉线盒，以利于电缆的穿设

图 6-86 电缆保护管的施工

半径。

⑤ 电缆保护管管口处应无毛刺和尖锐棱角，以防止在穿电缆时划伤电缆。

4. 施工细节操作

（1）高强度保护管的敷设地点 在下列地点，需敷设具有一定机械强度的保护管保护电缆：

① 电缆进入建筑物以及墙壁处；保护管伸入建筑物散水坡的长度不应小于 250mm，保护罩根部不应高出地面；

② 从电缆沟引至电杆或设备，距地面高度 2m 及以下的一段，应设钢保护管保护，保护管埋入非混凝土地面的深度不应小于 100mm；

③ 电缆与地下管道接近和有交叉的地方；

④ 当电缆与道路、铁路有交叉的地方；

⑤ 其他可能受到机械损伤的地方。

（2）明敷电缆保护管

① 明敷的电缆保护管与土建结构平行时，通常采用支架固定在建筑结构上，保护管装设在支架上。支架应均匀布置，支架间距不宜大于表 6-14 中的数值，以免保护管出现下垂。

表 6-14 电缆保护管支持点间最大允许距离

最大允许距离/m 保护管壁厚/mm	保护管直径/mm				
	15～25	25～32	32～45	45～65	65 以上
≥2	1.5	2.0	2.5	2.5	3.5
<2	1.0	1.5	2.0	—	—

② 若明敷的保护管为塑料管，其直线长度超过 30m 时，宜每隔 30m 加装一个伸缩节，以消除由于温度变化引起管子伸缩带来的应力影响。

③ 保护管与墙之间的净空距离不得小于 10mm；与热表面距离不得小于 200mm；交叉保护管净空距离不宜小于 10mm；平行保护管间净空距离不宜小于 20mm。

④ 明敷金属保护管的固定不得采用焊接方法。

（3）混凝土内保护管的敷设 对于埋设在混凝土内的保护管（图 6-87），在浇筑混凝土前应按实际安装位置量好尺寸后下料加工。管子敷设后应加以支撑和固定，以防止在浇筑混凝土时受震而移位。

（4）电缆保护钢管顶管的过路敷设 当电缆直埋敷设线路时，其通过的地段有时会与铁路或交通频繁的道路交叉，由于不可能较长时间地断绝交通，所以常采用不开挖路面的顶管方法。

不开挖路面的顶管方法，即在铁路或道路的两侧各挖掘一个作业坑，一般可用顶管机或油压千斤顶将钢管从道路的一侧顶到另一侧。顶管时，应将千斤顶、垫块以及钢管放在轨道上用水准仪和水平仪将钢管找平调正，并且应对道路的断面有充分的了解，以免将管顶坏或顶坏其他管线。被顶钢管不宜做成尖头，以平头为好，尖头容易在碰到硬物时产生偏移。

在顶管时，为防止钢管头部变形并且阻止泥土进入钢管和提高顶管速度，也可在钢管头部装上圆锥体钻头，在钢管尾部装上钻尾，钻头和钻尾的规格均应与钢管直径相配套。也可以用电动机为动力，带动机械系统撞打钢管的一端，使钢管平行向

保护管敷设或弯制前应进行疏通和清扫，通常采用钢丝绑上棉纱或破布穿入管内清除脏污，并检查通畅情况，在保证管内光滑畅通后，将管子两端暂时封堵

图 6-87　混凝土内保护管的敷设

前移动。

（5）电缆保护钢管接地　用钢管作为电缆保护管（图 6-88）时，若利用电缆的保护钢管作接地线时，要先焊好接地跨接线，再敷设电缆。应避免在电缆敷设后再焊接地线，以免烧坏电缆。

当电缆保护钢管，连接采用套管焊接时，不需再焊接地跨接线

图 6-88　钢管作为电缆保护管

钢管有螺纹的管接头处，在接头两侧应用跨接线焊接。用圆钢作跨接线时，其直径不宜小于 12mm；用扁钢作跨接线时，扁钢厚度不应小于 4mm，截面积不应小于 $100mm^2$。

5. 施工质量验收

① 电缆保护钢管或硬质聚氯乙烯管的内径不得小于电缆外径的 1.5 倍。

② 电缆保护管不应有穿孔、裂缝和明显的凸凹不平现象，内壁应光滑。金属电缆保护管不应有严重锈蚀现象。

③ 采用普通钢管作电缆保护管时，应在外表涂防腐漆或沥青防腐层（埋入混凝土内的管子可不涂）。采用镀锌管而锌层有剥落时，亦应在剥落处涂防腐漆。

④ 硬质聚氯乙烯管因质地较脆，不应用在温度过低或过高的场所。敷设时，温度不宜低于 0℃，最高使用温度不应超过 50～60℃。在易受机械碰撞的地方也不宜使用，如因条件限制必须使用，则应采用有足够强度的管材。

⑤ 无塑料护套电缆尽可能少用钢保护管，当电缆金属护套和钢管之间有电位差时，容易因腐蚀导致电缆发生故障。

第七节　电缆排管敷设和电线、电缆的连接

一、电缆排管的敷设

1. 施工现场管理

① 电缆排管埋设（图 6-89）时，排管沟底部地基应坚实、平整，不应有沉陷。若不符合要求，应对地基进行处理，并且夯实，以免地基下沉损坏电缆。

电缆排管沟底部应垫平夯实，并且铺以厚度不小于80mm厚的混凝土垫层

图 6-89　电缆排管埋设

② 电缆排管敷设连接时，管孔应对准，以免影响管路的有效管径，保证敷设电缆时穿设顺利。电缆排管接缝处应严密，不得有地下水和泥浆渗入。

③ 为便于检查和敷设电缆，在直线段上每隔 30m 以及在转弯和分支、终端处也需设置电缆人孔井。

④ 排管在安装前应先疏通管孔，清除管孔内的积灰杂物，并且应打磨管孔边缘的毛刺，防止穿电缆时划伤电缆。

2. 电缆排管敷设施工的常用标识

电缆排管敷设施工的常用标识如图 6-90 所示。

标识说明：在电缆排管敷设施工时，应将当心绊倒的标识悬挂在施工现场醒目的位置，时刻提醒工作人员注意脚下，当心摔倒

当心绊倒

图 6-90　"当心绊倒"安全标识

3. 施工现场设置要求

① 排管安装时，应有不小于 0.5% 的排水坡度，并且在人孔井内设集水坑，以便集中排水。

② 电缆排管敷设（图 6-91）应一次留足备用管孔数，当无法预计时，除考虑散热孔外，可留 10% 的备用孔，但是不应少于 1～2 孔。

③ 排管顶部距地面不应小于 0.7m。在人行道下面敷设时，排管承受的压力小，受外

图 6-91 电缆排管敷设施工

电缆排管管孔的内径不应小于电缆外径的1.5倍，且电力电缆的管孔内径不应小于90mm，控制电缆的管孔内径不应小于75mm

力作用的可能性也较小，若地下管线较多，排管埋设深度可浅些，但是不应小于0.5m。在厂房内不宜小于0.2m。

④ 当地面上均匀荷载超过 100kN/m² 或排管通过铁路以及遇有类似情况时，必须采取加固措施，以防止排管受到机械损伤。

4. 施工细节操作

（1）石棉水泥管混凝土包封敷设　石棉水泥管排管（图 6-92）在穿过铁路、公路以及有重型车辆通过的场所时，应选用混凝土包封的敷设方式。

图 6-92 石棉水泥排管敷设

石棉水泥管混凝土包封敷设时，要预留足够的管孔，管与管之间的相互间距不应小于80mm。若采用分层敷设时，应分层浇筑混凝土并捣实

① 在电缆管沟沟底铲平夯实后，先用混凝土打好 100mm 厚底板，在底板上再浇筑适当厚度的混凝土后，再放置定向垫块，并且在垫块上敷设石棉水泥管。

② 定向垫块应在管接头两端 300mm 处设置。

③ 石棉水泥管排放时，应注意使水泥管的套管以及定向垫块相互错开。

（2）石棉水泥管钢筋混凝土包封敷设

① 对于直埋石棉水泥管排管，若敷设在可能发生位移的土壤中（例如流砂层、8 度及以上地震基本烈度区、回填土地段等）时，应选用钢筋混凝土包封敷设方式。

② 钢筋混凝土的包封敷设，在排管的上、下侧使用 $\phi16$ 圆钢，在侧面当排管截面高度大于 800mm 时，每 400mm 需设 $\phi12$ 钢筋一根，排管的箍筋使用 $\phi8$ 圆钢，间距为 150mm。当石棉水泥管管顶距地面不足 500mm 时，应根据工程实际情况另行计算确定配筋数量。

③ 石棉水泥管钢筋混凝土包封敷设，在排管方向和敷设标高不变时，每隔 50m 需设

置变形缝。石棉水泥管在变形缝处应用橡胶套管连接，并且在管端部缝隙处用沥青木丝板填充。在管接头处每隔 250mm 处另设置 $\phi20$、长度为 900mm 的接头连接钢筋；在接头包封处设 $\phi25$、长 500mm 的套管，在套管内注满防水油膏，在管接头包封处，另设 $\phi6$、间距为 250mm 的弯曲钢管。

（3）混凝土管块包封敷设　当混凝土管块穿过铁路、公路及有重型车辆通过的场所时，混凝土管块应采用混凝土包封的敷设方式。

混凝土管块的长度一般为 400mm，其管孔的数量有 2 孔、4 孔、6 孔不等。现场较常采用的是 4 孔、6 孔的管块。根据工程情况，混凝土管块也可在现场组合排列成一定形式进行敷设。

① 混凝土管块混凝土包封敷设时，应先浇筑底板，然后再放置混凝土管块。

② 在混凝土管块接缝处，应缠上宽 80mm、长度为管块周长加上 100mm 的接缝砂布、纸条或塑料胶黏布，以防止砂浆进入。

③ 缠包严密后，先用 1：2.5 的水泥砂浆抹缝封实，使管块接缝处严密，然后在混凝土管块周围灌注强度不小于 C10 的混凝土进行包封。

④ 混凝土管块敷设组合安装时，管块之间上下左右的接缝处，应保留 15mm 的间隙，并用 1：2.5 的水泥砂浆填充。

⑤ 混凝土管块包封敷设应按照规定设置工作井。混凝土管块与工作井连接时，管块距工作井内地面不应小于 400mm。管块在接近工作井处，其基础应改为钢筋混凝土基础。

5. 施工质量验收

电缆排管的结构是将预先准备好的管子按需要的孔数排成一定的形式，用水泥筑成一个整体。每节排管的长度为 2～4m。管子排列的方式及排管的尺寸见表 6-15。

表 6-15　管子排列的方式及排管的尺寸　　　　　　　单位：mm

管子排列的方式				垂直排列			水平排列						
水平管子数/根				2	2	2	2	2	3	3	4	5	6
垂直管子数/根				2	3	4	5	6	1	2	2	2	2
尺寸	陶土管	$D=100$ $a=195$	A	555	555	555	555	555	750	750	945	1130	1325
			B	510	705	900	1095	1280	315	510	510	510	510
		$D=125$ $a=230$	A	630	630	630	630	630	860	860	1090	1320	1550
			B	590	820	1050	1280	1510	360	590	590	590	590
		$D=150$ $a=265$	A	690	690	690	690	690	960	960	1230	1490	1760
			B	670	935	1200	1465	1730	390	670	670	670	670
	石棉水泥管	$D=100$ $a=146$	A	370	370	370	370	370	520	520	650	800	940
			B	320	460	610	760	900	170	320	320	320	320
		$D=125$ $a=170$	A	410	410	410	410	410	585	585	755	925	1100
			B	370	540	710	880	1050	200	370	370	370	370
		$D=150$ $a=198$	A	470	470	470	470	470	670	670	865	1060	1260
			B	420	620	820	1030	1220	230	420	420	420	420

注：A 代表电缆保护沟总宽度，mm；B 代表电缆保护沟深度（垫层除外），mm；D 代表电缆护管外径，mm；a 代表相邻电缆护管中心距离，mm。

二、电线、电缆的连接

1. 施工现场管理

① 现场通风条件和环境温度应满足连接材料的工艺技术要求，且应具备良好的照明条件。

② 导线接头应连接牢固、接触电阻小、稳定性好。

③ 导线接头与同截面导线的电阻比应大于1。

④ 接头的机械强度应不小于导线机械强度的80%。

2. 电线、电缆连接的常用标识

电线、电缆连接的常用标识如图6-93所示。

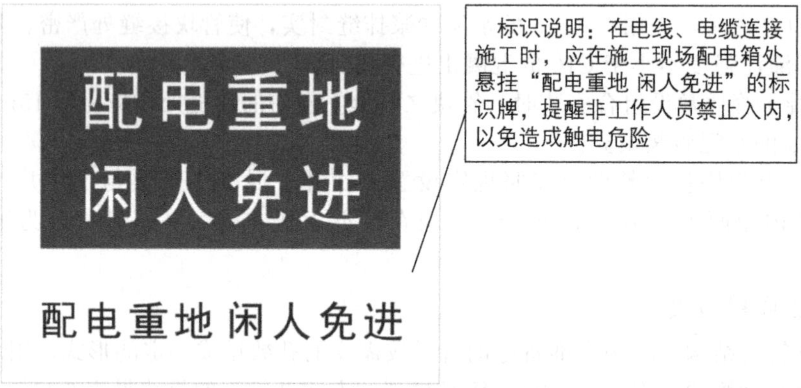

配电重地
闲人免进

配电重地 闲人免进

标识说明：在电线、电缆连接施工时，应在施工现场配电箱处悬挂"配电重地 闲人免进"的标识牌，提醒非工作人员禁止入内，以免造成触电危险

图6-93 "配电重地 闲人免进"标识

3. 施工现场设置要求

① 对于铝与铝连接，若采用熔焊法，应防止残余熔剂或熔渣的化学腐蚀；对于铜与铝连接，主要防止电化腐蚀，在接头前后要采取措施，避免这类腐蚀的存在。否则，在长期运行中，接头有发生故障的可能。

② 接头的绝缘强度应与导线的绝缘强度一样。

③ 电缆芯线连接时，所用连接管和接线端子的规格应相符。采用焊锡焊接铜芯线时，不应使用酸性焊膏。

4. 施工细节操作

（1）铜、铝导线的连接

① 铜导线的连接

a. 导线连接前，为便于焊接，应用砂布把导线表面残余物清除干净，使其表面清洁，具有光泽。但是对表面已镀有锡层的导线，可不必刮掉，因它对锡焊有利。

b. 单股铜导线的连接包括绞接和缠卷两种方法，对于截面较小的导线，通常多用绞接法；对于较大截面的导线，因绞捻困难，则多用缠卷法。

c. 多股铜导线的连接包括单卷、复卷和缠卷三种方法，无论何种接法，均需把多股导线顺次解开呈30°伞状，用钳子逐根拉直，并且用砂布将导线表面擦净。

d. 铜导线接头处锡焊，方法因导线截面不同而不同。$10mm^2$ 及以下的铜导线接头，可用电烙铁进行锡焊，在无电源的地方，可用火烧烙铁；$16mm^2$ 及其以上的铜导线接头，则用浇焊法。

无论采用哪种方法，锡焊前，接头上均需涂一层无酸焊锡膏或天然松香溶于酒精中的糊状溶液。但是以氯化锌溶于盐酸中的焊药水不宜采用，因为它会腐蚀铜导线。

② 铝导线的连接 铝导线与铜导线相比较，在物理、化学性能上有许多不同之处。由于铝在空气中极易氧化，导线表面生成一层导电性不良并且难于熔化的氧化膜（铝本身的熔点为653℃，而氧化膜的熔点达到2050℃，而且比重也比铝大），当熔化时，它便沉积在铝液下面，降低了接头的质量。因此，铝导线连接工艺比铜导线复杂，稍不注意，就会影响接头质量。

铝导线的连接方法很多，施工中常用的包括机械冷态压接、电阻焊和气焊等方法。

（2）电缆导体的连接

① 要求连接点的电阻小而且稳定。连接点的电阻与相同长度、相同截面导体的电阻的比值，对于新安装的终端头和中间接头，应不大于1；对于运行中的终端头和中间接头，比值应不大于1.2。

② 要有足够的机械强度（主要是指抗拉强度）。连接点的抗拉强度一般低于电缆导体本身的抗拉强度。对于固定敷设的电力电缆，其连接点的抗拉强度要求不低于导体本身抗拉强度的60%。

③ 要能够耐腐蚀。若铜和铝相接触，由于这二者金属标准电极电位差较大（铜为+0.345V；铝为-1.67V），当有电解质存在时，将形成以铝为负极、铜为正极的原电池，使铝产生电化腐蚀，从而使接触电阻增大。另外，由于铜铝的弹性模数和热膨胀系数相差很大，在运行中经多次冷热（通电与断电）循环后，会使接点处产生较大间隙而影响接触，从而产生恶性循环。所以，铜和铝的连接是一个应该引起重视的问题。一般来说，应使铜和铝两种金属分子产生相互渗透。例如采用铜铝摩擦焊、铜铝闪光焊和铜铝金属复合层等。在密封较好的场合，若为中间接头，可采用铜管内壁镀锡后进行铜铝连接。

④ 要耐振动。在船用、航空和桥梁等场合，对电缆接头的耐振动性要求很高，往往超过了对抗拉强度的要求。这项要求主要通过振动（仿照一定的频率和振幅）试验后，测量接点的电阻变化来检验。即在振动条件下，接点的电阻仍应达到上述第①项的要求。

（3）电缆接线

① 导线与接线端子连接

a. 10mm² 及以下的单股导线，在导线端部弯一个圆圈，直接装接到电气设备的接线端子上，注意线头的弯曲方向与螺栓（或螺母）拧入方向一致。

b. 4mm² 以上的多股铜或铝导线，由于线粗、载流大，在线端与设备连接时，均需装接铝或铜接线端子，再与设备相接，这样可避免在接头处产生高热而烧毁线路。

c. 铜接线端子装接可采用锡焊或压接方法。

Ⅰ. 锡焊时，应先将导线表面和接线端子用砂布擦干净，涂上一层无酸焊锡膏，将线芯搪上一层焊锡，然后把接线端子放在喷灯火焰上加热。当接线端子烧热时，把焊锡熔化在端子孔内，并且将搪好锡的线芯慢慢插入，待焊锡完全渗透到线芯缝隙中后，即可停止加热，使其冷却。

Ⅱ. 采用压接方法时，将线芯插入端子孔内，用压接钳进行压接。铝接线端子装接也可采用冷压接。压接工艺如图6-94所示。

② 导线与平压式接线桩连接。导线与平压式

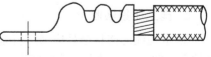

图6-94 点划线线端子压接工艺示意

接线桩连接时，可根据芯线的规格采用以下操作方法。

a. 单芯线连接。用螺钉或螺帽压接时，导线要顺着螺钉旋进方向紧绕一周后再旋紧（若反方向旋绕在螺钉上，旋紧时导线会松出），如图 6-95 所示。

现场施工中，最好的方法是将导线绝缘层剥去后，芯线顺着螺钉旋紧方向紧绕一周，再旋紧螺钉，用手捏住导线头部（全线长度不宜小于 40mm），顺时针方向旋转，线头即可断开。

b. 多芯铜软线连接。多股铜芯软线与螺钉连接时，可先将导线芯线做成羊眼圈状，挂锡后再与螺钉固定。也可将导线芯线挂锡后，将芯线顺着螺钉旋进方向紧绕一周，再围绕住芯线根部绕将近一周后拧紧螺钉，如图 6-96 所示。

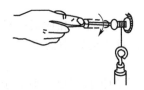

图 6-95　导线在螺钉上旋绕

图 6-96　软线与螺钉连接

无论采用哪种方法，都要注意导线线芯根部无绝缘层的长度不能太长，根据导线粗细以 1～3mm 为宜。

③ 导线与针孔式接线桩连接。当导线与针孔式接线桩连接时，应把要连接的芯线插入接线桩头针孔内，线头露出针孔 1～2mm。若针孔允许插入两根芯线，可把芯线折成双股后再插入针孔，如图 6-97 所示。若针孔较大，可在连接单芯线的针孔内加垫铜皮，或在多股线芯线上缠绕一层导线，以扩大芯线直径，使芯线与针孔直径相适应，如图 6-98 所示。

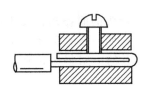

图 6-97　用螺钉顶压的连接方法

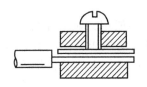

图 6-98　针孔过大的连接方法

导线与针孔式接线桩头连接时，应使螺钉顶压更加平稳、牢固并且不伤芯线。若用两根螺钉顶压，则芯线线头必须插到底，使两个螺钉都能压住芯线，并应先拧牢前端的螺钉，后拧另一个螺钉。

④ 单芯导线与器具连接。单芯导线与专用开关、插座可采用插接法接线。单芯导线剥切时露出芯线长度为 12～15mm，由接线桩头的针孔中插入后，压线弹簧片将导线芯线压紧，即完成接线的过程。

需要拔出芯线时，用小螺钉旋具插入器具开孔中，把导线拔出，芯线即可脱离，如图 6-99 所示。

5. 施工质量验收

① 电缆线芯连接金具应采用符合标准的连接管和接线端子，其内径应与电缆线芯紧密结合，间隙不应过大；截面宜为线芯截面的 1.2～1.5 倍。

采用压接时，压接钳和模具应符合规格要求。压接后，应将端子或连接管上的凸痕修

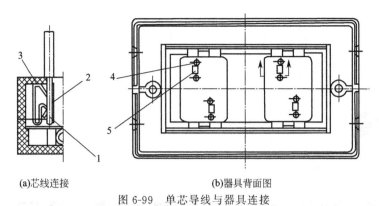

(a)芯线连接　　　　　　　　　(b)器具背面图

图 6-99　单芯导线与器具连接

1—塑料单芯线；2—导电金属片；3—压线弹簧片；4—导线连接孔；5—螺钉旋具插入孔

理光滑，不得残留毛刺。

② 三芯电力电缆终端处的金属保护层必须接地良好；塑料电缆每相铜屏蔽和钢铠应用焊锡焊接接地线。

第七章

低压电气设备和施工电气机具

第一节　低压电气设备的安装

一、低压断路器的安装

1. 施工现场管理

① 低压断路器（图7-1）是一种完善的低压控制开关，能在正常工作时带负荷通断电路，也能在电路发生短路、严重过载以及电源电压太低或失压时自动切断电源，分为框架式和塑料外壳式两种。

② 低压断路器应按规定垂直安装，其上、下连接导线要使用规定截面的导线（或母线），不能太小。

③ 低压断路器的脱扣器整定电流及其他特征性参数一经调好后便不允许随意更改。

④ 检修后要在不带电的情况下断开、合上断路器数次，校验动作准确后再投入运行。

⑤ 安装低压断路器时，工、器具摆放应整齐；设备安装后，包装箱及其他外包装附件应及时清理干净，并放到指定地点；安装所产生的垃圾、下脚

图7-1　低压断路器

料应及时回收以免污染环境。

2. 低压断路器施工的常用标识

低压短路器施工常用标识如图7-2所示。

3. 施工现场设置要求

① 必须按照规定的方向平稳安装，否则会影响脱扣器动作的准确性和通断能力。

② 安装时应按规定在灭弧罩上部留有一定的飞弧空间，以免产生飞弧。为防止飞弧造成事故，应将低压断路器铜母线排自绝缘基座起包200mm的绝缘物或加相间隔弧板。

③ 电源进线应接在灭弧室一侧的接线端（上母线）上，接至负载的出线应接在脱扣器一侧的接线端（下母线）上。

④ 安装塑料式断路器时，其操作机构在出厂时已调试好，拆开盖子时操作机构不得

标识说明：在安装低压断路器时，应将"禁止使用无线通信"的标识悬挂在施工现场醒目的位置，提醒工作人员关闭相应设备，避免不必要的干扰

图 7-2 "禁止使用无线通信"标识

随意调整。带插入式端子的塑料式断路器，应装在金属箱内（只有操作手柄外露），以免操作人员触及接线端子而发生事故。

⑤ 对于没有接地螺钉的断路器，均应可靠接地。

4. 施工细节操作

① 断路器操动机构安装应符合的规定

a. 操作手柄或传动杠杆的开、合位置应正确，操作力不应大于技术文件的给定值。

b. 电动操动机构接线应正确。在合闸过程中开关不应跳跃。开关合闸后，限制电动机或电磁铁通电时间的连锁机构应及时动作，电动机或电磁铁通电时间不应超过产品规定值。

c. 开关辅助接点动作应正确、可靠，接触良好。

d. 抽屉式断路器的工作、试验、隔离三个位置的定位应明显，并应符合产品技术文件的规定。当空载时，抽拉数次应无卡阻现象，机械连锁应可靠。

② 低压断路器接线时，裸露在箱体外部易于触及的导线端子必须加以绝缘保护。有半导体脱扣装置的低压断路器的接线应符合相关要求。脱扣装置的动作应灵活、可靠。

③ 直流快速断路器的安装调试应注意的事项

a. 直流快速断路器的型号、规格应符合设计要求。

b. 安装时应防止倾斜，其倾斜度不应大于5°，应严格控制底座的平整度。

c. 安装时应防止断路器倾倒、碰撞和激烈振动。基础槽钢与底座间应按设计要求采取防振措施。

d. 断路器极间的中心距离以及与相邻设备或建筑物之间的距离应符合表7-1规定。

表 7-1 断路器安装与相邻设备或建筑物之间的距离要求

断路器与相邻设备	安装距离/mm
断路器极间的中心距离以及与相邻设备或建筑物之间的距离	≥500（当不能满足要求时,应加装高度不小于单极开关总高度的隔弧板）
灭弧室上方应留空间	≥1000,当不能满足要求时： ①在开关电流为3000A以下的断路器灭弧室上方200mm处,应加装隔弧板 ②在开关电流为3000A及以上的断路器灭弧室上方500mm处,应加装隔弧板

④ 灭弧室内的绝缘衬件必须完好，电弧通道应畅通。

⑤ 触头的压力、开距、分段时间以及主触头调整后灭弧室支持螺杆与触头之间的绝缘电阻应符合技术标准要求。

⑥ 直流快速断路器的接线还应符合的要求

a. 与母线连接时出线端子不应承受附加应力,母线支点与断路器之间距离不应小于 1000mm。

b. 当触头及线圈标有正、负极性时,其极性应与主回路极性一致。

c. 配线时应使其控制线与主回路分开。

⑦ 直流快速断路器调整、试验应符合的要求

a. 轴承转动应灵活,润滑剂应涂抹均匀。

b. 衔铁的吸、合动作均匀。

c. 灭弧触头与主触头的动作顺序正确。

d. 安装完毕后应按产品技术文件进行交流工频耐压试验,不得有击穿、闪络现象。

e. 脱扣装置应按设计要求整定值校验,在短路或模拟情况下合闸时,脱扣装置应能立即脱扣。

5. 施工质量验收

① 低压断路器的型号、规格应符合设计要求。

② 低压断路器的安装应符合产品技术文件以及施工验收规范的规定。低压断路器宜垂直安装,且其倾斜角度不应大于5°。

③ 低压断路器与熔断器配合使用时,熔断器应安装在电源一侧。

二、继电器的安装

1. 施工现场管理

(1) 额定参数 继电器的额定参数有工作电压或电流、吸合电压或电流、释放电压或电流等。

(2) 整定参数

① 整定值。整定值是指人为调节的动作值,是供用户使用时需要调节的动作参数。

② 灵敏度。灵敏度是指继电器在整定值下动作时所需的最小功率或安匝数。

2. 继电器安装施工的常用标识

继电器安装施工的常用标识如图 7-3 所示。

标识说明:在继电器安装施工时,应在配电总闸处悬挂"线路有人工作 禁止合闸"的标识,提醒非本专业工作人员禁止合闸

图 7-3 "线路有人工作禁止合闸"标识

3. 施工现场设置要求

为确保接线相位的准确性,安装时必须试验端子。固定螺栓加套绝缘管,安装继电器应保持垂直,固定螺栓应垫橡胶垫圈和防松垫圈紧固。

4. 施工细节操作

① 继电器（图 7-4）的型号、规格应符合设计要求。因为继电器是根据一定的信号（电压、电流、时间）来接通和断开电路的元件，在电路中通常是用来接通和断开接触器的吸引线圈，以达到控制或保护用电设备的目的，所以继电器又有电压信号动作和电流信号动作之分。电压继电器及电流继电器都是电磁式继电器。通常情况下控制电路要求的触点较多，需选用一种多触点的继电器，以扩大控制工作范围。

图 7-4 继电器

② 继电器可动部分的动作应灵活、可靠。

③ 表面污垢和铁心表面的防腐剂应清除干净。

5. 施工质量验收

① 继电器安装通电，调试继电器的选择性、速动性、灵敏性和可靠性。

② 继电器及仪表组装后，应进行外部检查，外部应完好无损；仪表与继电器的接线端子应完整，相位连接测试必须符合要求。

③ 继电器所属开关的接触面应调整紧密，动作灵活、可靠，安装应牢固。

第二节　配电箱与开关箱

一、配电箱的安装

1. 施工现场管理

配电箱、开关箱的设置周围环境应保障箱内装设的电气元件正常、可靠工作。配电箱、开关箱内的开关元件频繁动作，开关元件的动作可能会产生电火花，若遇到可燃气体会发生爆炸；配电箱、开关箱内开关元件触头和电气绝缘易受周围环境中有害气体、液体的污染和腐蚀，造成触头接触不良和绝缘性能下降，以致发生漏电；施工现场振动强的机械较多，处于此种环境下的开关元件易因机械的剧烈振动和撞击而发生误动作，导致用电设备突然停电和送电，内部的元件遭到损坏，从而导致电气事故的发生。

施工现场的配电开关箱的装设环境应满足下列条件：

① 配电箱、开关箱应设在干燥、通风及常温、防雨和防尘的场所；

② 不得装设在有燃气、蒸气、烟气、液体及其他有害介质的恶劣环境中；

③ 装设处应无外力撞击及强烈振动，为了防止施工中可能有物体坠落，有些企业在配电箱上方搭设了简易的防护棚。

2. 配电箱安装施工的常用标识

配电箱安装施工的常用标识如图 7-5 所示。

3. 施工现场设置要求

① 盘、柜等在搬运和安装时应采取防振、防潮、防止框架变形和漆面受损等安全措施，必要时可将装置性设备和易损元件拆下单独包装运输。当产品有特殊要求时，尚应符合产品技术文件的规定。

② 盘、柜应存放在室内或能避雨、雪、风、沙的干燥场所。对有特殊保管要求的装

标识说明：配电箱安装完成以后，应在箱门上粘贴"配电箱有电危险"的标识，提醒非专业人员此处有电危险

图 7-5 "配电箱有电危险"标识

置性设备和电气元件，应按规定保管。

③ 要把安装过程和土建工程作为一个整体来对待，在安装过程中，要注意保护建筑物的墙面、地面、顶板、门窗及油漆、装饰等部位，以防止碰坏，剔槽、打眼时应尽量缩小破损面。

4. 施工细节操作

① 配电箱通常由盘面和箱体两部分组成。盘面的制作要以整齐、美观、安全和便于检修为原则。制作非标准配电柜时，应先确定盘面尺寸，再根据盘面尺寸决定箱体尺寸。

② 盘面尺寸的确定应根据所装元器件的型号、规格、数量，按电气要求合理布置在盘面上，并保证电气元件之间的安全距离。

③ 木制配电箱外壁与墙壁有接触的部位要涂沥青。箱内壁及盘面应涂两遍浅色油漆；铁制配电箱应先除锈再涂红丹防锈漆一遍、油漆两遍。

④ 配电箱箱体预埋。预埋配电箱箱体前应先做好准备工作。配电箱运到现场后应进行外观检查并检查产品有无合格证。由于箱体预埋和进行盘面安装接线的时间间隔较长，当有贴脸和箱门能与箱体解体时，应预先解体，并且做好标记，以防盘内元器件及箱门损坏或油漆脱落。将解体的箱门按安装位置和先后顺序存放好，待安装时对号入座。

预埋配电箱箱体时，应按需要打掉箱体敲落孔的压片。在砌体墙砌筑过程中，到达配电箱安装高度（通常为箱底距地面 1.5m），就可以设置箱体了。箱体的宽度与墙体厚度的比例关系应正确，箱体应横平竖直，放置好后应用靠尺板找好箱体的垂直度使之符合规定。箱体的垂直度允许偏差如下：

a. 当箱体高度为 500mm 以下时，不应大于 1.5mm；

b. 当箱体高度为 500mm 及以上时，不应大于 3mm。

当箱体宽度超过 300mm 时，箱顶部应设置过梁，使箱体不致受压。箱体宽度超过 500mm 时，箱顶部要安装钢筋混凝土过梁；箱体宽度在 500mm 以下时，在顶部可设置不少于 3 根 $\phi 6$ 钢筋的钢筋砖过梁，钢筋两端伸出箱体两端不应小于 250mm，钢筋两端应弯成弯钩。

在 240mm 墙上安装配电箱时，要将箱体凹进墙内不小于 20mm，在主体工程完成后室内抹灰前，配电箱箱体后壁要用 10mm 厚的石棉板，或钢丝直径为 2mm、孔洞为 10mm×10mm 的钢丝网钉牢，再用 1∶2 水泥砂浆抹好，以防墙面开裂。

⑤ 配管与箱体连接。配电箱箱体（图 7-6）埋设后，将进行配管与配电箱体的连接。连接各种电源、负载管应从左到右按顺序排列整齐。

配管与箱体的连接可以采用以下方法施工。

配电箱箱体内引上管敷设应与土建施工配合预埋，配管应与箱体先连接好，在墙体内砌筑固定牢固

图 7-6　配电箱箱体连接

a. 螺纹连接。镀锌钢管与配电箱进行螺纹连接时，应先将管口端部套螺纹，拧入锁紧螺母，然后插入箱体内，再拧上锁紧螺母，露出 2～3 扣的螺纹长度，拧上护圈帽。钢管与配电箱体螺纹连接完成后，应采用相应直径的圆钢作接地跨接线，把钢管与箱体的棱边焊接起来。

b. 焊接连接。暗敷钢管与铁制配电箱箱体采用焊接连接时，不宜把管与箱体直接焊接，可在入箱管端部适当位置上用两根圆钢在钢管管端两侧横向焊接。配管插入箱体敲落孔后，管口露出箱体长度应为 3～5mm，把圆钢焊接在箱体棱边上，可以作为接地跨接线。

c. 塑料管与箱体连接。塑料管与配电箱的连接，可以使用配套供应的管接头。先把连接管端部结合面涂上专用胶合剂，插入导管接头中，用管接头与箱体的敲落孔进行连接。

配管与配电箱箱体的连接无论采用哪种方式，均应做到一管一孔顺直入箱，露出长度小于 5mm 和入箱管管口平齐，管孔吻合，不用敲落孔的不应敲落；箱体与配管连接处不应开长孔和用电、气焊开孔。自配电箱箱体向上配管，当建筑物有吊顶时，为与吊顶内配管连接，引上管的上端应弯成 90°，沿墙体垂直进入吊顶顶棚内。

图 7-7　明装配电箱

⑥ 明装配电箱的安装。明装配电箱（图 7-7）应在室内装饰工程结束后安装，可用预埋在墙体中的燕尾螺栓固定箱体，也可采用金属膨胀螺栓固定箱体。

5. 施工质量验收

① 总配电箱应装设在靠近电源处；分配电箱应装设在用电设备或负荷相对集中的地区，分配电箱与开关箱距离不得超过 30m。

② 开关箱应装设在所控制的用电设备周围便于操作的地方，与其控制的固定式用电设备水平距离不宜超过 3m，以便于发生故障后能及时处理并防止用电设备的振动，给开关箱工作造成不良影响。

③ 配电箱、开关箱周围应有足够两人同时工作的空间和通道；箱前不得堆物、不得有灌木与杂草，以免妨碍工作。

④ 固定式配电箱、开关箱的下底与地面的垂直距离应大于 1.4m、小于 1.6m；移动式分配电箱、开关箱的下底与地面的垂直距离宜不小于 0.8m、不大于 1.6m。

二、开关箱的安装

1. 施工现场管理

① 箱内电气元件安装通常是左大右小，大容量的控制开关在左面，右面安装小容量的开关元件。

② 箱内所有的开关元件应安装端正、牢固，不得有任何的松动、歪斜现象。

③ 内部设置电气元件之间的距离和与箱体之间的距离应符合规范要求。

④ 配电箱、开关箱及其内部开关元件的所有正常不带电的金属部件均应做可靠的保护接零。保护零线必须采用标准的绿/黄双色线，并通过专用接线端子板连接，与工作零线区别。

2. 开关箱安装施工的常用标识

开关箱安装施工的常用标识如图 7-8 所示。

标识说明：在进行开关箱安装施工时，应将"必须持证上岗"的标识悬挂在施工现场醒目的位置，提醒工作人员无证不得施工作业

图 7-8 "必须持证上岗"标识

3. 施工现场设置要求

① 对于配电箱、开关箱的电源导线应为下进下出，不能设在上面、后面、侧面，更不应当从箱门缝隙中引进和引出导线。

② 在导线的进、出口处应加强绝缘，并将导线卡固。

4. 施工细节操作

（1）配电箱与开关箱的制作

① 配电箱、开关箱箱体应严密、端正、防雨、防尘，箱门开、关松紧适当，便于开关。

② 所有配电箱和开关箱必须配备门、锁，在醒目位置标注名称、编号及每个用电回路的标志。

③ 端子板一般放在箱内电气元件安装板的下部或箱内底侧边，并做好接线标注，工作零线、保护零线端子板应分别标注 N、PE，接线端子与电箱底边的距离不小于 0.2m。

（2）配电箱与开关箱内电气元件的选择

① 箱内所采用的开关元件必须是合格产品，必须完整、无损、动作可靠、绝缘良好。

② 总配电箱内，应装设总隔离开关与分路隔离开关、总低压断路器与分路低压断路器（或总熔断器和分路熔断器）、剩余电流保护元件、总电流表、总电度表、电压表及其

他仪表。总开关元件的额定值、动作整定值应与分路开关元件的额定值、动作整定值相适应。如果剩余电流保护元件具备低压断路器的功能，则可不设低压断路器和熔断器。

③ 开关箱内，应装设隔离开关、熔断器与剩余电流保护元件，剩余电流保护元件的额定动作电流应不大于30mA，额定动作时间应小于0.1s（36V及以下的用电设备如工作环境干燥可免装剩余电流保护元件）。如果剩余电流保护元件具备低压断路器的功能，则可不设熔断器。每台用电设备应设有各自的专用开关箱，实行"一机一闸"制，严禁用同一个开关元件直接控制两台及两台以上用电设备（含插座）。

5. 施工质量验收

① 配电箱、开关箱内采用的绝缘导线性能要良好，接头不得有松动现象，不得有外露导电部分。

② 配电箱、开关箱内尽量采用铜线，铝线接头万一松动，会造成接触不良产生电火花和高温，使接头绝缘烧毁，导致对地短路故障。为了保证可靠的电气连接，保护零线应采用绝缘铜线。

③ 电箱内母线和导线的排列应符合表7-2的规定。

表7-2 电箱内母线和导线的排列

相别	颜色	垂直排列	水平排列	引下排列
A	黄	上	后	左
B	绿	中	中	中
C	红	下	前	右
N	淡蓝	较下	较前	较右
PE	绿/黄双色	最下	最前	最右

注：本处电箱内母线和导线的排列指的是从装置的正面看。

第八章 08 Chapter

施工现场照明施工

第一节 普通灯具和专用灯具的安装

一、普通灯具的安装

1. 施工现场管理

① 当灯具距地面高度小于 2.4m 时，灯具的可接近裸导体必须接地（PE）或接零（PEN）可靠，并应有专用接地螺栓，且有标志。在危险性较大及特殊危险场所，当灯具距地面高度小于 2.4m 时，应使用额定电压为 36V 及以下的照明灯具，或有专用保护措施的灯具。

② 变电所内高、低压盘及母线（不包括采用封闭母线、封闭式盘柜的变电所）的正上方，不得安装照明灯具。

③ 灯具的接线盒、木台及电扇的吊钩等承重结构，应按要求安装，以确保器具的牢固性。安装过程中，要注意保护顶棚、墙壁、地面，确保不被污染和损伤。

④ 灯具的固定

a. 灯具质量大于 3kg 时，应固定在螺栓或预埋吊钩上。

b. 灯具质量在 0.5kg 及以下时，应采用软电线自身吊装；质量大于 0.5kg 的灯具应采用吊链，且软电线编叉在吊链内，使电线不受力。

c. 灯具固定应牢固可靠，不使用木楔，每个灯具固定用螺钉或螺栓不少于 2 个；当绝缘台直径在 75mm 及以下时，可用 1 个螺钉或螺栓固定。

d. 固定灯具带电部件的绝缘材料及提供防触电保护的绝缘材料，应耐燃烧和防明火。

e. 灯具通过木台与墙面或楼面固定时，可采用木螺钉，但螺钉进木榫长度不应少于 20～25mm。如楼板为现浇混凝土楼板，则应采用尼龙膨胀螺栓，灯具应装在木台中心，偏差不得超过 1.5mm。

2. 普通灯具安装施工的常用标识

普通灯具安装施工的常用标识如图 8-1 所示。

3. 施工现场设置要求

① 各种转接线箱（盒）的口边应用水泥砂浆抹口。如盒（箱）口离墙面较深时，可在箱口和贴脸（门头线）之间嵌上木条，或抹水泥砂浆补齐，使贴脸与墙面平齐。对于暗

标识说明：在普通灯具安装施工时，应将"当心跌倒"的标识悬挂在施工现场醒目的位置，时刻提醒高空作业人员当心跌倒

当心跌倒

图 8-1 "当心跌倒"标识

开关、插座盒沉入墙面较深时，常用的方法是垫上弓子（即以直径为 0.2～1.6mm 的钢丝绕成一长弹簧），根据盒子的不同深度，随用随剪。

② 花灯吊钩圆钢直径不应小于灯具挂销直径，且不应小于 6mm。大型花灯的固定及悬吊装置，应按灯具自重的 2 倍做过载试验。

③ 装有白炽灯泡的吸顶灯具，灯泡不应紧贴灯罩；当灯泡与绝缘台间距离小于 5mm时，灯泡与绝缘台间应采取隔热措施。

④ 大型灯具安装时，应先以 5 倍以上的灯具自重进行过载、起吊试验，如果需要人站在灯具上，还应另加 200 kg，做好记录放入竣工验收资料并归档。

⑤ 投光灯的底座及支架应固定牢固，枢轴应沿需要的光轴方向拧紧固定。

⑥ 安装在室外的壁灯应有泄水孔，绝缘台与墙面间应有防水措施。

4. 施工细节操作

（1）组装灯具

① 组合式吸顶花灯的组装

a. 将灯具的托板放平，若托板为多块板拼装而成，就要将所有的边框对齐，并用螺丝固定，将其连成一体，然后按照说明书及示意图把各个灯口装好。

b. 确定出线和走线的位置，将端子板用机械螺丝固定在托板上。

c. 根据已固定好的端子板至各灯口的距离掐线，把掐好的导线削出线芯，盘好圈后进行涮锡。然后压入各个灯口，理顺各灯头的相线和零线，用线卡子分别固定，并且按供电要求分别压入端子板。

图 8-2 吊式花灯组装

② 吊式花灯组装（图 8-2）

a. 将导线从各个灯口穿到灯具本身的接线盒里。一端盘圈，涮锡后压入各个灯口。

b. 理顺各个灯头的相线和零线，另一端涮锡后根据相序分别连接，包扎并甩出电源引入线，最后将电源引入线从吊杆中穿出。

（2）安装灯具 大面积安装时，要特别强调综合布局，做好二次设计，布局不好不仅影响工程的美观，甚至影响使用功能，布局好的还可降低工程成本。内在质量必须符合设计和规范的要求，必须满足使用功能和使用安全的要求，必须达到：技术先进，性能优良，可靠性、安全性、经济性和舒适性等方面都满足用户的需求。要做到：布置合理、安装牢固、横平竖直、整齐美观、居中对称、成行成线、外表清洁、油漆光亮、标识清楚。

重物吊点、支架设置一定要牢固可靠，没有坠落的可能性。若是大型灯具，吊点埋设隐蔽记录、超载试验记录要齐全。

① 吸顶灯或白炽灯的安装

a. 塑料绝缘台的安装。将接灯线从塑料绝缘台的出线孔中穿出，将塑料绝缘台紧贴住建筑物表面，塑料绝缘台的安装孔对准灯头盒螺孔，用机螺丝（或木螺丝）将塑料绝缘台固定牢固。绝缘台直径大于75mm时，应使用2个以上胀管固定。

b. 把从塑料绝缘台甩出的导线留出适当维修长度，削出线芯，然后推入灯头盒内，线芯应高出塑料绝缘台的台面。用软线在接灯芯上缠5～7圈后，将灯芯折回压紧。用黏塑料带和黑胶布分层包扎紧密。将包扎好的接头调顺，扣于法兰盘内，法兰盘（吊盒、平灯口）应与塑料绝缘台的中心找正，用长度小于20mm的木螺丝固定。

② 自在器吊灯的安装

a. 根据灯具的安装高度及数量，把吊线全部预先掐好，应保证在吊线全部放下后，其灯泡底部距地面高度为800～1100mm。削出线芯，然后盘圈、涮锡、砸扁。

b. 根据已掐好的吊线长度断取软塑料管，并将塑料管的两端管头剪成两半，其长度为20mm，然后把吊线穿入塑料管内。

c. 把自在器穿套在塑料管上，将吊盒盖和灯口盖分别套入吊线两端，挽好保险扣，再将剪成两半的软塑料管端头紧密搭接，加热黏合，然后将灯线压在吊盆和灯口螺柱上。若为螺灯口，找出相线，并且做好标记，最后按塑料（木）台安装接头方法将吊线安装好。

5. 施工质量验收

① 灯具的选用应符合设计要求，若设计无要求，应符合有关规范的规定。应根据灯具的安装场所检查灯具是否符合下列要求：

a. 有腐蚀性气体及特别潮湿的场所应采用封闭式灯具，灯具的各部件应做好防腐处理；

b. 潮湿的厂房内和户外的灯具应采用有泄水孔的封闭式灯具；

c. 多尘的场所应根据粉尘的浓度及性质，采用封闭式或密闭式灯具；

d. 灼热多尘场所（例如出钢、出铁、轧钢等场所）应采用投光灯；

e. 可能受机械损伤的厂房内，应采用有保护网的灯具；

f. 振动场所（例如有锻锤、空压机、桥式起重机等），灯具应有防振措施（例如采用吊链软性连接）；

g. 除开敞式外，其他各类灯具的灯泡容量在100W及以上者均应采用瓷灯口。

② 灯内配线检查的内容

a. 灯内配线应符合设计及有关规定的要求；

b. 穿入灯箱的导线在分支连接处不得承受额外应力和磨损，多股软线的端头需盘圈、涮锡；

c. 灯箱内的导线不应过于靠近热光源，并应采取隔热措施；

d. 使用螺灯口时，相线必须压在灯芯柱上。

二、专用灯具的安装

1. 施工现场管理

专用灯具的灯具检查与灯内配线检查同普通灯具，此外，专用灯具还需要进行专项检查，具体如下：

① 各种标志灯的指示方向应正确无误；

② 应急灯必须灵敏可靠；

③ 事故照明灯具应有特殊标志；

④ 局部照明灯必须是双圈变压器，初、次级均应装有熔断器；

⑤ 携带式局部照明灯具用的导线，宜采用橡胶护套导线，接地或接零线应在同一护套内。

2. 专用灯具安装的常用标识

专用灯具安装的常用标识及说明的内容见图 8-1。

3. 施工现场设置要求

① 灯内配线应符合设计要求以及有关规定；

② 穿入灯箱的导线在分支连接处不得承受额外应力和磨损，多股软线的端头需盘圈、涮锡；

③ 灯箱内的导线不应过于靠近热光源，并且应采取隔热措施；

④ 使用螺纹灯口时，相线必须压在灯芯柱上。

4. 施工细节操作

（1）行灯的安装

① 电压不得超过 36V；

② 灯体及手柄应绝缘良好、坚固耐热、耐潮湿；

③ 灯头与灯体结合紧固，灯头应无开关；

④ 灯泡外部应有金属保护网；

⑤ 金属网、反光罩及悬吊挂钩，均应固定在灯具的绝缘部分上；

⑥ 在特殊潮湿场所或导电良好的地面上，或工作地点狭窄、行动不便的场所（例如在锅炉内、金属容器内工作），行灯电压不得超过 12V。

（2）携带式局部照明灯具所用的导线宜采用橡胶护套软线。

（3）手术台无影灯的安装

① 固定螺丝的数量不得少于灯具法兰盘上的固定孔数，且螺栓直径应与孔径配套；

② 在混凝土结构上预埋螺栓应与主筋相焊接，或将挂钩末端弯曲与主筋绑扎锚固；

③ 固定无影灯底座时，均须采用双螺母。

（4）安装在重要场所的大型灯具的玻璃罩，应有防止其破碎后向下溅落的措施（除设计要求外），一般可用透明尼龙丝编织的保护网，网孔的规格应根据实际情况决定。

（5）金属卤化物灯（如钠铊铟灯、镝灯等）的安装

① 灯具安装高度宜在 5m 以上，电源线应经接线柱连接，并不得使电源线靠近灯具的表面；

② 灯管必须与触发器和限流器配套使用。

（6）36V 及以下行灯变压器的安装

① 变压器应采用双圈的，不允许采用自耦变压器。初级与次级变压器应分别在单独的盒内接线。

② 电源侧应有短路保护，其熔丝的额定电流不应大于变压器的额定电流。

③ 外壳、铁芯和低压侧的一端或中心点均应接保护地线或接零线。

（7）手术室工作照明回路要求

① 照明配电箱内应装有专用的总开关及分路开关。

② 室内灯具应分别接在两条专用的回路上。

5. 施工质量验收

① 灯具、配电箱盘安装完毕后，并且各条支路的绝缘电阻摇测合格后，方可允许通

电试运行。

② 通电后应仔细检查和巡视，检查灯具的控制是否灵活、准确；开关与灯具控制顺序相对应，若发现问题必须先断电，然后找出原因后进行修复。

第二节　照明开关及插座的安装

一、照明开关的安装

1. 施工现场管理

① 同一场所的开关切断位置应一致，并且操作灵活，接点接触可靠。

② 电气设备、灯具的相线应经开关控制；民用住宅无软线引至床边的床头开关。

③ 双联以上单控开关的相线不应套（串）接。

④ 电线绝缘电阻测试应合格，并有绝缘电阻测试记录。

2. 施工现场设置要求

① 在易燃、易爆和特别潮湿的场所，应分别采用防爆型开关、密闭型开关，或设计安装在其他处所进行控制。

② 明线敷设开关应安装在不少于 15mm 厚的绝缘台上。

3. 施工细节操作

① 拉线开关（图 8-3）距地面的高度一般为 2～3m；层高小于 3m 时，距顶板不小于 100mm；距门口为 150～200mm；并且拉线的出口应垂直向下。

图 8-3　拉线开关

② 翘板开关距地面的高度为 1.3m（或按施工图纸要求）；开关不得置于单扇门后面。

③ 多尘、潮湿场所和户外应选用密封防水型开关。

4. 施工质量验收

① 相同型号并列安装及同一室内开关安装高度应一致，且控制有序不错位。并列安装的拉线开关的相邻间距不小于 20mm。

② 暗装的开关面板应紧贴墙面，四周无缝隙，安装牢固，表面光滑整洁、无碎裂、无划伤，装饰帽齐全。

③ 开关位置应与控制灯位相对应，同一场所内开关方向应一致。

二、插座的安装

1. 施工现场管理

在特别潮湿和有易燃、易爆气体及粉尘的场所不宜安装插座，如设计需要安装时，应采用密封型并带保护地线触头的保护型插座，安装高度不低于 1.5m。

2. 施工现场设置要求

① 单相两孔插座有横装和竖装两种。横装时，面对插座的右孔接相线，左孔接零线；竖装时，面对插座的上孔接相线，下孔接零线，如图 8-4(a)、(b) 所示。

② 单相三孔、三相四孔及三相五孔的接地（PE）或接零（PEN）线均应接在插座的

上孔，插座的接地端子不与零线端子连接，同一场所的三相插座接线的相序及导线的颜色应一致，如图8-4(c)、(d) 所示。

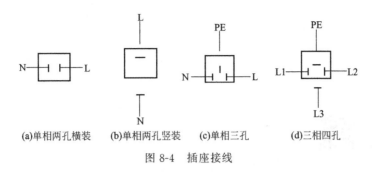

(a)单相两孔横装　　(b)单相两孔竖装　　(c)单相三孔　　(d)三相四孔

图 8-4　插座接线

③ 交、直流或不同电压的插座安装在同一场所时，应有明显的区别，并且其插头与插座配套，均不能互相代用。

④ 接地（PE）或接零（PEN）线在插座间不得串联连接。

⑤ 电线绝缘电阻测试应合格，并有绝缘电阻测试记录。

3. 施工细节操作

① 暗装和工业用插座距地面不应低于300mm，特殊场所暗装插座不低于150mm。

② 在儿童活动场所和民用住宅中应采用安全插座，采用普通插座时，其安装高度不应低于1.8m。

③ 同一室内安装的插座（图8-5）高低差不应大于5mm；成排安装的插座安装高度应一致。

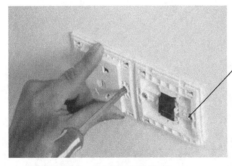

相邻插座高度应一致，盖板应牢固、密封良好

图 8-5　插座安装施工

④ 暗装的插座应有专用盒，面板应端正严密，与墙面贴合平整。

⑤ 带开关的插座，开关应断相线。

⑥ 开关、插座安装在有装饰木墙裙或装饰布的地方时，应有可靠的防火措施。

4. 施工质量验收

① 暗装的插座面板应紧贴墙面，四周无缝隙，安装牢固，表面光滑整洁、无碎裂、无划伤，装饰帽齐全。

② 车间及试（实）验室的插座安装高度距地面不小于0.3m；特殊场所暗装的插座不小于0.15m；同一室内插座安装高度应一致。

第三篇
施工现场消防安全

第九章 09 Chapter

火灾自动报警系统施工

第一节 火灾探测器和火灾报警控制器的安装

一、火灾探测器的安装

1. 施工现场管理

火灾探测器种类很多，常见的有感烟、感温、感光、气体和复合式几大类，具体分类见表9-1。

表 9-1 火灾探测器的分类

名　　称	具体分类
感烟火灾探测器	根据其结构形状分为线型和点型两类。线型火灾探测器根据作用原理不同分为激光型和红外光线束型。点型火灾探测器根据作用原理不同分为离子感烟型、半导体感烟型、电容式感烟型、光电感烟型。光电感烟型又分为散光型和减烟型
感温火灾探测器	根据其结构形状分为线型和点型两类。线型火灾探测器根据作用原理不同分为定温型和差温型(空气管型)，定温型中分缆式型和多点型。点型感温火灾探测器分为定温型、差温型和差定温型。定温型又分为水银接点型、易爆合金型、玻璃球型、半导体型、双金属型、热电偶型、热敏电阻型。差温型分为水银接点型、易爆合金型、玻璃球型、热电偶型、半导体型、双金属型、热敏电阻型、膜金型;差定温型分为双金属型、热敏电阻型、膜金型
感光火灾探测器	感光火灾探测器分为紫外火焰型、红外火焰型
气体火灾探测器	气体火灾探测器分为铂丝型、半导体型、钴钯型;半导体型又分为金属氧化物型、钙钛晶体型、尖晶石型
复合式火灾探测器	复合式火灾探测器分为复合式感烟感温型、红外光束线型感烟感温型、复合式感光感温型、紫外线感光感烟型
其他火灾探测器	除上述探测器外，还有静电感应型、漏电流感应型、微差压型、超声波型

2. 火灾探测器安装施工的常用标识

火灾探测器安装施工的常用标识如图9-1所示。

标识说明：在火灾探测器安装施工时，应将"当心碰头"的标识悬挂在施工现场醒目的位置，提醒安装人员当心其他物品碰伤头部

图 9-1 "当心碰头"标识

3. 施工现场设置要求

（1）根据火灾的特点选择探测器

① 对火灾初期有阴燃阶段，会产生大量的烟和少量热，很小或没有火焰辐射的情况，应选用感烟探测器（图 9-2）。

感烟探测器作为前期、早期报警是极其有效的。凡是要求火灾损失小的重要地点，对火灾初期有阴燃阶段，即产生大量的烟和少量的热，很少或没有火焰辐射的火灾，如棉、麻织物的引燃等，都适于选用该类型探测器。

不适宜选用的场所有：正常情况下有烟的场所；经常有粉尘及水蒸气等固体、液体微粒出现的场所；火灾发展迅速、产生烟极少的爆炸性场合

图 9-2 感烟探测器

离子感烟与光电感烟探测器的适用场合基本相同，但应注意它们各有不同的特点。离子感烟探测器对人眼看不到的微小颗粒同样敏感，比如人能嗅到的油漆味、烤焦味等都能引起探测器动作，甚至一些分子量大的气体分子，也会使探测器发生动作，在风速过大的场合将引起探测器不稳定，且其敏感元件的寿命较光电感烟探测器的寿命短。

② 火灾发展迅速，会产生大量的热、烟和火焰辐射，可选用感烟探测器、感温探测器、火焰探测器或其组合。

感温探测器（图 9-3）作为火灾形成早期（中期）报警非常有效。因为其工作稳定，不受非火灾性烟雾气尘等干扰。凡无法应用感烟探测器、允许产生一定的物质损失及非爆炸性的场合都可采用感温探测器。

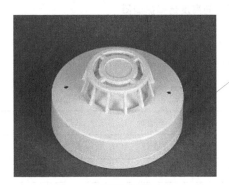

特别适用于经常存在大量粉尘、烟雾、水蒸气的场所及相对湿度经常高于95%的房间,但不适合应用于有可能产生阴燃火的场所

图 9-3　感温探测器

定温型探测器允许温度有较大变化,比较稳定,但火灾造成的损失较大。其在0℃以下的场所不宜选用。

差温型探测器适用于火灾早期报警,因此火灾造成的损失会较小,但如果火灾温度升高过慢则会导致探测器无反应而漏报。差定温型既有差温型的优点,又比差温型更可靠,所以一般场合多选用差定温探测器。

各种探测器都可配合使用,例如感烟与感温探测器的组合,宜用于大中型机房、洁净厂房以及具有防火卷帘设施的部位等处。对于蔓延迅速、有大量的烟和热产生、有火焰辐射的火灾,如油品燃烧等,宜选用三种探测器的配合。

③ 火灾发展迅速,有强烈的火焰辐射和少量烟与热,应选用感光探测器 (图9-4)。

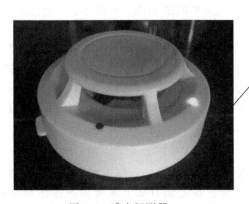

不宜在火焰出现前有浓烟扩散的场所及探测器的镜头易被污染、遮挡以及受点焊、X射线等影响的场所中使用

图 9-4　感光探测器

对于有强烈的火焰辐射而仅有少量烟和热产生的火灾,如轻金属及它们的化合物的火灾,应选用感光探测器。

(2) 根据房间高度选择探测器　房间高度是指装设火灾探测器的安装面 (顶棚或屋顶) 最高点至室内地面的垂直距离。在不同高度的房间内设置火灾探测器时,应首先按表9-2的规定初选探测器的类型,再根据被保护对象发生火灾时的燃烧特征和可能出现的主要火灾参数 (烟、温度、光) 以及被保护场所的环境条件,最后确定探测器的具体型号。如被保护对象是棉、麻、木材、纸张等,在初起阴燃阶段产生大量烟雾,应考虑选用离子感烟探测器或光电感烟探测器;而锅炉房、开水间、厨房、消毒室、烘干室等场所,应选用感温探测器。因为厨房、锅炉房等场所的温度在正常情况下变化也较大,故不宜选用差温型和差定温型探测器,应选用定温探测器。火灾探测器的灭敏度等级的选择，应以正常情况下不出现误报为准进行选择。

表9-2　根据房间高度选择探测器

房间高度 h/m	感烟探测器	感温探测器			火焰探测器
		Ⅰ级	Ⅱ级	Ⅲ级	
$12 < h \leqslant 20$	不适合	不适合	不适合	不适合	适合
$8 < h \leqslant 12$	适合	不适合	不适合	不适合	适合
$6 < h \leqslant 8$	适合	适合	不适合	不适合	适合
$4 < h \leqslant 6$	适合	适合	适合	不适合	适合
$h \leqslant 4$	适合	适合	适合	适合	适合

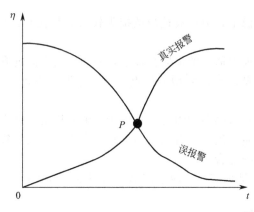

图9-5　真、误报警百分率 η 和
报警相应时间 t 的关系曲线

（3）根据探测器灵敏度选择探测器　火灾探测器灵敏度是指探测器对火灾某参数（烟、温度、光）所能显示出的敏感程度，一般分为 Ⅰ、Ⅱ、Ⅲ级，Ⅰ级探测器灵敏度最高。

火灾自动报警系统的响应时间与探测器的响应时间及灵敏度有关，探测器的灵敏度越高，响应越快，报警时间越早，但受干扰而误报的可能性也就越大。报警时间（t）与报警的真实性、误警之间有一定的关系，其关系曲线如图9-5所示。一般火灾自动报警系统的最佳报警时间都选在图中的 P 点，也称为折中点。所以，在选择探测器的灵敏度级别时，要根据使用场所的实际情况而定。例如，图书馆、计算机房等禁烟场所要选择较高灵敏度级别的探测器，而旅馆的客房则选用一般灵敏度级别的探测器；会议室、车站候车室等公共场所以选择较低灵敏度级别的探测器为宜。

4. 施工细节操作

（1）火灾探测器的外形结构　火灾探测器的外形结构总体形状大致相同，随着制造厂家不同而略有差异。一般根据使用场所不同，在安装方式上主要考虑露出型和埋入型两类。为方便用户辨认探测器是否动作，在外形结构上还可分为带有（动作）确认灯型与不带确认灯型两种。

（2）火灾探测器的线制　火灾探测器的线制对火灾探测报警及消防联动控制系统报警形式和特性有较大影响。线制就是火灾探测器的接线方式（出线方式）。火灾探测器的接线端子一般为3～5个，但并不是每个端子一定要有进出线相连接。在消防工程中，对于火灾探测器通常采用三种接线方式，即两线制、三线制、四线制。

① 两线制（图9-6）。两线制一般是由火灾探测器对外的信号线端和地线端组成。在实际使用中，两线制火灾探测器的DC24V电源端、检查线端和信号线端合一作为"信号线"形式输出，目前在火灾探测报警及消防联动控制系统产品中使用广泛。两线制接法可以完成火灾报警、断路检查、电源供电等功能，其布线少、功能全、工程安装方便。但使火灾报警装置电路更为复杂，不具有互换性。

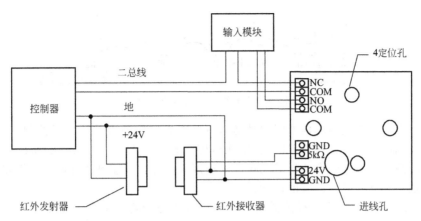

图 9-6 火灾探测器两线制接线示意

② 三线制。三线制在火灾探测报警及消防联动控制系统中应用比较广泛。工程实际中常用的三线制出线方式是：DC24V＋电源线、地线和信号线（检查线与信号线合一输出），或 DC24V＋电源线、检查线和信号线（地线与信号线合一输出）。

③ 四线制。四线制在火灾探测报警及消防联动控制系统中应用也较普遍。四线制的通常出线形式是：DC24V＋电源线、电源负极、信号线、检查线（一般是检入线）。

（3）火灾探测器的接线及要求

① 探测器的接线应按设计和生产厂家的要求进行，通常要求正极线应为红色，负极线应为蓝色，其余线根据不同用途采用其他颜色区分，但同一工程中用途相同的导线其颜色应一致。

② 探测器的底座应固定可靠，在吊顶上安装时应先把盒子固定在主龙骨上或在顶棚上生根作支架，其连接导线必须可靠压接或焊接，当采用焊接时不得使用带腐蚀性的助焊剂，外接导线应有 0.15m 的余量，入端处应有明显标志。

③ 探测器底座的穿线孔宜封堵，安装时应采取保护措施（如装上防护罩）。

④ 一些火灾探测场所采用统一的地址编码，即由一只地址编码模块和若干个非地址编码探测器组合而成，其接线如图 9-7 所示。

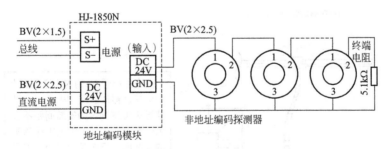

图 9-7 探测器地址编码模块接线示意

⑤ 定温缆式探测器的接线如图 9-8 所示。

（4）火灾探测器的运用方式 在消防工程中，对于保护区域内火灾信息的监测，有时是单独运用一个火灾探测器进行监测，有时是用两个或若干个火灾探测器同时监测。为了提高火灾探测报警及消防联动控制系统的工作可靠性和联动有效性，目前多采用若干个火灾探测器同时监测的并联运用方式。

① 单独运用方式。火灾探测器的单独运用方式是指：每个火灾探测器构成一个探测

图 9-8　定温缆式探测器接线示意

回路,即每个火灾探测器的信号线单独送入(输入)火灾报警装置(或控制器),而独立成为一个探测回路(亦称探测支路)。单独运用方式的最大优点是接线、布线简单,在传统的多线制系统中应用较多,形成火灾探测报区不报点,其监测的准确可靠性差一些,易于造成误报警和灭火控制系统的误动作。

②　并联运用方式。火灾探测器的并联运用方式是指若干个火灾探测器的信号线根据一定关系并联在一起,然后以一个部位或区域的信号送入火灾报警装置(或控制器)。即

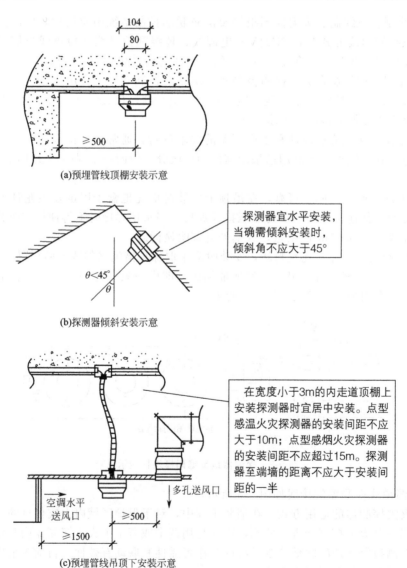

(a)预埋管线顶棚安装示意

探测器宜水平安装,当确需倾斜安装时,倾斜角不应大于45°

(b)探测器倾斜安装示意

在宽度小于3m的内走道顶棚上安装探测器时宜居中安装。点型感温火灾探测器的安装间距不应大于10m;点型感烟火灾探测器的安装间距不应超过15m。探测器至端墙的距离不应大于安装间距的一半

(c)预埋管线吊顶下安装示意

图 9-9　点型火灾报警探测器安装施工

若干个火灾探测器连接起来后仅构成一个探测回路，并配合各个火灾探测器的地址编码实现保护区域内多个探测部位火灾信息的监测与传送。这里强调的若干个火灾探测器的信号线"按一定关系并联"，大体可以分为两种形式。

a. 若干个火灾探测器的信号线以某种逻辑关系组合后，作为一个地址或部位的信号线送入火灾报警装置，如建筑中大面积房间的火灾探测。

b. 若干个火灾探测器的信号线简单地直接并联联结在一起，而后送入火灾报警装置，如地址编码火灾探测器的应用。火灾探测器并联运用的优点是克服了因火灾探测器自身质量（损坏等）造成的大面积空间不报警现象，从而提高了探测区域火灾信号的可靠性。

(5) 火灾探测器的安装施工

① 点型火灾报警探测器安装施工如图 9-9 所示。

点型感烟、感温火灾探测器的安装应符合下列要求：

a. 探测器至墙壁、梁边的水平距离，不应小于 0.5m；

b. 探测器周围水平距离 0.5m 内不应有遮挡物；

c. 探测器至空调送风口最近边的水平距离不应小于 1.5m；至多孔送风顶棚孔口的水平距离不应小于 0.5m。

② 线型红外光束感烟火灾探测器的安装（图 9-10）应当符合下列要求。

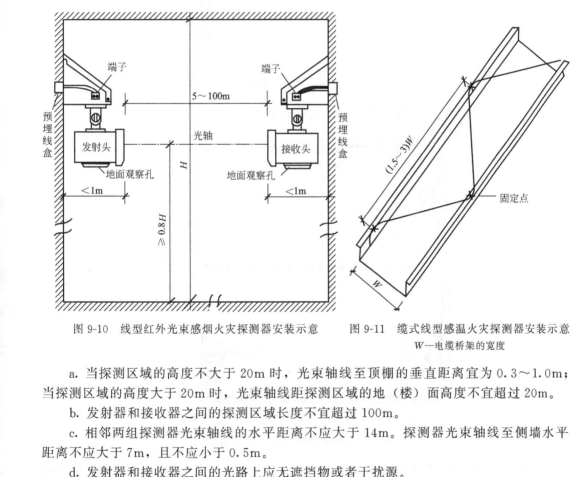

图 9-10 线型红外光束感烟火灾探测器安装示意　　图 9-11 缆式线型感温火灾探测器安装示意

W—电缆桥架的宽度

a. 当探测区域的高度不大于 20m 时，光束轴线至顶棚的垂直距离宜为 0.3～1.0m；当探测区域的高度大于 20m 时，光束轴线距探测区域的地（楼）面高度不宜超过 20m。

b. 发射器和接收器之间的探测区域长度不宜超过 100m。

c. 相邻两组探测器光束轴线的水平距离不应大于 14m。探测器光束轴线至侧墙水平距离不应大于 7m，且不应小于 0.5m。

d. 发射器和接收器之间的光路上应无遮挡物或者干扰源。

e. 发射器和接收器应安装牢固，并不应产生位移。

③ 缆式线型感温火灾探测器（图 9-11）在电缆桥架、变压器等设备上时，宜采用接

触式布置；在各种皮带输送装置上敷设时，宜敷设在装置的过热点附近。

④ 敷设在顶棚下方的线型差温火灾探测器（图 9-12）至顶棚距离宜为 0.1m，相邻探测器之间水平距离不宜大于 5m；探测器至墙壁距离宜为 1~1.5m。

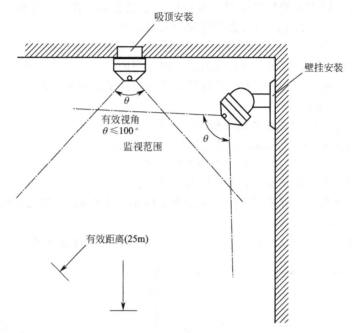

图 9-12　线型差温火灾探测器吸顶和壁挂安装示意

⑤ 可燃气体探测器的安装（图 9-13）应符合下列要求。

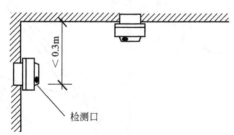

(a)顶装，用于探测密度小于空气的可燃气体的泄漏

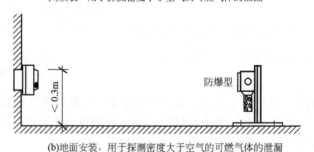

(b)地面安装，用于探测密度大于空气的可燃气体的泄漏

图 9-13　可燃气体探测器安装示意

a. 安装位置应根据探测气体密度确定。如果其密度小于空气密度，探测器应位于可能出现泄漏点的上方或探测气体的最高可能聚集点上方；若其密度大于或等于空气密度，探测器应位于可能出现泄漏点的下方。

b. 在探测器周围应适当留出更换和标定的空间。

c. 在有防爆要求的场所，应按防爆要求施工。

d. 线型可燃气体探测器在安装时，应使发射器和接收器的窗口避免日光直射，且在发射器与接收器之间不应有遮挡物，两组探测器之间的距离不应大于14m。

⑥ 通过管路采样的吸气式感烟火灾探测器的安装应符合以下要求。

a. 采样管应牢固。

b. 采样管（含支管）的长度及采样孔应符合产品说明书的要求。

c. 非高灵敏度的吸气式感烟火灾探测器不宜安装在天棚高度大于16m的场所。

d. 高灵敏度吸气式感烟火灾探测器在设为高灵敏度时可安装在天棚高度大于16m的场所，并保证至少有2个采样孔低于16m。

e. 安装在大空间时，每个采样孔的保护面积应符合点型感烟火灾探测器的保护面积要求。

⑦ 点型火焰探测器和图像型火灾探测器的安装应符合下列要求：

a. 安装位置应保证其视场角覆盖探测区域；

b. 与保护目标之间不应有遮挡物；

c. 安装在室外时应有防尘、防雨措施。

⑧ 探测器的底座应安装牢固，和导线连接必须可靠压接或当采用焊接时，不应使用带腐蚀性的助焊剂。

⑨ 探测器底座的连接导线应留有至少150mm的余量，且在其端部应有明显标志。

⑩ 探测器底座的穿线孔宜封堵，安装完毕的探测器底座应采取保护措施。

⑪ 探测器报警确认灯应朝向便于人员观察的主要入口方向。

⑫ 探测器在即将调试时才可以安装，在调试前应妥善保管并应采取防尘、防潮、防腐蚀措施。

(6) 火灾探测器的调试 火灾探测器调试工作的主要内容见表9-3。

表 9-3 火灾探测器调试工作的主要内容

名称	主要内容
点型感烟、感温火灾探测器的调试	采用专用的检测仪器或模拟火灾的方法，逐个检查每只火灾探测器的报警功能，探测器应能发出火灾报警信号
	对于不可恢复的火灾探测器应采取模拟报警的方法逐个检查其报警功能，探测器应能发出火灾报警信号。当有备品时，可抽样检查其报警功能
线型感温火灾探测器的调试	在不可恢复的探测器上模拟火警与故障，探测器应能分别发出火灾报警和故障信号
	可恢复的探测器可采用专用检测仪器或模拟火灾的办法使其发出火灾报警信号，并在终端盒上模拟故障，探测器应能分别发出火灾报警和故障信号
红外光束感烟火灾探测器的调试	调整探测器的光路调节装置，使探测器处于正常监视状态
	用减光率为0.9dB的减光片遮挡光路，探测器不应发出火灾报警信号
	用产品生产企业设定减光率为1.0~10.0dB的减光片遮挡光路，探测器应能发出火灾报警信号
	用减光率为11.5dB的减光片遮挡光路，探测器应发出故障信号或者火灾报警信号
通过管路采样的吸气式火灾探测器的调试	在采样管最末端(最不利处)采样孔加入试验烟，探测器或其控制装置应在120s内发出火灾报警信号
	根据产品说明书，改变探测器的采样管路气流，使探测器处于故障状态，探测器或其控制装置应在120s内发出故障信号
点型火焰探测器与图像型火灾探测器的调试	采用专用检测仪器或模拟火灾的方法在探测器监视区域内最不利处检查探测器的报警功能，探测器应能正确响应

5. 施工质量验收

火灾探测器验收工作的主要内容应按表9-4中的规定进行。

表 9-4　火灾探测器验收工作的主要内容

名称	验收内容
点型火灾探测器的验收	点型火灾探测器的安装应满足火灾探测器的安装要求
	点型火灾探测器的规格、数量、型号应符合设计要求
	点型火灾探测器的功能验收应按点型感烟、感温火灾探测器调试的要求进行检查，检查结果应符合要求
线型感温火灾探测器的验收	线型感温火灾探测器的安装应满足火灾探测器的安装要求
	线型感温火灾探测器的规格、型号、数量应符合设计要求
	线型感温火灾探测器的功能验收应按线型感温火灾探测器调试的要求进行检查，检查结果应符合要求
红外光束感烟火灾探测器的验收	红外光束感烟火灾探测器的安装应满足火灾探测器的安装要求
	红外光束感烟火灾探测器的规格、型号、数量应符合设计要求
	红外光束感烟火灾探测器的功能验收应按红外光束感烟火灾探测器调试的要求进行检查，检查结果应符合要求
通过管路采样的吸气式火灾探测器的验收	通过管路采样的吸气式火灾探测器的安装应符合火灾探测器的安装要求
	通过管路采样的吸气式火灾探测器的规格、型号、数量应符合设计要求
	采样孔加入试验烟，空气吸气式火灾探测器在120s内应当发出火灾报警信号
	依据说明书使采样管气路处于故障时，通过管路采样的吸气式火灾探测器在100s内应发出故障信号
点型火焰探测器和图像型火灾探测器的验收	点型火焰探测器和图像型火灾探测器的安装应满足火灾探测器的安装要求
	点型火焰探测器和图像型火灾探测器的规格、型号、数量应符合设计要求
	在探测区域最不利处模拟火灾，探测器应能正确响应

二、火灾报警控制器的安装

1. 施工现场管理

（1）按使用环境分类

① 陆用型火灾报警控制器如图 9-14 所示。

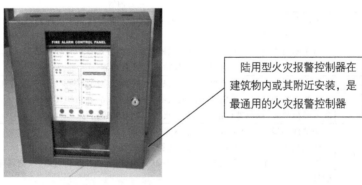

陆用型火灾报警控制器在建筑物内或其附近安装，是最通用的火灾报警控制器

图 9-14　陆用型火灾报警控制器

② 船用型火灾报警控制器如图 9-15 所示。

（2）按其防爆性能分类

① 非防爆型火灾报警控制器。无防爆性能，目前民用建筑中使用的绝大部分火灾报警控制器就属于这一类。

② 防爆型火灾报警控制器如图 9-16 所示。

（3）按内部电路设计分类

① 普通型火灾报警控制器。普通型火灾报警控制器电路设计采用通用逻辑组合形式，

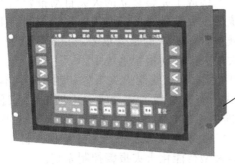

船用型火灾报警控制器用于船舶、海上作业。根据国家标准，其技术性能指标相应提高，例如工作环境温度、湿度、耐腐蚀、抗颠簸等要求高于陆用型火灾报警控制器

图 9-15　船用型火灾报警控制器

有防爆性能，常用于有防爆要求的场所，如石油、化工企业用的工业型火灾报警控制器。其性能指标应同时满足《火灾报警控制器》(GB 4717—2005) 及防火与爆炸品安全有关的安全技术标准要求

图 9-16　防爆型火灾报警控制器

具有成本低廉、使用简单等特点，易于实现标准单元的插板组合方式进行功能扩展，其功能一般较简单。

②微机型火灾报警控制器。微机型火灾报警控制器电路设计用微机结构，对硬件和程序软件均有相应要求。其具有使用方便、技术要求高、硬件可靠性高等特点，是火灾报警控制器设计发展的首选型式。

（4）按系统布线方式分类

①多线制火灾报警控制器，如图 9-17 所示。多线制（也称为二线制）报警控制器按用途分为区域报警控制器和集中报警控制器两种。区域报警控制器（总根数为 $n+1$）以进行区域范围内的火灾监测和报警工作。因此每台区域报警控制器与其区域内的控制器等

多线制火灾报警控制器的探测器与控制器的连接采用——对应方式。每个探测器至少有一根线与控制器连接，因此其连线较多，仅适用于小型火灾自动报警系统

图 9-17　多线制火灾报警控制器

正确连接后，经过严格调试验收合格后，就构成了完整独立的火灾自动报警系统，因此区域报警控制器是多线制火灾自动报警系统的主要设备之一。而集中报警控制器则是连接多台区域报警控制器，收集处理来自各区域报警器送来的报警信号，以扩大监控区域范围。所以集中控制器主要用于监控器容量较大的火灾自动报警系统中。

② 总线制火灾报警控制器，如图 9-18 所示。总线制火灾报警控制器是与智能型火灾探测器和模块相配套，采用总线接线方式，有二总线、三总线等不同形式，通过软件编程，分布式控制。同时系统采用国际标准的 CAN、RS485、RS323 接口，实现主网（即主机与各从机之间）、从网（即各控制器与火灾显示盘之间）及计算机、打印机的通信，使系统成为集报警、监视和控制为一体的大型智能化火灾报警控制系统。

控制器与探测器采用总线(少线)方式连接。所有探测器均并联或串联在总线上(一般总线数量为2～4根)，具有安装、调试、使用方便，工程造价较低的特点，适用于大型火灾自动报警系统。目前总线制火灾自动报警系统已经在工程中得到普遍使用

图 9-18　总线制火灾报警控制器

（5）按信号处理方式分类

① 有阈值火灾报警控制器。使用有阈值火灾探测器处理的探测信号为阶跃开关量信号，对火灾探测器发出的火灾报警信号不能进行进一步的处理，火灾报警取决于探测器。

② 无阈值火灾报警控制器。使用无阈值火灾探测器处理的探测信号为连续的模拟量信号。其报警主动权掌握在控制器方面，可以具有智能结构，是将来火灾报警控制器的发展方向。

（6）按控制范围分类

① 区域火灾报警控制器，如图 9-19 所示。区域火灾报警控制器由输入回路、声报警

区域火灾报警控制器主要功能有供电功能、火警记忆功能、消声后再声响功能、输出控制功能、监视传输线切断功能、主备电源自动转换功能、熔丝烧断告警功能、火警优先功能和手动检查功能

图 9-19　区域火灾报警控制器

单元、自动监控单元、光报警单元、手动检查试验单元、输出回路和稳压电源、备用电源等组成。控制器直接连接火灾探测器，处理各种报警信息，是组成自动报警系统最常用的设备之一。

② 集中火灾报警控制器，如图 9-20 所示。集中火灾报警控制器由输入回路、声报警单元、自动监控单元、光报警单元、手动检查试验单元和稳压电源、备用电源等组成。

集中火灾报警控制器一般不与火灾探测器相连，而与区域火灾报警控制器相连。处理区域级火灾报警控制器送来的报警信号，常使用在较大型系统中

图 9-20 集中火灾报警控制器

集中火灾报警控制器的电路除输入单元和显示单元的构成和要求与区域火灾报警控制器有所不同外，其基本组成部分与区域火灾报警控制器大同小异。

③ 通用火灾报警控制器。通用火灾报警控制器兼有区域、集中两级火灾报警控制器的双重特点。通过设置或修改某些参数（可以是硬件或者是软件方面），既可作区域级使用，连接探测器；又可作集中级使用，连接区域火灾报警控制器。

（7）按其容量分类

① 单路火灾报警控制器。单路火灾报警控制器仅处理一个回路的探测器工作信号，通常仅用在某些特殊的联动控制系统。

② 多路火灾报警控制器。多路火灾报警控制器能同时处理多个回路的探测器工作信号，并显示具体报警部位。它的性能价格比较高，是目前最常使用的类型。

（8）按结构型式分类

① 壁挂式火灾报警控制器。一般来说，壁挂式火灾报警控制器的连接探测器回路数相应少一些，控制功能较简单，通常区域火灾报警控制器常采用这种结构。

② 台式火灾报警控制器。台式火灾报警控制器连接探测器回路数较多，联动控制功能较复杂，操作使用方便，一般常见于集中火灾报警控制器。

③ 柜式火灾报警控制器。柜式火灾报警控制器与台式火灾报警控制器基本相同。内部电路结构多设计成插板组合式，易于功能扩展。

（9）火灾报警控制器的构造 火灾报警控制器完成了从模拟向数字化的转变，此处以 JB-QB-GST8000 型超大屏幕图文液晶显示火灾报警控制器为例介绍其构造。JB-QB-GST8000 型火灾报警控制器的外形结构如图 9-21 所示。

图 9-21 JB-QB-GST8000 型火灾报警控制器

JB-QB-GST8000 型火灾报警控制器（联动型）是大屏幕网络型火灾报警控制器，为适应工程设计的需要，该控制器兼有联动控制功能，可以与其他产品配套使用，组成配置

灵活的报警联动一体化控制系统，特别适合大中型火灾报警及消防联动一体化控制系统的应用。

① JB-QB-GST8000 型火灾报警控制器的特点

a. 单机容量大。机内网络化技术使单台控制器可连接 120 个回路，每个回路可挂接 240 个总线设备，共可以连接 28800 个探测器和联动设备。

b. 操作方便快捷。触摸屏的操作内容根据控制器在不同状态下的操作需求而变化，并配有丰富的在线帮助，使操作者在各种情况下方便地做出正确处理。

c. 可靠性高。控制器采用多回路大容量方式，任意一路总线发生故障都不会影响到其他回路，从而把故障对系统的影响降低到最低限度；各回路间通信采用神经元芯片，点对点的通信方式，使每个回路都可以独立工作，并可进行最大限度的联动。

d. 适用超高层建筑和楼群式建筑。控制器间通信采用先进的 LONWORKS 现场总线技术，它支持自由拓扑网络结构和双绞线、光纤等通信介质，适合各种结构的远距离分布通信，可实现最多 255 台控制器联网，从而适用于超高层建筑和群楼式建筑分区控制以及地铁等分布性强的场合。

e. 强兼容性。GST8000 控制器可与 GST5000 系列各类开关量探测器、智能电子编码探测器连接，并可预留扩展，具有强大的面向未来的能力。

f. 开放性强。LONWORKS 是一种具有互操作性的开放性网络，也是在楼宇自动化领域应用最广泛的网络系统，因此 GST8000 具有良好的、天然的同楼宇自动化控制领域内其他设备和主机连接的能力。

g. 专业的显示效果。显示器采用 12in❶ 液晶屏，专业的图形组态软件封装了每个设备的图形和状态特性，并提供了设备在不同状态下的显示图形，因此组态图形具有生动形象的特点，与清晰准确的文本显示有机结合，构成了具有消防功能特点的图形化专业界面。

② JB-QB-GST8000 型火灾报警控制器的主要技术指标

a. 液晶屏规格：12in，800 点×600 点。

b. 控制器容量：

Ⅰ．最大 120 个总线制回路，28800 多个编码地址点；

Ⅱ．外接 64 台火灾显示盘（标准配置，可扩充）；

Ⅲ．2 块 64 路手动消防启动盘（可扩充）。

c. 线制：

Ⅰ．控制器与探测器间采用无极性信号二总线连接，与各类控制模块除无极性二总线外，还需外加两根 DC24V 电源线；

Ⅱ．和其他类型的控制器采用有极性二总线连接，对于火灾报警显示盘，需外加两根 DC24V 电源线；

Ⅲ．与彩色 CRT 系统采用 RS-232 标准接口连接，最大连接线长不宜超过 15m。

d. 环境温度：−10～+50℃；相对湿度：≤95%，不结露。

e. 电源。主电源：交流 220V(5A) 电压变化范围 220 (−15%～10%)V；控制器备用电源：直流 24V/24Ah 密封铅电池。

f. 控制器监控功耗<150W，控制器最大功耗<250W。

g. 柜式控制器外形尺寸：610mm×530mm×1830mm。

_____

❶ 1in=25.4mm。

2. 火灾报警控制器安装施工的常用标识

火灾报警控制器安装施工的常用标识如图 9-22 所示。

标识说明：在火灾报警控制器安装施工作业时，应将"有人工作 请勿合闸"的标识悬挂在配电箱明显的位置，提醒此处有人作业，非工作人员禁止合闸

图 9-22 "有人工作 请勿合闸"标识

3. 施工现场设置要求

火灾报警控制器安装施工的现场布置应首先考虑火灾报警控制器的主要参数，火灾报警控制器主要技术参数的主要内容见表 9-5。

表 9-5 火灾报警控制器的主要技术参数

名称	主要技术参数
总容量	总容量即报警器控制器最大报警点(地址编码的地址数量)的数量,包括火灾探测器、消火栓启动按钮开关、手动报警按钮开关、输出/输入模块和总线控制模块等地址点。一般关系为:总容量=回路数×回路容量
回路容量	回路容量即每个报警回路的最大报警点(地址编码点)的数量
回路数	报警总线的回路数量,即控制器输出报警回路的数量
显示容量	显示容量指可配置或连接火灾显示盘的数量
联动容量	联动容量即多线控制联动点的最大控制数量
联网容量	联网容量即火灾报警控制器可以联网构成报警控制局域网系统的控制器的数量
显示形式	火灾控制器显示屏形式一般有数码管显示屏、液晶显示屏等,主要用于显示系统编程和系统运行的状态和信息。同时还可通过输出接口外接数据显示装置

4. 施工细节操作

（1）二线制火灾报警控制器的工作原理 二线制火灾报警控制器属于多线制火灾自动报警系统的设备，有区域报警控制器与集中报警控制器两种。其优点是性能安全可靠、价格低廉；缺点是配线较多、自动化程度较低，已逐渐被二总线智能型火灾报警控制器所取代。

① 二线制区域报警控制器的工作原理（图 9-23）。区域报警控制器是负责对一个报警区域进行火灾监测的自动工作装置。一个报警区域包括很多个探测区域（或称探测部位）。一个探测区域可有一个或者几个探测器进行火灾监测，同一个探测区域的若干个探测器是互相并联的，共同占用一个部位编号，同一个探测区域允许并联的探测器数量视产品型号不同而有所不同，少则五六个，多则二三十个。

区域火灾报警控制器是由电子线路（或集成电路）组成的成套自动化装置，它连接本区域内的所有火灾探测器，以进行一定区域范围内的火灾监测和报警工作。因此，每台区域报警和其管辖区域内探测器正确连接后，经过严格调试验收合格后，即构成了完整独立的火灾自动报警系统。

下面详细介绍火灾自动报警和模拟火灾信号检查两方面内容。

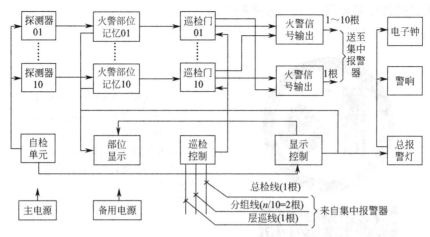

图 9-23　二线制区域报警控制器的工作原理

a. 火灾自动报警。当被监视的区域内出现火情时，火灾自动报警步骤如下。

Ⅰ. 探测器首先接收到火灾信号，即烟雾、温度和光。

Ⅱ. 其本身的报警确认灯亮，同时向区域报警控制器通过导线发送火警信号。

Ⅲ. 报警控制器接收到火警信号后，能立即由火警记忆单元把报警部位记忆下来，并由部位显示数码管把部位显示出来。

Ⅳ. 总报警灯红光闪亮，表示有火警发生，同时由报警装置发出变调的报警音响，时钟停走，记录首先报火警时间，外控触点闭合（触点容量通常为24V、0.5A），以便操作控制其他消防设备（如排风机、消防水泵等）。

为了安装调试和检测维修方便，区域报警控制器与火灾探测器之间的连接、区域报警控制器与集中报警控制器之间的连接，以及区域报警控制器外控触点与其联动的某些消防设备之间的连接等，都须经过端子箱。

b. 模拟火灾信号检查。报警控制器把火灾控制器分成2组，即2个检查单元，每个单元有10个部位。在检查时，每次同时可检查10个部位，20个部位2次就可全部检查完，这个过程是自动完成的。由此可见，分组线$n/10=2$根。如按一下区域报警控制器上的检查按钮，自检单元便开始工作，自检单元电路能自动地依次对每组探测器发出模拟火灾信号，对探测器及报警回路进行巡回检查。如果探测器及其回路接线完好，则探测器本身的确认灯亮，报警控制器上相应部位的信号灯、总火灾报警灯亮，同时总音响设备发出变调的声音，这就表示整个报警系统无故障，如果某组的探测器确认灯不亮，相应的部位的信号灯不显示，表明这一回路的探测器或与此相应的回路出现了故障，应当予以排除。

② 二线制集中报警控制器。由于高层建筑和建筑群体的监视区域大、监视部位多，为了能够全面、随时了解整个建筑各监视部位的火灾和故障情况，就需要在消防中心控制室内设置集中报警控制器。集中报警控制器是与若干个区域报警控制器配合使用的一种自动报警和监控装置，从而有效地解决了区域报警控制器监视区域小、监视部位少的问题。集中报警控制器有台式和柜式两种，其型号较多，但工作原理与功能基本相同。

集中报警控制器的工作原理如图9-24所示。下面内容简单介绍集中报警控制器的工作原理。

a. 故障检查。在集中报警控制器中设有自检电路，可以自动巡回检查各区域报警控制器的各个监视部位探测器及其回路连接导线是否存在故障，以确保整个系统始终处于正常的监控状态。

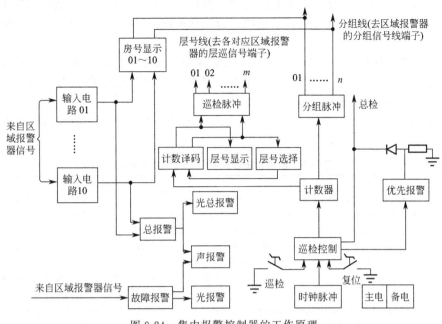

图 9-24　集中报警控制器的工作原理

集中报警控制器故障检查的步骤如下。

Ⅰ. 当按下巡检按钮时，启动自动巡检控制电路，此时每秒有 $100 \sim 200$ 个计数脉冲给计数器计数。

Ⅱ. 经脉冲分配器产生 n 个分组脉冲、m 个层巡脉冲和 1 个总检信号。这三种信号经传输线可同时进入某区域报警控制器，其中总检信号是区域报警控制器的巡检控制门封锁信号与模拟火灾信号。

Ⅲ. 在进行系统故障巡检时，集中报警控制器便输出总检信号加至各区域报警控制器，即撤除对各区域报警控制器的巡检控制门的封锁。与此同时，还输出分组脉冲和层巡脉冲时序信号。

电路除了对有故障的部位（序号或点）停留 2s 以外，同时也发出单调音响，闪烁黄色灯光，电子钟不停走，其外控触点不动作。

b. 火警巡检

Ⅰ. 当某个区域报警控制器向集中报警控制器发出火警信号后，巡检控制电路自行启动（或按巡检开关），这时总检信号被接通，层巡检脉冲以一定的巡检速度（如以每秒 $100 \sim 200$ 个计数脉冲的速度）巡检火警部位。

Ⅱ. 巡检到时，层号、序号显示均停 2s，同时发出变调的火警音响，总报警灯（红）闪烁，时钟停走，记录下首次火警发生的时间。

Ⅲ. 2s 后，巡检又继续进行，按顺序巡检新的火警点。假如此时有多个火警报警点，由于巡检脉冲信号按顺序依次送入各区域报警器，所以显示器就按顺序依次显示几个火警点。

在火警过程中，若遇到故障报警，或在某一探测区域发生故障的同时，而另一个探测区域发生火警时，均会使故障报警信号让位于火警信号。

（2）总线制火灾报警控制器的工作原理　智能型火灾自动控制系统是由火灾探测器将发生火灾期间所产生的烟、光、温等信号以模拟量形式连同外界相关的环境参量（如温度、湿度等）同时传送给火灾报警控制器，火灾报警控制器再根据获取的数据及内部存储的大量数据，利用火灾模型数据来判断火灾是否存在，从而在解决火灾真伪和误报、漏报等方面的技术上有了新的突破。目前总线制智能型火灾报警控制器在建筑自动消防工程中得到日益广泛的应用。

① 总线制报警控制器的基本构成。一般总线制火灾报警控制器主要由五种类型的功能板（线路）组成：CPU板、发送板、系统配置板（也称为控制板）、显示面板及直流变换电源板，其主要内容见表9-6。

壁挂机中开关电源为24V、4.2A，还备有充电电源板；台式、柜式机的电源板常称为主机电源板，开关电源为24V、8A。

表9-6　总线制报警控制器构成的主要内容

名称	主要内容
CPU板	CPU板采用MCS-51系列中的80031单片微机，构成系统的心脏，控制着各种功能板的工作时序。CPU板还配备一个RS-485串引接口，用于主机与从机之间的联机，三个RS-232串行接口，其通信方式为单向发送。其中一个RS-232串行接口将火警信号送给联动控制器，另外一个RS-232串行接口将火警与断线故障信号送给PC微机。发送板的原理实质上是二总线传输技术的核心，其主要作用是将并行数据转变成串行数据，再加到总线上，同时接收回传的回答信号。从单片微机系统角度而言，该功能板为数据采集器，采集各编码模块的工作状态。假设火灾报警控制器配置8块发送板，则对应共用8对输入数据总线，每对输入数据总线上可带99个、127个或250个编码模块（包括探测器编码底座和监视、控制模块等）。报警控制器可以自动检测编码模块的工作状态。因此各种火灾探测器、手动报警按钮、水流指示器、压力开关等开关量信号均需经相应的编码模块才能将信号传递给报警控制器
发送板	由于报警控制器和火灾显示盘（或称为楼层显示器）之间的通信原理在硬件上与发送板到编码模块的通信原理基本相同，故可采用相同的发送板，称为层发送板。报警控制器配置两块层发送板，对应两对输出总线，在每对输出通信总线上可并接引至楼层复示器，按输入总线上的火警点或断路故障等信息经报警控制器在相应楼层（或防火分区）的楼层复示器上重复显示
系统配置板	系统配置板（控制板）的作用是确定火灾报警控制器的功能和容量。如通过系统配置板配置火灾显示盘（输出总线回路线）、打印机、联动控制器接口、CRT彩显接口、输入总线回路数以及与设备的通信接口、编程键盘接口等。当某编码模块发出火警信号或者断路故障时，打印机可自动打印出编码模块的地址和发生时间，而利用编程键盘可对编码模块、显示点等进行现场编程、系统自检、查询和复位、时钟调整等操作。另外，显示板上的数码和状态指示灯等的数据及驱动信号也由系统配置板提供
显示面板	显示面板的作用是用声、光报警显示装置反映火灾报警控制器的运行状态，包括编码模块的状态（正常、火警、断线故障）、供电电源（交流主电源或直流备用电源）状态以及时钟显示。显示面板上的时钟不是单片微机系统内部时钟，二者之间没有直接关系，一般开机时，除需调整面板上的时钟外，还应当调整系统内部时钟（通过编程键盘进行）。八只数码管的显示方式为动态扫描显示，假设有1～8个数码管，先在最左边第一个数码管显示"1"一段时间（通常为1ms），然后将其熄灭，再在左边第二个数码管显示"2"，依次从左至右逐位显示，往复进行。由于人眼的视觉暂留特性，总的效果就是"1、2、3、4、5、6、7、8"8个数字同时显示出来。这种方法的优点是可以节省很多相应的接口线和驱动电路等硬件
电源板	火灾自动报警控制器的直流工作电压应当符合国家标准《标准电压》(GB/T 156—2017)的有关规定，其电源部分由主电源和备用电源组成。备用电源多采用镍镉蓄电池、免维护的碱性蓄电池和铅酸蓄电池等，可反复充电使用。主电源为220V交流电，经开关型稳压电源（简称开关电源）整流、滤波、稳压环节变换成直流电24V，并有过流、过压保护等环节。充电电源板可实现对蓄电池浮充电，而直流变换电源板是将开关电源输出的+24V电压或蓄电池提供的24V电压变换成报警控制器主机所需的工作电压（±5V、±12V、±24V、±35V）。所有功能板上所需的各种工作电压都由直流电源板通过STD总线提供

总线制报警控制器的基本构成如图9-25所示。

② 总线制火灾自动报警系统的常用模块。模块是二总线火灾自动报警系统的套配装置，也是与火灾报警控制器连接的接口。常用模块有隔离模块、探测器编码底座、控制模块（或称输出模块）、监视模块（或称输入模块）、输入/输出模块等。

a. 总线隔离模块。由于所有并行赋址的总线制火灾自动报警系统都存在一个共同问题，即当回路总线上发生一处短路故障时，将会引起整个回路总线瘫痪。所以，在工程设计中应采取必要的保护措施。目前所采取的保护措施是选用总线隔离模块，即将总线隔离

```
                    ┌─────────────┐
                    │   CPU 板     │──── DS-232 通信口（联动数据输出）
                    │（80C31 单片  │──── RS-232 通信口（CRT 数据输出）
                    │ 微机系统）   │──── RS-485 通信口（主机 / 从机联机）
                    └─────────────┘──── 总报继电器输出接点
                    ┌─────────────┐  输入总线
                    │  1″ 发送板   │────────── 编码模块（＜127 只）
                    └─────────────┘
                         ┊
                    ┌─────────────┐  输入总线
                    │  8″ 发送板   │────────── 编码模块（≤127 只）
                    └─────────────┘
                    ┌─────────────┐  输出总线
                    │  层发送板    │────────── 火灾显示盘（≤31 台）
                    │  1～2 块    │
                    └─────────────┘
                    ┌─────────────┐       ┌─────────┐  喇叭
                    │  系统配置板  │───────│ 显示面板 │  蜂鸣器
                    └─────────────┘       ├─────────┤
                                          │  键盘    │
                                          ├─────────┤
                                          │ 打印机   │
                                          └─────────┘
                    ┌─────────────┐
                    │  直流电源板  │
                    └─────────────┘
              ┌──────────┬──────────┐          ┌────────┐
              │ 开关电源  │ 充电电源板 │──────────│ 蓄电池 │
              └──────────┴──────────┘          └────────┘
               AC220V
```

图 9-25　总线制报警控制器的基本构成

模块分别接入总线的各段或干线与支线的节点处。这样，一旦总线上发生短路故障，隔离模块就会自动把发生短路故障的部分从总线上切除，以保证其余部分的总线通信正常。待短路故障排除后，还可自动恢复整个回路总线的正常通信。

隔离模块在回路总线中的接线方式如图 9-26 所示，其 1、2 端为总线接入端子，3、4 端为总线接出端子。通常以每隔 25 个编址单元（包括探测器、模块、手动报警按钮等）设一个隔离模块，即每个回路总线上设置隔离模块数量 $n=A/25$，其中 A 为该回路线内各类编址单元的总数量。

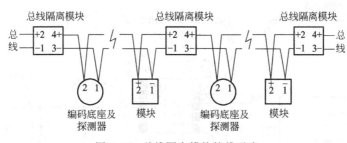

图 9-26　总线隔离模块接线示意

b. 智能监视模块。监视模块主要用来监视接收消火栓按钮、手动玻璃破碎报警按钮、水流指示器、压力开关、继电器接点、信号阀等开关量报警信号，再通过总线送入报警控制器，由报警控制器发出声光报警信号，指示具体报警地址，即按监控和报警两种状态显示在报警控制器上。与此同时，报警控制器还可发出有关联动控制指令，控制某些消防设备投入运行。

智能监视模块（智能输入模块）为无源开关量信号与火灾自动报警控制器连接通信的接口模块，即可将开关信号转换成相应的数字信号，属于二总线火灾自动报警系统的配套器件。在监视模块内设有二进制编码开关，可以现场编址，占用回路总线上的一个地址。

监视模块通常安装在所监视设备或器件的近旁，其接线如图 9-27 所示。模块上 1、2

端子与回路总线连接（可参阅有关产品说明书，如有的监视模块的接线有极性要求，有的则无极性要求），在开关量信号两端应并联 47～120kΩ 的终端电阻，以监视断线故障。在接线时，监视模块上的两根回路总线和两根与被监视设备连接的状态反馈线宜选用多股铜芯非屏蔽双绞导线。

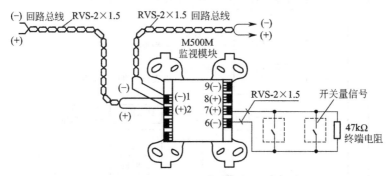

图 9-27　智能监视模块接线示意

c. 智能控制模块。智能控制模块（智能输出模块）在控制模块内设编码开关，可以现场编址，占用回路总线上的一个地址。

控制模块主要用于在火灾时，报警控制器通过控制模块控制所需要联动的消防设备，如排烟阀、送风阀、排烟风机、正压风机、防火卷帘门、警铃、消防泵和喷淋泵等。与智能监视模块相同，1、2 端子和回路总线连接，另外有的控制模块对接线无极性要求，有的对接线则有极性要求，应视产品情况而定。

控制模块分为有源输出和无源输出两种。

Ⅰ. 有源输出控制模块。对于有源输出控制模块，其 3、4 端子接直流电源 DC24V，6、7 端子与被控制的设备（如继电器线圈）连接，在负载两端应并联 47kΩ 的终端电阻，以监视断线故障，如图 9-28 所示。

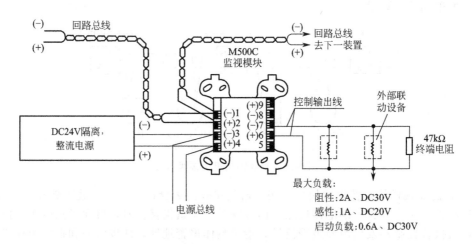

图 9-28　有源输出控制模块示意

Ⅱ. 无源输出控制模块。对于无源输出控制模块，其 4～6 端子为常开触头，5、6 端子为常闭触头，如图 9-29 所示，如联动控制阻性负载，其触点容量为 DC30V、2A，如联动控制感性负载，其触点容量为 AC120V、2A，所以可直接联动警铃、声光报警器、防火门和排烟阀等。

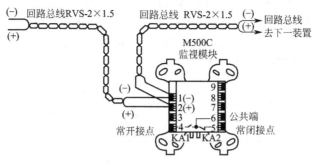

图 9-29 无源输出控制模块示意

　　d. 智能输入/输出模块。智能输入/输出模块（智能型监视/控制模块），为监视模块与控制模块的组合器件，在模块上设有二进制编码开关，可以现场编址，占用回路总线中的一个地址。

　　Ⅰ. 智能单输入/输出模块。图 9-30 为智能单输入/输出模块端子接线。图中所示的回授信号为"电源＋"（即＋24V），也可改用"电源－"（即地）作为回授信号。它可将火灾报警控制器的指令转换成对外部受控设备的控制信号，该信号可为有源的 DC24V 电压，信号或无源的触点联动信号。当外部受控设备动作后，再将受控设备的动作信号（一般为开关量信号）经智能监视/控制模块转换成报警控制器能识别的二进制数字信号，通过回路总线传输给报警控制器，从而实现对现场受控设备是否动作的确认，在工程中常用于联动控制防火卷帘门、防火门、消防电梯、排烟阀、排烟风机、防火阀、正压风机和非编址的声光报警器、警铃等消防设备，同时接收受控消防设备动作的反馈信号，还可监控断线故障。同样，在报警控制器上也可进行声光报警，显示联动设备的动作状态。在图中还有一组常开、常闭无源触点，可联动确认信号装置。

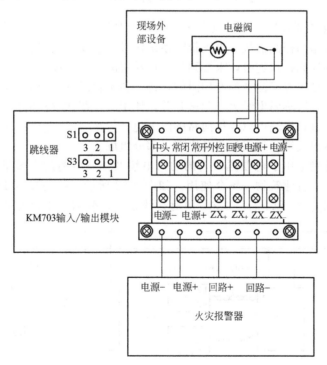

图 9-30 智能单输入/输出模块端子接线

Ⅱ. 智能双输入/输出模块。双输入/输出模块为一个模块需占用回路总线的两个编码地址，可分别输出两路 DC24V 的控制信号（控制 A、控制 B）和分别接收两路回授信号（包括回授信号 A、回授信号 B），还具有故障报警和断线监控功能。因此具有两个联动控制设备的启动和回授功能，如图 9-31 所示。

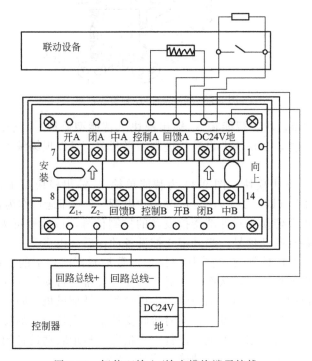

图 9-31　智能双输入/输出模块端子接线

e. 线型感温探测器接口模块。缆式线型感温探测器接口模块内置单片计算机采用电子编码，可将线型感温探测器接入火灾报警系统信号二总线。线型感温探测器（线缆）的首端与接口模块的编码接口连接，末端则与接口模块的终端连接。线型感温探测器接口模块的终端为缆式线型感温探测器的专用附件，接于整条感温电缆的末端，无须接入火灾报警控制器。终端上带有感温电缆火警测试开关，便于工程调试时模拟测试线型感温探测器的报警性能。每个接口模块可以连接两路感温电缆，每路占用一个编码点。因此，线型感温探测器由线型感温线缆、编码接口及终端三部分组成。

这种探测器特别适用于电缆隧道内的动力电缆及控制电缆的火警早期预报，可在电厂、钢厂、化工厂、古建筑物等场合使用。如图 9-32 所示，编码接口 $1 \sim n$ 上有 Z_1、Z_2 和 LZ_{11}、LZ_{21}，Z_1、Z_2 和 LZ_{12}、LZ_{22} 两对接线端子，分别用于报警控制器的回路总线

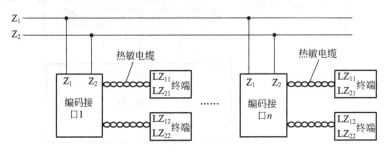

图 9-32　线型感温探测器接口模块接线示意

的连接和转接，其总线连接宜采用 RVPS 阻燃屏蔽铜芯双绞导线，截面积＞1.0mm²，在编码接口上还设有 WL_{11}、WL_{21} 和 WL_{12}、WL_{22} 两对接线端子，可以分别与线型感温线缆连接。所以编码接口宜安装在现场缆式感温探测器的起始端附近。终端可安装在墙上或电缆铺架上，终端底座与壳盖为插接连接方式。

（3）火灾报警控制器的接线　随着消防业的快速发展，火灾报警控制器的接线形式变化也很快，对于不同厂家生产的不同型号的火灾报警控制器其线制各异，比如两线制、三线制、四线制、全总线制及二总线制等。

① 两线制。两线制接线，其配线较多，自动化程度较低，大多在小系统中应用，目前已很少使用。两线制接线如图 9-33 所示。

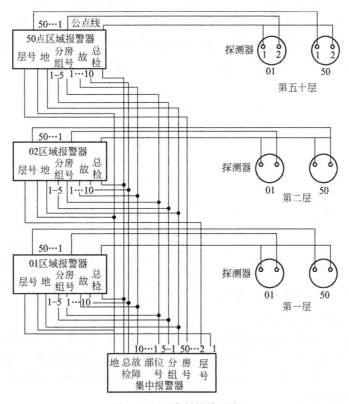

图 9-33　两线制接线示意

因生产厂家的不同，其产品型号也不完全相同，两线制的接线计算方法有所区别，以下介绍的计算方法具有一般性。

a. 区域报警控制器的配线。区域报警控制器既要与其区域内的探测器连接，又可能要和集中报警控制器连接。

区域报警控制器输出导线是指该台区域报警控制器与配套的集中报警控制器之间连接导线的数目。

b. 集中报警控制器的配线。集中报警控制器配线根数是指与其监控范围内的各区域报警控制器之间的连接导线。

② 全总线制。全总线制接线方式在大系统中显示出它明显的优势，其接线非常简单，大大缩短了施工工期。

区域报警器输入线为 5 根，为 P、S、T、G 及 V 线，即电源线、信号线、巡检控制线、回路地线及 DC24V 线。

区域报警器输出线数等于集中报警器接出的六条总线，即 P_0、S_0、T_0、G_0、C_0、D_0，其中 C_0 为同步线，D_0 为数据线。之所以称之为四全总线（或称总线）是因为该系统中所使用的探测器、手动报警按钮等设备均采用 P、S、T、G 四根出线引至区域报警器上，如图 9-34 所示。

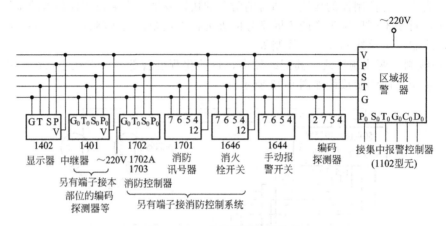

图 9-34　四全总线制接线示意

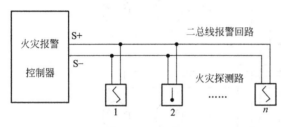

图 9-35　二总线制连接方式示意

③ 二总线制。二总线制（共 2 根导线）的系统接线如图 9-35 所示，其中 S—为公共地线；S+同时完成供电、选址、自检、报警等多种功能的信号传输。其优点是接线简单、用线量较少，现已广泛应用，特别是目前逐步应用的智能型火灾报警系统更是建立在二总线制的运行机制上。

（4）火灾报警控制器的调试

调试前应切断火灾报警控制器的所有外部控制连线，并将任一个总线回路的火灾探测器以及该总线回路上的手动火灾报警按钮等部件相连接后再接通电源。按国家标准《火灾报警控制器》（GB 4717—2005）的有关要求采用观察、仪表测量等方法逐个对控制器进行下列功能调试检查并记录。

① 使控制器与探测器之间的连线断路和短路，控制器应在 100s 内发出故障信号（短路时发出火灾报警信号除外）；在故障状态下，使任一非故障部位的探测器发出火灾报警信号，控制器应在 1min 内发出火灾报警信号，并应记录火灾报警时间；再使其他探测器发出火灾报警信号，检查控制器的再次报警功能。

② 调试消声和复位功能。

③ 使控制器与备用电源之间的连线断路和短路，控制器应在 100s 内发出故障信号。

④ 检查屏蔽功能。

⑤ 使总线隔离器保护范围内的任一点短路，检查总线隔离器的隔离保护功能。

⑥ 使任一总线回路上不少于 10 只的火灾探测器同时处于火灾报警状态，检查控制器的负载功能。

⑦ 调试主、备电源的自动转换功能，并在备用电源工作状态下重复第⑦项检查。

⑧ 调试控制器特有的其他功能。

⑨ 依次将其他回路与火灾报警控制器相连接，重复调试检查。

（5）可燃气体报警器的调试

① 切断可燃气体报警控制器的所有外部控制连线，将任一回路与控制器相连接后接通电源。

② 控制器应按现行国家标准《可燃气体报警控制器》（GB 16808—2008）的有关要求进行下列功能试验，并应满足相应要求。

a. 自动功能及操作级别。

b. 控制器与探测器之间的连线断路和短路时，控制器应在100s内发出故障信号。

c. 在故障状态下，使任一非故障探测器发出报警信号，控制器应在1min内发出报警信号，并应记录报警时间；再使其他探测器发出报警信号，检查控制器的再次报警功能。

d. 高限报警或低、高两段报警功能。

e. 报警设定值的显示功能。

f. 控制器最大负载功能，使至少4只可燃气体探测器同时处于报警状态（探测器总数少于4只时，使所有探测器均处于报警状态）。

5. 施工质量验收

火灾报警控制器安装验收的主要内容见表9-7。

表 9-7　火灾报警控制器验收的主要内容

名称	主要内容
火灾报警控制器功能的抽检	火灾报警控制器应按下列要求进行功能抽检 实际安装数量在5台以下者,全部抽检;实际安装数量在6~10台者,抽检5台;实际安装数量在10台以上者,按实际安装数量的30%~50%的比例,但不少于5台抽检;抽检时每个功能应重复1~2次,被抽检控制器的基本功能应当符合《火灾报警控制器》(GB 4717—2005)中的功能要求
报警控制器功能的检测	能够直接或间接地接收来自火灾探测器及其他火灾报警触发器件的火灾报警信号并发出声光报警信号,指示火灾发生的部位,并予以保持;光报警信号在火灾报警控制器复位之前应不能手动消除,声报警信号应能手动消除,但再次有火灾报警信号输入时,应能再次启动 火灾报警控制器应能对其面板上的所有指示灯、显示器进行功能检查 火灾报警控制器应有消音、复位功能。通过消音键消音,通过复位键整机复位 火灾报警控制器与火灾探测器、火灾报警控制器与火灾报警信号作用的部件间发生下述故障时,应在100s内发出与火灾报警信号有明显区别的声光故障信号 ①火灾报警控制器与火灾探测器、手动报警按钮及起传输火灾报警信号功能的部件间连接线断线、短路(短路时发出火灾报警信号除外)应当能报警并指示其部位 ②火灾报警控制器与火灾探测器或连接的其他部件间连接线的接地,能显示火灾报警控制器正常工作的故障并指示其部位 ③火灾报警控制器与位于远处的火灾显示盘间连接线的断线、短路应能进行故障报警并指示其部位 ④火灾报警控制器的主电源欠压时应报警并指示其类型 ⑤给备用电源充电的充电器与备用电源之间连接线断线、短路时应报警并指示其类型 ⑥备用电源与其负载之间的连接线断线、短路或者由备用电源单独供电时其电压不足以保证火灾报警控制器正常工作时应报警并指出其类型 ⑦联动型输出、输入模块连线断线、短路时应报警 消防联动控制设备在接收到火灾信号后应在3s内发出联动作信号,特殊情况需要延时时,最大延时时间不应超过10min 当火警与故障报警同时发生时,火警应优先于故障报警。模拟故障报警后再模拟火灾报警,观察控制器上火警比故障报警优先 火灾报警控制器应有能显示或记录火灾报警时间的计时装置,其日计时误差不超过30s;仅使用打印机记录火灾报警时间时,应打印出月、日、时、分等信息 当主电源断电时能自动转换到备用电源;当主电源恢复时,能自动转换到主电源上;主备电源工作状态应有指示,主电源应有过流保护措施

名称	主要内容
报警控制器的安装质量检查	报警控制器的安装质量检查应符合下列规定 控制器应有保护接地且接地标志应明显 控制器的主电源应为消防电源,并且引入线应直接与消防电源连接,严禁使用电源插头 工作接地电阻值应小于 4Ω;当采用联合接地时接地电阻值应小于 1Ω;当采用联合接地时,应用专用接地干线由消防控制室引至接地体。专用接地干线应用铜芯绝缘导线或电缆,其芯线截面积不应小于 16mm² 由消防控制室接地体引至各消防设备的接地线,应选用铜芯绝缘软线,其线芯截面积不应小于 4mm² 集中报警控制器安装尺寸的规定如下。其正面操作距离:当设备单列布置时,应不小于1.5m;双列布置时,应当不小于 2m。当其中一侧靠墙安装时,另一侧距墙应不小于1m。需从后面检修时,其后面板距墙应不小于1m,在值班人员经常工作的一面,距墙不应小于3m 区域控制器安装尺寸的规定如下。安装在墙上时,其底边距地面的高度应不小于1.5m,且应操作方便,靠近门轴的侧面距墙应不小于0.5m。正面操作距离应不小于1.2m 盘、柜内配线应清晰、整齐,绑扎成束,避免交叉,导线线号清晰,导线预留长度不小于20cm。报警线路连接导线线号清晰,端子板的每个端子的接线不能多于 2 根

第二节 其他火灾报警装置的安装

一、手动报警按钮的安装

1. 施工现场管理

手动报警按钮(图 9-36)是由人工手动方式操作的火灾报警辅助设备。手动报警按钮主要设置在建筑物的楼梯口、走廊以及人员密集的公共场所,并设置在明显和便于操作的部位,以便发生火灾时敲碎有机玻璃片,由人工直接进行手动操作向火灾报警控制器或消防控制室发出火灾报警信号。

手动报警按钮按是否带电话可分为普通型和带电话插孔型,根据是否带编码可分为编码型和非编码型,其外形如图 9-37 所示。

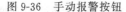

图 9-36 手动报警按钮

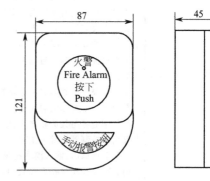

图 9-37 手动报警按钮外形示意

手动报警按钮底盒背面和底部各有一个敲落孔,既能明装也可暗装,明装时可将底盒装在预埋盒上,暗装时可将底盒装进埋入墙内的预埋盒里,如图 9-38 所示。

(1)普通型手动报警按钮 普通型手动报警按钮操作方式一般为人工手动压下玻璃(一般为可恢复型),分为带编码型和不带编码型(子型),编码型手动报警按钮通常可带

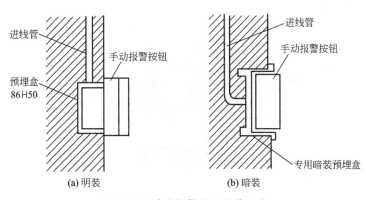

图 9-38　手动报警按钮安装示意

数个子型手动报警按钮。

(2) 带电话插孔手动报警按钮　带电话插孔手动报警按钮附加有电话插孔，以供巡逻人员使用手持电话机插入插孔后，可直接与消防控制室或消防中心进行电话联系。电话接线端子通常连接于二线制（非编码型）消防电话系统，如图 9-39 所示。

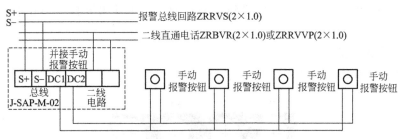

图 9-39　手动报警按钮接线示意

2. 手动报警按钮安装施工的常用标识

手动报警按钮安装施工的常用标识如图 9-40 所示。

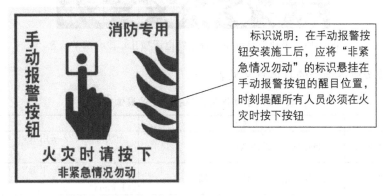

图 9-40　"非紧急情况勿动"标识

3. 施工现场设置要求

手动报警按钮（图 9-41）一般安装设置在公共场所。当人工确认火灾发生时，可随即按下按钮玻璃（可用专用工具使其复位），可直接向报警控制器发出火灾报警信号。控制器收到报警信号后，可根据手动报警按钮的编码地址，显示出报警按钮的编号或位置，并发出音响或声光警报。

图 9-41 手动报警按钮的使用

4. 施工细节操作

手动报警按钮的设置要求如下。

① 手动报警按钮宜设置在公共场所，并设置在明显和便于操作的部位。

② 每个防火分区应至少设置一个手动火灾报警按钮。

③ 从一个防火分区内的任何位置到最邻近的一个手动火灾报警按钮的距离不应超过 30m。

5. 施工质量验收

手动报警按钮接线端子如图 9-42 和图 9-43 所示。

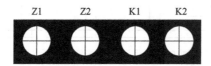

图 9-42 手动报警按钮（不带插孔）接线端子示意

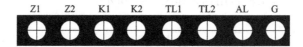

图 9-43 手动报警按钮（带消防电话插孔）接线端子示意

手动报警按钮各端子的具体意义见表 9-8。

表 9-8 手动报警按钮各端子的具体意义

端子		意义	说明
Z1、Z2	图 9-42	无极性信号二总线端子	布线时 Z1、Z2 采用 RVS 双绞线，导线截面 $\geqslant 1.0mm^2$
	图 9-43	与控制器信号二总线连接的端子	布线时 Z1、Z2 采用 RVS 双绞线，导线截面 $\geqslant 1.0mm^2$
K1、K2	图 9-42	无源常开输出端子	—
	图 9-43	DC24V 进线端子及控制线输出端子，用于提供直流 24V 开关信号	—
AL、G	图 9-43	与总线制编码电话插孔连接的报警请求线端子	报警请求线 AL、G 采用 BV 线，截面积 $\geqslant 1.0mm^2$
TL1、TL2	图 9-43	与总线制编码电话插孔或多线制电话主机连接音频接线端子	消防电话线 TL1、TL2 采用 RVVP 屏蔽线，截面积 $\geqslant 1.0mm^2$

二、声光讯响器的安装

1. 施工现场管理

声光讯响器（图9-44）通常分非编码型与编码型两种，编码型声光讯响器可直接接入火灾报警控制器的信号二总线（需由电源系统提供2根DC24V电源线），非编码型声光讯响器不含编码电路，可直接由有源DC24V常开触点进行控制。在系统设计时一般选用编码声光讯响器，这样可靠性得以提高。同时便于扑救火灾时及时正确引导有关人员寻找着火楼层。

图9-44 声光讯响器

2. 声光讯响器安装的常用标识

声光讯响器安装的常用标识如图9-45所示。

3. 施工现场设置要求

声光讯响器的布线要求如下。

① 信号二总线Z1、Z2采用RVS双绞线，截面积≥1.0mm²。

② 电源线D1、D2采用BV线，截面积≥1.5mm²。

③ S1、G采用RV线，截面积≥0.5mm²。

标识说明：在声光讯响器安装施工时，应将"当心触电"的标识悬挂在施工现场的醒目位置，时刻提醒安装人员此处危险，当心触电

图9-45 "当心触电"标识

4. 施工细节操作

声光讯响器（图9-46）一般安装在公共走廊、各层楼梯口、消防电梯前室口等处。

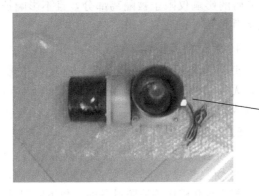

声光讯响器采用壁挂式安装，在普通高度空间下，以距顶棚0.2m处为宜

图9-46 声光讯响器安装施工

5. 施工质量验收

① 声光讯响器应安装牢固，不能倾斜，安装高度距地（或楼）面 1.8m 处，且应设置在手动火灾报警按钮的正上方。

② 声光讯响器的外接导线应留有不小于 10cm 的余量，且在其端部应有明显标志。

③ 每安装完一台声光讯响器应立即在施工平面图上正确登记编码号，并确认与同一总线回路中其他探测点不重号。

三、短路隔离器的安装

1. 施工现场管理

① 隔离故障部位，保护报警控制器以免使其过载而损坏。

② 不影响报警总线其他分支回路及其部件的正常工作。

③ 短路保护动作后，能根据自身编码向报警控制器发出故障报警信号。

④ 当短路故障消除后，能自动恢复故障线路的接通而转入正常工作。

2. 短路隔离器安装施工的常用标识

短路隔离器安装施工的常用标识如图 9-47 所示。

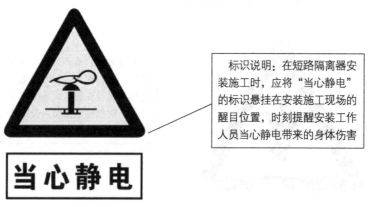

标识说明：在短路隔离器安装施工时，应将"当心静电"的标识悬挂在安装施工现场的醒目位置，时刻提醒安装工作人员当心静电带来的身体伤害

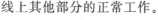

图 9-47 "当心静电"标识

3. 施工现场设置要求

短路隔离器（图 9-48）用在传输总线上，对各分支线在总线短路时通过短路部分两端呈高阻或开路状态，从而使该短路障碍的影响仅限于被隔离部分，且不影响控制器和总线上其他部分的正常工作。

图 9-48 短路隔离器

4. 施工细节操作

短路隔离器的布线要求为：直接与信号二总线连接，无须其他布线。可选用截面积 $>1.0mm^2$ 的 RVS 双绞线。

5. 设置要求

① 系统总线上应设置总线短路隔离器。

② 每只总线短路隔离器保护的火灾探测器、手动火灾报警按钮和模块等消防设备的总数不应超过 32 点。

③ 总线穿越防火分区时，应在穿越处设置总线短路隔离器。

第十章 10 Chapter

消火栓灭火系统施工

第一节　室内消火栓系统的施工

一、室内消火栓管道的安装

1. 施工现场管理

消火栓系统干管安装（图 10-1）应根据设计要求使用管材，按压力要求选用碳素钢管或无缝钢管。

当要求使用镀锌管件时(干管直径在100mm以上，无镀锌管件应采用法兰连接，试完压后做好标记拆下来加工镀锌)，在镀锌加工前不得刷油和污染管道。需要拆装镀锌的管道应先安排施工

图 10-1　消火栓系统干管安装

2. 室内消火栓管道施工的常用标识

室内消火栓管道施工的常用标识如图 10-2 所示。

标识说明：在消火栓管道焊接施工时，应将"当心弧光"的安全标识悬挂在醒目位置，时刻提醒工作人员作业时注意防护，当心弧光对眼睛产生伤害

图 10-2　"当心弧光"标识

3. 施工现场设置要求

① 配水干管、配水管应做红色或红色环圈标志。

② 管网在安装中断时，应将管道的敞口封闭。

③ 管道在焊接前应清除接口处的浮锈（图 10-3）、污垢及油脂。

图 10-3　管道除锈施工

④ 不同管径的管道焊接处理。连接时如两管径相差不超过小管径的 7％，可将大管端部缩口与小管对焊；如果两管相差超过小管径的 15％，应采用异径短管（图 10-4）焊接。

图 10-4　异径短管

⑤ 管道对口焊缝上不得开口焊接支管，焊口不得安装在支吊架位置上。

⑥ 管道穿墙处不得有接口（螺纹连接或焊接）。管道穿过伸缩缝处应有防冻措施。

⑦ 碳素钢管开口焊接时要错开焊缝，并使焊缝朝向易观察和维修的方向上。

4. 施工细节操作

室内消火栓管道一般有干管、立管和支管。安装的步骤是由安装干管开始，再安装立管和支管。在土建主体工程完成后，并且墙面已经粉刷完毕，即可开始室内消火栓管道的安装工作。但在土建施工的时候应该密切配合，按照图纸要求预留孔洞，如基础的管道入口洞、墙面上的支架洞、过墙管孔洞以及设备基础地脚螺栓孔洞等。同时可以根据图纸预制加工出各类管件，如管子的撅弯、阀件的清洗和组装及管子的刷油等。

（1）干管的安装　先了解和确定干管（图 10-5）的标高、坡度、位置、管径等，正确地按尺寸埋好支架。待支架牢固后，就可以进行架设连接。管子和管件可以先在地面组装，长度以方便吊装为宜。起吊后，轻轻落在支架上，用支架上的卡环固定，以防止滚落。采用螺纹连接的管子则吊上后即可上紧。采用焊接时，可全部吊装完毕后再焊接，但焊口的位置要在地面组装时就考虑好，选定在较合适的部位，以便于焊工的操作。

> 干管安装后，还要拨正调直；从管子端看过去，整根管道都在一条直线上。干管的变径要在分出支管之后，距离主分支管要有一定的距离，大小等于大管的直径，但是不应小于100mm。干管安装后，再用水平尺在每段上进行一次复核，防止局部管段出现"塌腰"或"拱起"的现象

图 10-5　干管安装施工

（2）支、立管的安装　干管安装后即可安装立管（图 10-6）。用线垂吊挂在立管位置上，用"粉囊"在墙面上弹出垂直线，立管就可以根据该线来安装。同时，根据墙面上的线和立管与墙面确定的尺寸，可预先埋好立管卡。

> 当立管长度较长，如采用螺纹连接时，可按图纸上所确定的立管管件，量出实际尺寸记录在图纸上，然后进行预组装。安装后经过调直，将立管的管段做好编号，再拆开到现场重新组装。这种安装方法可以加快进度，保证施工质量

图 10-6　消防立管安装

立管安装后就可以安装支管（图 10-7），方法也是先在墙上弹出位置线，但必须在所接的设备安装定位后才可以连接。安装方法与立管相同。

> 应注意的是当支立管的直径都较小，并且采用焊接连接时，要防止三通口的接头处管径缩小，或闪焊瘤将管子堵死

图 10-7　支管安装施工

5. 施工质量验收

① 干管用法兰连接时每根配管长度不宜超过 6m，直管段可把几根连接在一起，使用倒链安装，但不宜过长，也可调直后按编号依次顺序吊装。吊装时，应先吊起管道一端，待稳定后再吊起另一端。

② 管道连接采用紧固法兰时，应检查法兰端面是否干净，应选用 3～5mm 的橡胶垫片。法兰螺栓的规格应符合规定。紧固螺栓应先紧最不利点，然后依次对称紧固。法兰接

口应安装在易拆装的位置。

二、室内消火栓的安装

1. 施工现场管理

① 设有消防给水的建筑物，各层（无可燃物的设备层除外）均应设置消火栓。

② 室内消火栓的布置（图10-8）应保证有两支水枪的充实水柱同时到达室内任何部位。建筑高度小于或等于24m、体积小于或等于500m³ 的库房，可用1支水枪的充实水柱到达室内任何部位。水枪的充实水柱长度应由计算确定，一般不应小于7m，但甲、乙类厂房，超过6层的民用建筑，超过4层的厂房和库房内，不应小于10m；高层工业建筑、高架库房内，水枪的充实水柱不应低于13m。

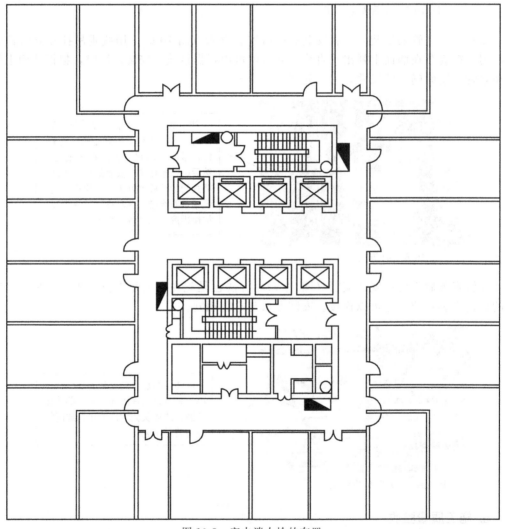

图 10-8　室内消火栓的布置

③ 室内消火栓（图10-9）出口处的静水压力不应超过 80mH₂O❶，若超过80m 水

---

❶　$1mH_2O \approx 0.01MPa$。

柱时，应采用分区给水系统。消火栓栓口处的出水压力超过 $50mH_2O$ 时，应有减压设施。

室内消火栓的间距应由计算确定。高层建筑、高架库房、甲乙类工业厂房等场所，室内消火栓的间距不应超过30m；其他单层及多层建筑室内消火栓的间距不应超过50m

图 10-9　室内消火栓安装

④ 消防电梯前室应设室内消火栓。

⑤ 室内消火栓应设在明显且易于取用的地方。栓口离地面高度为 1.1m，其出水方向宜向下或与设置消火栓的墙面成 90°。

⑥ 同一建筑物内应采用统一规格的消火栓、水枪和水带。每根水带的长度不应超过 25m。

2. 室内消火栓安装施工的常用标识

室内消火栓安装施工的常用标识如图 10-10 所示。

标识说明：当室内消火栓安装施工后，应将"禁止堆放"的标识张贴在消火栓箱旁醒目的位置，提醒所有人员此处禁止堆放物品，以保证发生火灾时消火栓能够使用

图 10-10　"禁止堆放"标识

3. 施工现场设置要求

① 高层建筑和水箱不能满足最不利点消火栓水压要求的其他建筑，应在每个室内消火栓处设置直接启动消防水泵的按钮，并应有保护设置。

设有空气调节系统的办公室、旅馆，以及超过 1500 个座位的会堂、剧院，其闷顶内安装有面灯部位的马道等场所，宜增设消防水喉设备。

② 高层建筑物各层均应设消火栓，且应符合下列要求。

a. 消火栓的水枪充实水柱不应小于 10m，但建筑高度超过 50m 的展览楼、百货楼、财贸金融楼、高级旅馆、省级邮政楼、重要的科研楼，其充实水柱不应小于 13m。

b. 消火栓应当设在明显、易于取用的地方，消火栓的间距应保证同层相邻的两个消火栓的水枪充实水柱同时到达室内任何部位，并不应大于 30m。消火栓栓口出水方向宜与设置消火栓的墙面成 90°或向下。

室内消火栓用水量应根据建筑物的性质查表 10-1 确定。

4. 施工细节操作

（1）消火栓箱的安装　室内消火栓均安装在消火栓箱内，安装消火栓应首先安装消火栓箱。消火栓箱分明装、半明装和暗装三种形式，如图 10-11 所示。其箱底边距地面高度为 1.08m。

表 10-1　建筑物室内消火栓用水量

<table>
<tr><td colspan="3" rowspan="2">建筑物名称</td><td rowspan="2">高度 h(m)、层数、体积 V(m³)、座位数 n、火灾危险性</td><td>消火栓设计流量/(L/s)</td><td>同时使用消防水枪数/支</td><td>每根竖管最小流量/(L/s)</td></tr>
<tr></tr>
<tr><td rowspan="8">工业建筑</td><td rowspan="6">厂房</td><td rowspan="2">$h \leqslant 24$</td><td>甲、乙、丁、戊</td><td>10</td><td>2</td><td>10</td></tr>
<tr><td>丙</td><td>20</td><td>4</td><td>15</td></tr>
<tr><td rowspan="2">$24 < h \leqslant 50$</td><td>乙、丁、戊</td><td>25</td><td>5</td><td>15</td></tr>
<tr><td>丙</td><td>30</td><td>6</td><td>15</td></tr>
<tr><td rowspan="2">$h > 50$</td><td>乙、丁、戊</td><td>30</td><td>6</td><td>15</td></tr>
<tr><td>丙</td><td>40</td><td>8</td><td>15</td></tr>
<tr><td rowspan="4">仓库</td><td rowspan="2">$h \leqslant 24$</td><td>甲、乙、丁、戊</td><td>10</td><td>2</td><td>10</td></tr>
<tr><td>丙</td><td>20</td><td>4</td><td>15</td></tr>
<tr><td rowspan="2">$h > 24$</td><td>丁、戊</td><td>30</td><td>6</td><td>15</td></tr>
<tr><td>丙</td><td>40</td><td>8</td><td>15</td></tr>
<tr><td rowspan="27">民用建筑</td><td rowspan="19">单层及多层</td><td colspan="2">科研楼、试验楼</td><td>$V \leqslant 10000$</td><td>10</td><td>2</td><td>10</td></tr>
<tr><td colspan="2"></td><td>$V > 10000$</td><td>15</td><td>3</td><td>10</td></tr>
<tr><td colspan="2" rowspan="3">车站、码头、机场的候车（船、机）楼和展览建筑（包括博物馆）等</td><td>$5000 < V \leqslant 25000$</td><td>10</td><td>2</td><td>10</td></tr>
<tr><td>$25000 < V \leqslant 50000$</td><td>15</td><td>3</td><td>15</td></tr>
<tr><td>$V > 50000$</td><td>20</td><td>4</td><td>15</td></tr>
<tr><td colspan="2" rowspan="4">剧场、电影院、会堂、礼堂、体育馆等</td><td>$800 < n \leqslant 1200$</td><td>10</td><td>2</td><td>10</td></tr>
<tr><td>$1200 < n \leqslant 5000$</td><td>15</td><td>3</td><td>10</td></tr>
<tr><td>$5000 < n \leqslant 10000$</td><td>20</td><td>4</td><td>15</td></tr>
<tr><td>$n > 10000$</td><td>30</td><td>6</td><td>15</td></tr>
<tr><td colspan="2" rowspan="3">旅馆</td><td>$5000 \leqslant V \leqslant 10000$</td><td>10</td><td>2</td><td>10</td></tr>
<tr><td>$10000 < V \leqslant 25000$</td><td>15</td><td>3</td><td>10</td></tr>
<tr><td>$V > 25000$</td><td>20</td><td>4</td><td>15</td></tr>
<tr><td colspan="2" rowspan="3">商店、图书馆、档案馆等</td><td>$5000 < V \leqslant 10000$</td><td>15</td><td>3</td><td>10</td></tr>
<tr><td>$10000 < V \leqslant 25000$</td><td>25</td><td>5</td><td>15</td></tr>
<tr><td>$V > 25000$</td><td>40</td><td>8</td><td>15</td></tr>
<tr><td colspan="2" rowspan="2">病房楼、门诊楼等</td><td>$5000 < V \leqslant 25000$</td><td>10</td><td>2</td><td>10</td></tr>
<tr><td>$V > 25000$</td><td>15</td><td>3</td><td>10</td></tr>
<tr><td colspan="2">办公楼、教学楼等其他建筑</td><td>$V > 10000$</td><td>15</td><td>3</td><td>10</td></tr>
<tr><td colspan="2">住宅</td><td>$21 < h \leqslant 27$</td><td>5</td><td>2</td><td>5</td></tr>
<tr><td rowspan="6">高层</td><td colspan="2" rowspan="2">住宅</td><td>$27 < h \leqslant 54$</td><td>10</td><td>2</td><td>10</td></tr>
<tr><td>$h > 54$</td><td>20</td><td>4</td><td>10</td></tr>
<tr><td colspan="2" rowspan="2">二类公共建筑</td><td>$h \leqslant 50$</td><td>20</td><td>4</td><td>10</td></tr>
<tr><td>$h > 50$</td><td>30</td><td>6</td><td>15</td></tr>
<tr><td colspan="2" rowspan="2">一类公共建筑</td><td>$h \leqslant 50$</td><td>30</td><td>6</td><td>15</td></tr>
<tr><td>$h > 50$</td><td>40</td><td>8</td><td>15</td></tr>
<tr><td colspan="3" rowspan="2">国家级文物保护单位的重点砖木或木结构的古建筑</td><td>$V \leqslant 10000$</td><td>20</td><td>4</td><td>10</td></tr>
<tr><td>$V > 10000$</td><td>25</td><td>5</td><td>15</td></tr>
<tr><td colspan="4">汽车库/修车库（独立）</td><td>10</td><td>2</td><td>10</td></tr>
<tr><td colspan="3" rowspan="4">地下建筑</td><td>$V \leqslant 5000$</td><td>10</td><td>2</td><td>10</td></tr>
<tr><td>$5000 < V \leqslant 10000$</td><td>20</td><td>4</td><td>15</td></tr>
<tr><td>$10000 < V \leqslant 25000$</td><td>30</td><td>6</td><td>15</td></tr>
<tr><td>$V > 25000$</td><td>40</td><td>8</td><td>20</td></tr>
</table>

续表

建筑物名称		高度 h(m)、层数、体积 V(m³)、座位数 n、火灾危险性	消火栓设计流量/(L/s)	同时使用消防水枪数/支	每根竖管最小流量/(L/s)
人防工程	展览厅、影院、剧场、礼堂、健身体育场所等	$V{\leqslant}1000$	5	1	5
		$1000{<}V{\leqslant}2500$	10	2	10
	商场、餐厅、旅馆、医院等	$V{>}2500$	15	3	10
		$V{\leqslant}5000$	5	1	5
		$5000{<}V{\leqslant}10000$	10	2	10
		$5000{<}V{\leqslant}125000$	15	3	10
		$V{>}25000$	20	4	10
	丙、丁、戊类生产车间、自行车库	$V{\leqslant}2500$	5	1	5
		$V{>}2500$	10	2	10
	丙、丁、戊类物品库房、图书资料档案库	$V{\leqslant}3000$	5	1	5
		$V{>}3000$	10	2	10

注：1. 丁、戊类高层厂房（仓库）室内消火栓的设计流量可按本表减少 10L/s，同时使用消防水枪数量可按本表减少 2 支。

2. 当高层民用建筑高度不超过 50m，室内消火栓用水量超过 20L/s，且设有自动喷水灭火系统时，其室内、外消防用水量可按本表减少 5L/s。

3. 消防软管卷盘、轻便消防水龙及多层住宅楼梯间中的干式消防竖管，其消防给水设计流量可不计入室内消防给水设计流量。

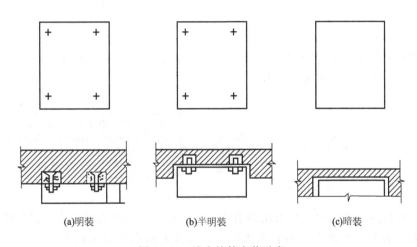

(a)明装 (b)半明装 (c)暗装

图 10-11　消火栓箱安装示意

　　暗装及半明装均要在土建工程施工时预留箱洞，安装时将消火栓箱放入洞内，找平找正，找好标高，再用水泥砂浆塞满箱的四周空隙，将箱固定。采用明装时，先在墙上栽好螺栓，按螺栓的位置，在消火栓箱背部钻孔，将箱子就位、加垫，拧紧螺帽固定。消火栓箱安装在轻质隔墙上时应有加固措施。

　　（2）室内消火栓的安装　消火栓安装时，栓口必须朝外，消火栓阀门中心距地面为 1.2m，允许偏差为 20mm；距箱侧面为 140mm，距箱后内表面为 100mm，允许偏差为 5mm，如图 10-12 所示。

　　消防水带折好放在挂架上或卷实、盘紧放在箱内，消防水枪竖放在箱内，自救式水枪和软拉管应置于挂钩上或放在箱底。消防水带与水枪、快速接头连接时，采用 14 号铅丝缠 2 道，每道不少于 2 圈；使用卡箍连接时，在里侧加一道铅丝。消火栓安装应平整牢固，各零件齐全可靠。安装完毕后，根据规定进行强度试验和严密性试验。

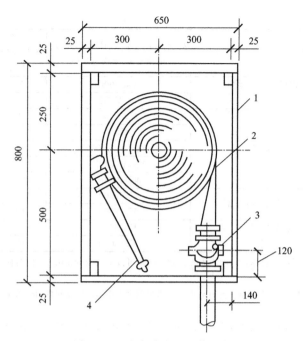

图 10-12　室内消火栓安装示意

1—消火栓箱；2—水带；3—消火栓；4—消防水枪

5. 施工质量验收

（1）水枪和水带　水枪（图 10-13）是重要的灭火工具。其用铜、铝合金或塑料制成，作用是产生灭火需要的充实水柱。

室内一般采用直流式水枪，喷嘴口径有13mm、16mm、19mm三种，分别配50mm接口、50mm或62mm的接口、65mm接口

图 10-13　水枪

充实水柱指的是消防水枪中射出的射流中一直保持紧密状态的一段射流长度，它占全部消防射流量的 75%～90%，具有灭火能力。为使消防水枪射出的充实水柱能射及火源并防止火焰烤伤消防人员，充实水柱应具有一定的长度，具体要求见表 10-2。

表 10-2　各类建筑要求水枪充实水柱长度

建筑物类别		充实水柱长度/m
低层建筑	一般建筑	≥7
	甲、乙类厂房，>6层民用建筑，>4层厂、库房	≥10
	高架库房	≥13
高层建筑	民用建筑高度>100m	≥13
	民用建筑高度≤100m	≥10
	高层工业建筑	≥13
人防工程内		≥10
停车库、修车库内		≥10

室内消防水带（图 10-14）材质有棉织、麻织和衬胶的三种，衬胶的压力损失较小，但抗折性能不如麻织和棉织的好。

室内常用的消防水带有φ50和φ65两种规格，其长度不宜超过25m

图 10-14　消防水带

（2）室内消火栓　室内消火栓是具有内扣式接头的角形截止阀，按出口形式分为直角单出口式、45°单出口式和直角双出口式三种，它的进水口端与消防立管相连，出水口端和水带相连接。

流量小于 3L/s 时，选用 50mm 直径的消火栓；流量大于 3L/s 时，选用 65mm 直径的消火栓；双出口消火栓的直径不能小于 65mm。为了便于维护管理，同一建筑物内应采用同一规格的水枪、水带和消火栓。

图 10-15 所示为单出口室内消火栓。图 10-16 所示为双出口消火栓。

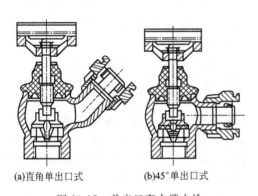

(a)直角单出口式　　(b)45°单出口式

图 10-15　单出口室内消火栓

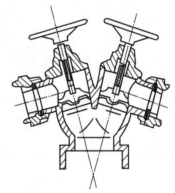

图 10-16　双出口消火栓

（3）消火栓箱　消火栓箱是放置消火栓、水枪和水带的箱子，通常安装在墙体内，有明装、半明装和暗装三种。常用的消火栓箱规格有 800mm×650mm×200（320）mm，用木材、铝合金或钢板制作，外装玻璃门，门上有明显标志，箱内水带和水枪平时应安放整齐。

图 10-17、图 10-18 为消火栓箱。表 10-3 为常见的 SN 系列室内消火栓箱规格。

表 10-3　SN 系列室内消火栓箱规格

型号	工作压力/MPa	进水口规格	出水口规格		主要结构尺寸/mm			
			公称通径 DN/mm	配套接头型号	宽 L	厚 S	高 H	DN
SN50	≤1.0	G2″	50	KN50	105	22	195	100
SNA50					140	—	—	—
SNS50		G21/2″			158	25	205	120
SA50			65	KN65	115	25	210	
SNA65					155			
SNS65		G3″			166	—	235	140

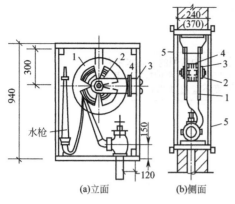

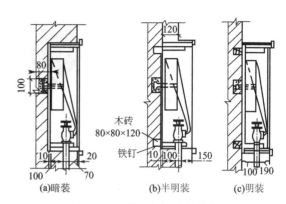

图 10-17　双开门的消火栓箱

1—水带盘；2—盘架；3—托架；4—螺栓；5—挡板

图 10-18　单开门的消火栓箱

(a)立面　(b)侧面　(a)暗装　(b)半明装　(c)明装

（4）消防水喉　在设有空气调节系统的办公大楼、旅馆内，为便于在火灾初期及时发现火苗，在室内消火栓旁还应配备一支自救式的小口径消火栓（消防水喉）、内径 19mm 的胶带和口径不小于 6mm 的小水枪，这种水喉设备便于操作，对扑灭初期火星非常有效。

消防水喉应设在专用消防主管上，不得在消火栓管上接出。消防水喉设备如图 10-19 所示。

（5）消防管道　消防管道由支管、干管和立管组成，通常选用镀锌钢管。

对于室内消火栓超过 10 个，且室外消防用水量大于 15L/s 时，室内消防给水管道至少应有两条进水管与室外环状管网连接，并应将室内管道连成环状或将进水管与室外管道连成环状。

7～9 层的单元式住宅，室内消防给水管道可采用枝状，进水管可采用 1 条。

对于超过 6 层的塔式（采用双出口消

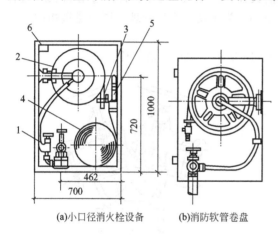

(a)小口径消火栓设备　(b)消防软管卷盘

图 10-19　消防水喉设备

1—小口径消火栓；2—卷盘；3—小口径直流开关水枪；4—φ65 输水衬胶水带；5—大口径直流水枪；6—控制按钮

火栓者除外）和通廊式住宅、超过 5 层或体积超过 10000m³ 的其他民用建筑、超过 4 层的厂房和库房，当室内消防立管为两条或两条以上时，至少每两条立管相连组成环状管道。

（6）消防水箱　消防水箱应能储存 10min 的消防水量，一般和生活水箱合建，以防水质变坏，但应有防止消防水他用的技术措施。

（7）水泵接合器　水泵接合器的一端与室内消防给水管道连接，另一端供消防车向室内消防管道供水，有地上、地下和墙壁式三种。

三、室内消火栓箱的安装

1. 施工现场管理

① 消火栓通常安装在消防箱内，有时也装在消防箱外边。消火栓安装高度为栓口中心距地面 1.2m，允许偏差 20mm；栓口出水方向朝外，与设置消防箱的墙面相互垂直或

向下。消火栓在箱内时，消火栓中心距消防箱侧面为 140mm，距箱后内表面为 100mm，允许偏差为 5mm。

② 在一般建筑物内，消火栓和消防给水管道均采用明装。室内消防给水立管的管径、管件规格都是相同的，安装时只需注意消火栓箱及其附件的安装位置以及与管道之间的相互关系。消防立管的底部距地面 500mm 处应设置球形阀，阀门经常处于全开启状态，阀门上应有明显的启动标志。

③ 消火栓应安装在建筑物里明显且取用方便的地方。在多层建筑物内，消火栓布置在耐火的楼梯间内；在公共建筑物内，消火栓布置在每层的楼梯处、走廊或大厅的出入口处；生产厂房内的消火栓，则布置在人员经常出入的地方。

2. 室内消火栓箱安装施工的常用标识

室内消火栓箱安装施工的常用标识如图 10-20 所示。

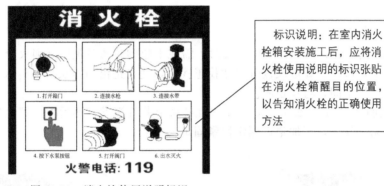

标识说明：在室内消火栓箱安装施工后，应将消火栓使用说明的标识张贴在消火栓箱醒目的位置，以告知消火栓的正确使用方法

图 10-20 消火栓使用说明标识

3. 施工现场设置要求

室内消火栓箱现场设置要求的具体内容见表 10-4。

表 10-4 消火栓箱尺寸   单位：mm

箱体尺寸($L \times H$)	箱宽 C	安装孔距 E
600×800		50
700×1000	200、240、320 三种规格	50
750×1200		50
1000×700		250

4. 施工细节操作

① 安装消火栓箱（图 10-21）时，在其四周与墙体接触部分应当考虑进一步采取防锈措施（如涂沥青），并用干燥、防潮物质填塞四周空隙，以防箱体锈蚀。

② 栓箱没有备制敲落孔，为保证栓箱外形完整，在外接电气线路时，可在现场按所需位置用手电钻钻孔解决。

③ 在给水管上安装消火栓时，应使水管端面紧贴消火栓接口内的大垫圈。系统试水压时，不得有渗漏现象。

④ 栓箱根据需要，可采用地脚螺栓加固，地脚螺栓选用 M6×80 规格的。

⑤ 安装完毕，应当启动消防泵进行水压试验，消火栓及其管路不得渗漏。

⑥ 在做火警紧急按钮试验时，当击碎火警紧急按钮盒玻璃盖板时，应能将信号送至消防控制室（消防控制中心）并自动启动消防泵。

为了便于栓箱的安装，当采用暗装和半明装时，在土建阶段预留栓箱位置的尺寸应比栓箱外形尺寸各边加大10mm左右

图 10-21　消火栓箱安装施工

5. 施工质量验收

① 若采用暗装（图 10-22）或半明装时，需在土建砌砖墙时预留好消火栓箱洞。当消火箱就位安装时，应根据高度及位置尺寸找正找平，使箱边沿与抹灰墙保持水平，再用水泥砂浆塞满箱四周空间，将箱稳固。

② 若采用明装（图 10-23）时，需事先在砖墙上栽好螺丝，然后根据螺丝的位置在箱背面钻孔，将箱子就位，再加垫带螺帽拧紧固定。

图 10-22　暗装消火栓箱

图 10-23　明装消火栓箱

③ 无论是明装或暗装消防栓箱，其箱底距地面高均为 1.08m，阀门安装前应检查其严密性。

第二节　消防水泵接合器和室外消火栓的安装

一、消防水泵接合器的安装

1. 施工现场管理

① 水泵接器安装在接近主楼外墙的一侧，附近 40m 以内应有可供水的室外消防栓或消防水池。

② 水泵接合器的规格应根据设计规定，有三种类型：地下式（图 10-24）、地上式（图 10-25）、墙壁式（图 10-26）。其安装位置应有明显标志，阀门位置应便于操作，接合

器附近不得有障碍物。安全阀应按系统工作压力确定压力，为防止外来水压力过高破坏室内管网及部件，接合器应有泄水阀。

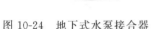

图 10-24　地下式水泵接合器　　图 10-25　地上式水泵接合器　　图 10-26　墙壁式水泵接合器

2. 消防水泵接合器安装施工的常用标识

消防水泵接合器安装施工的常用标识如图 10-27 所示。

标识说明：在水泵接合器安装施工时，应将"必须戴安全帽"的标识悬挂在施工现场醒目的位置，提醒工作人员必须戴安全帽，以免高空落物碰伤头部

图 10-27　"必须戴安全帽"标识

3. 施工现场设置要求

① 一套水泵接合器包括以下配件：法兰接管、闸阀、法兰三通、法兰安全阀、法兰止回阀、法兰弯管（带底座）或法兰弯管（不带底座，用于墙壁式）、接合器本体、消防接口。其中法兰接管出厂长度为 340mm，施工时应根据水泵接合器栓口安装中心标高与地面标高确定，不可一概而论。

② 消防水泵接合器的安全阀及止回阀安装位置和方向应正确，阀门启闭应灵活。安全阀出口压力应校准。

4. 施工细节操作

（1）墙壁式消防水泵接合器的安装　如图 10-28 所示，墙壁式消防水泵接合器安装在建筑物外墙上，其安装高度距地面为 1.1m，与墙面上的门、窗、孔、洞的净距离不应小于 2.0m，且不应安装在玻璃幕墙下方。墙壁式水泵接合器应设明显标志，与地上式消火栓应有明显区别。

（2）地上式消防水泵接合器的安装　接合器一部分安装在阀门井中，另一部分安装在

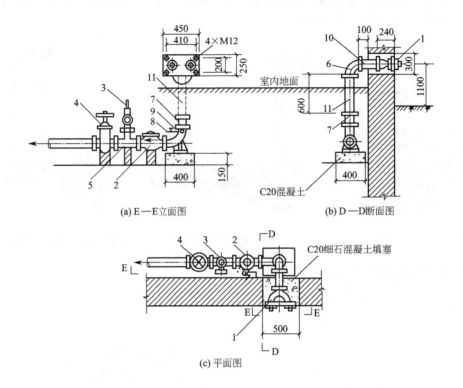

图 10-28　墙壁式消防水泵接合器安装示意

1—消防接口、本体；2—止回阀；3—安全阀；4—闸阀；5—三通；
6—90°弯头；7—法兰接管；8—截止阀；9—镀锌管；10，11—法兰直管

地面上。为避免阀门井内部件锈蚀，阀门井内应建有积水坑，积水坑内积水应定期排除，对阀门井内活动部件应进行防腐处理，接合器入口处应设置与消火栓区别的固定标志。

（3）地下式消防水泵接合器的安装　地下式消防水泵接合器设在专用井室内，井室用铸有"消防水泵接合器"标志的铸铁井盖，在附近设置指示其位置的固定标志，便于识别。安装时，注意使地下式消防水泵接合器进水口与井盖底面的距离不应小于井盖的半径且大于 0.4m。

5. 施工质量验收

① 安装地下式水泵接合器的井内应有足够的操作空间，并设爬梯。

② 墙壁式消防水泵接合器安装高度如设计未要求，出水栓口中心距地面应为 1.1m，与墙面上的门、窗、孔、洞的净距离不应小于 2.0m，且不应安装在玻璃幕墙下方。其上方应设有防坠落物打击的措施。

③ 消防水泵接合器的各项安装尺寸应符合设计要求，栓口安装高度允许偏差为 ±20mm。

二、室外消火栓的安装

1. 施工现场管理

室外地上式消火栓安装时，消火栓顶距地面高为 0.64m，立管应垂直、稳固，控制阀门井距消火栓不应超过 2.5m，消火栓弯管底部应设支墩或支座。

室外地下式消火栓应安装在消火栓井内，消火栓井一般用 MU7.5 红砖、M7.5 水泥砂浆砌筑。消火栓井内径不应小于1m。井内应设爬梯以方便阀门的维修。

2. 室外消火栓安装施工的常用标识

室外消火栓安装施工的常用标识如图 10-29 所示。

标识说明：由于在室外施工的环境复杂、混乱，所以在室外安装消火栓施工时，应将"当心扎脚"的标识悬挂在施工现场醒目的位置，时刻提醒工作人员注意安全、当心脚下

图 10-29 "当心扎脚"标识

3. 施工现场设置要求

室外消火栓安装（图 10-30）前，管件内外壁均涂沥青冷底子油两遍，外壁需另涂热沥青两遍、面漆一遍，埋入土中的法兰盘接口涂沥青冷底子油两遍，并用沥青麻布包严，消火栓井内铁件也应涂热沥青防腐。

室外消火栓一般沿道路设置，当道路宽度大于60m时，宜在道路两边设置消火栓。地上式消火栓设置直径为150mm或100mm和两个直径为65mm的栓口，地下式消火栓设置直径为100mm和65mm的栓口各一个，并有明显标志

图 10-30 室外消火栓安装施工

4. 施工细节操作

（1）室外地上式消火栓的安装　室外地上式消火栓的安装如图 10-31 所示，安装时根据管道埋深的不同，选用不同长度的法兰接管。

（2）室外地下式消火栓的安装　室外地下式消火栓的安装如图 10-32 所示。消火栓设置在阀门井内。阀门井内活动部件必须采取防锈措施，安装时，根据管道埋深的不同选用不同长度的法兰接管。

5. 施工质量验收

① 消火栓与主管连接的三通或弯头下部位应带底座，底座应设混凝土支墩，支墩与三通、弯头底部用 M7.5 水泥砂浆抹成八字托座。

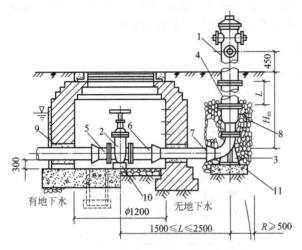

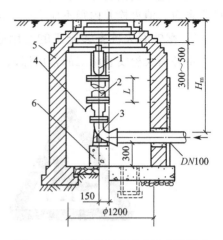

图 10-31　室外地上式消火栓安装示意
1—地上式消火栓；2—阀门；3—弯管底座；4—法兰接管；
5—短管甲；6—短管乙；7—铸铁管；8—排水口；
9—圆形阀门井；10，11—支墩；H_m—管道覆土深度；
L—法兰接管长度；R—卵石渗水层铺设半径

图 10-32　室外地下式消火栓安装示意
1—地下式消火栓；2—法兰接管；
3—弯管底座；4—排水口；5—圆形阀门井；
6—支墩；H_m—管道覆土深度；
L—法兰接管长度

② 消火栓井内供水主管底部距井底不应小于 0.2m，消火栓顶部至井盖底距离最小不应小于 0.2m，冬季室外温度低于−20℃的地区，地下消火栓井口需做保温处理。

③ 室外地上式消火栓 I 型安装（即消火栓下部直埋通过消火栓三通与给水干管连接）时，其放水口应用粒径为 20～30mm 的卵石做渗水层，铺设半径为 500mm，铺设厚度自地面下 100mm 至槽底。铺设渗水层时，应保护好放水弯头，以免被损坏。

④ 室外地上式消火栓 II 型安装（即消火栓下部直埋设有检修蝶阀和阀门井室通过弯头和消火栓三通与给水干管连接）时，应将消火栓自带的自动放水弯头堵死，在消火栓井内另设放水龙头。

第十一章 Chapter

自动喷水灭火系统施工

第一节 消防水泵和稳压泵的安装

一、消防水泵的安装

1. 施工现场管理

① 消防水泵的规格、型号应符合设计要求，并应有产品合格证和安装使用说明书。

② 消防水泵的安装应符合现行国家标准《机械设备安装工程施工及验收通用规范》（GB 50231—2009）、《风机、压缩机、泵安装工程施工及验收规范》（GB 50275—2010）的有关规定。

2. 消防水泵安装施工的常用标识

消防水泵安装施工的常用标识如图 11-1 所示。

标识说明：消防水泵安装施工时往往会用到打磨机等机械，所以应在机械周围悬挂"当心机械伤人"的标识，提醒工作人员注意安全

图 11-1 "当心机械伤人"标识

3. 施工现场设置要求

消防水泵（图 11-2）吸水管的正确安装是消防水泵正常运行的根本保证。吸水管上应安装过滤器，避免杂物进入水泵。同时，该过滤器应便于清洗，确保消防水泵的正常供水。

4. 施工细节操作

当消防水泵和消防水池位于独立基础上时，由于沉降不均匀，可能造成消防水泵吸水

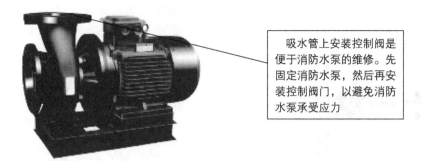

吸水管上安装控制阀是便于消防水泵的维修。先固定消防水泵，然后再安装控制阀门，以避免消防水泵承受应力

图 11-2　消防水泵

管受内应力，最终应力加在消防水泵上，将会导致消防水泵损坏。最简单的解决方法是加一段柔性连接管。消防水泵消除应力的安装如图 11-3 所示。

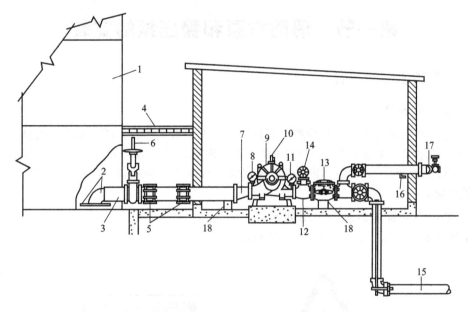

图 11-3　消防水泵消除应力的安装示意

1—消防水池；2—进水弯头（1.2m×1.2m 的方形防涡流板，高出水池底部距离为吸水管径的 1.5 倍，但最小为 152mm）；3—吸水管；4—防冻盖板；5—消除应力的柔性连接管；6—闸阀；7—偏心异径接头；8—吸水压力表；9—卧式泵体可分式消防泵；10—自动排气装置；11—出水压力表；12—渐缩式出水三通；13—多功能水泵控制阀或止回阀；14—泄压阀；15—出水管；16—泄水阀或球形滴水器；17—管道支座；18—指示性闸阀或蝶阀

吸水管及其附件的安装应符合下列要求。

① 吸水管上应设过滤器，并应安装在控制阀后。

② 吸水管上的控制阀应在消防水泵固定于基础上之后再进行安装，其直径不应小于消防水泵吸水口直径，且不应采用没有可靠锁定装置的蝶阀，蝶阀应采用沟槽式或法兰式蝶阀。

③ 当消防水泵和消防水池位于独立的两个基础上且相互为刚性连接时，吸水管上应加设柔性连接管。

④ 吸水管水平管段上不应有气囊和漏气现象。变径连接时，应采用偏心异径管件并应采用管顶平接。

5. 施工质量验收

消防水泵的出水管上应安装止回阀、控制阀和压力表，或安装控制阀、多功能水泵控制阀和压力表；系统的总出水管上还应安装压力表和泄压阀；安装压力表时应加设缓冲装置。压力表和缓冲装置之间应安装旋塞，压力表量程应为工作压力的 2～2.5 倍。

二、稳压泵的安装

1. 施工现场管理

① 装配前需要对装配的零部件进行清洗，清洗前要熟悉设计图纸和选型，确认泵的型号与设计相符；有产品合格证、生产许可证、检测报告、产品装配图及使用说明书。清洗时应根据装配顺序清洁洗净，并涂上适当的润滑脂，设备上原已装好的零部件应全面检查清洁程度，如不合要求应进行清洗。

② 设备装配时应先检查零部件与装配有关的外表形状和尺寸精度，确认符合要求后方可装配。

2. 稳压泵安装施工的常用标识

稳压泵安装施工的常用标识如图 11-4 所示。

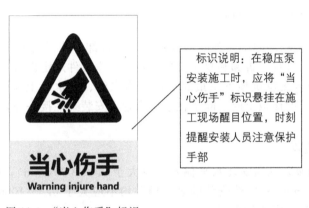

标识说明：在稳压泵安装施工时，应将"当心伤手"标识悬挂在施工现场醒目位置，时刻提醒安装人员注意保护手部

图 11-4 "当心伤手"标识

3. 施工现场设置要求

① 泵基础的配筋、混凝土强度等级应严格按设计图纸要求施工；基础减振装置应按图纸要求安设。

② 消防水泵的启动控制柜应具有自动及手动启停水泵的控制开关和水泵启停状态的显示信号；还应有主、备消防水泵自动转换装置，若消防水泵采用变频调速控制装置时，变频调速控制功能和稳定压力、调节流量均应符合设计规定和消防用水压力、流量的要求。

③ 泵地脚螺栓和垫铁的安装。安装人员在安装前需仔细阅读泵房设计图、泵安装图；地脚螺栓的不垂直度不应超过 10mm/1000mm；地脚螺栓最外沿离灌浆孔壁应大于15mm；螺栓底端不应碰孔底；地脚螺栓上的油脂和污垢应清除干净，但灌浆孔上与泵相连的螺纹部分应涂油脂；螺母与垫圈间和垫圈与设备底座间的接触均应良好；拧紧螺母后螺栓必须露出螺母 1.5～5 个螺距。

④ 承担主要负荷和较强连续振动的垫铁组，只使用平垫铁；每一垫铁组应尽量减少垫铁的块数，一般不超过 3 块，并少用薄垫铁；放置平垫铁时，最厚的放下面，最薄的放

中间，并应将各垫铁相互焊牢，但铸垫铁可不焊。每一垫铁组应放置整齐平稳，设备找平后每一垫铁组均应被压紧，并可用 0.25kg 手锤轻击听声检查。

⑤ 设备找平后，垫铁应露出设备底座外沿，平垫垫铁应露出 10～30mm，垫铁组（不包括垫铁）伸入设备底座面的长度应超过设备地脚螺栓孔。

4. 施工细节操作

① 水泵机组就位（图 11-5）安装前水泵及电动机应检查，看是否符合设计要求和其产品说明书的规定；检查基础的尺寸位置、标高是否符合设计要求，设备的零部件是否有缺件、锈蚀现象。盘车应灵活无阻滞、卡住现象，无异常声音。

水泵机组外观应完好、无损伤，漆层无脱落现象；泵体和电机上必须有出厂铭牌；在施工安装时要采取措施保护铭牌，防止磨损和脱落

图 11-5　水泵机组就位

② 产品出厂时装配、调试完善的部分不应随意拆卸。确需拆卸时，应会同厂方、建设方、监理方研究后进行。拆卸和复装应按设备的技术文件规定进行。

③ 水泵机组安装在建筑地下室最底层，其出水管、进水管上应安装柔性接头减振；若安装在建筑物楼层的楼板上时，除了在进出水管上安装柔性接头外，并应在机组基础上设隔振台座。

5. 施工质量验收

① 整体安装的泵，纵向安装水平偏差不应大于 0.1/1000（mm），横向安装水平偏差不应大于 0.2/1000（mm）；解体安装的泵，偏差均不应大于 0.05/1000（mm）。测量时应以加工面为准，并与底座连接牢固。

② 小型整体安装的泵，不应有明显的位移偏差。

③ 主动轴与从动轴以联轴器连接时，两轴的不同轴度、两半联轴器端面间的间隙应符合设备技术文件的规定。电机安装应保持水泵与电机两轴同心，弹性联轴器两端面间隙应符合要求（2～6mm）；若设备技术文件无规定时，应符合国家标准《机械设备安装工程施工及验收规范》（TJ 231—2009）的规定；主动轴与从动轴找正连接后，盘动检查其是否灵活。

④ 电机与泵连接前应先单独试验电动机的转向，确认无误后再连接。

⑤ 泵与管路连接后应复核找正情况，要检查吸水管路与泵的连接是否符合设计和规范要求，如管路连接不正常时，应调整管路。

第二节　消防水箱的安装和消防水池的施工

一、消防水箱的安装

1. 施工现场管理

消防水箱制作的步骤及内容见表 11-1。

表 11-1 消防水箱制作的步骤及内容

步骤	内容
水箱本体的加工	按水箱的设计要求,选择一定厚度的钢板。在钢板上画线,用剪切或气割法下料,并按要求焊接。按照水箱容积的大小,在水箱的竖向、横向及箱顶焊接用角钢制作的加强筋。水箱箱顶、箱壁、箱底的钢板拼接采用对接焊缝,焊缝间不得有十字交叉现象,不得与筋条、加强筋重合
水箱防腐处理	水箱内外表面除锈后,在外表面刷红丹防锈漆,底部刷沥青漆两遍。水箱内表面涂樟丹、T09-11漆酚清漆或其他符合水质要求的防腐涂料

2. 消防水箱施工的常用标识

消防水箱施工的常用标识如图 11-6 所示。

标识说明:消防水箱高空作业安装时,应将"当心坠落"的标识悬挂在施工现场醒目的位置,提醒高空作业人员注意安全

图 11-6 "当心坠落"标识

3. 施工现场设置要求

水箱之间及水箱与建筑物结构中间的距离要求见表 11-2。

表 11-2 水箱之间及水箱与建筑物结构中间的距离 单位:m

水箱形式	水箱至墙面距离		水箱之间净距	水箱顶至建筑结构最低点间的距离
	有阀侧	无阀侧		
矩形	0.8	0.5	0.7	0.6
圆形	1.0	0.7	0.7	0.6

4. 施工细节操作

(1) 水箱箱体安装

① 水箱的安装高度。水箱的安装高度与建筑物高度、配水管道长度、管径及设计流量有关。水箱的安装高度应满足建筑物内最不利配水点所需的流出水头,并经管道的水力计算确定。水箱的现场安装如图 11-7 所示。

根据构造的要求,水箱底距顶层板面的最小高度不得小于0.4m

图 11-7 水箱的现场安装

② 水箱间的布置。水箱间的净高不得低于 2.2m，采光、通风应良好，保证不冻结，如有冻结危险时，要采取保温措施。水箱的承重结构应为非燃烧材料。水箱应加盖，不允许被污染。

③ 托盘安装。有的水箱设置在托盘上。托盘一般用木板制作，50～65mm 厚，外包镀锌铁皮，并刷防锈漆两道，高 60～100mm，边长（或直径）比水箱大 100～200mm。箱底距盘上表面、盘底距楼板面各不得小于 200mm。

（2）水箱配管　水箱配管安装的具体要求见表 11-3。

表 11-3　水箱配管安装的具体要求

名称	具体要求
进水管	当水箱直接由管网进水时,进水管上应装设不少于两个浮球阀或液压水位控制阀,为了检修的需要,在每个阀前设置阀门。进水管距水箱上缘应有 150～200mm 的距离。当水箱利用水泵压力进水,并采用水箱液位自动控制水泵启闭时,在进水管出口处可不设浮球阀或液压水位控制阀。进水管管径按水泵流量或室内设计秒流量计算决定
出水管	管口下缘应高出水箱底 50～100mm,以防污物流入配水管网。出水管与进水管可以分别和水箱连接,也可以合用一条管道,合用时出水管上应设止回阀
溢水管	溢水管的管口应高于水箱设计最高水位 20mm,以控制水箱的最高水位,其管径应比进水管的管径大 1～2 号。为使水箱中的水不受污染,溢水管通常不宜与污水管道直接连接,当需要与排污管连接时,应以漏斗形式接入。溢水管上不必安装阀门
排水管	排水管的作用是放空水箱及排出水箱中的污水。排水管应由箱底的最低处接出,通常连接在溢水管上,管径一般为 50mm。排水管上需装设阀门
信号管	信号管通常在水箱的最高水位处引出,然后通到有值班人员的水泵房内的污水盆或地沟处,管上不装阀门,管径一般为 32～40mm,该管属于高水位的信号,表明水箱满水。有条件的可采用电信号装置,实现自动液位控制
泄出管	有的水箱设置托盘和泄水管,以排泄箱壁凝结水。泄水管可接在溢流管上,管径为 32～40mm。在托盘上管口要设栅网,泄水管上不得设置阀门

（3）水箱管道连接

① 当水箱（图 11-8）利用管网压力进水时，其进水管上应装设浮球阀。其安装要求为进、出水管和溢水管也可以从底部进出水箱，出水管管口应高出水箱内底 100mm。

水管上通常装设浮球阀（不少于两个），每个浮球阀的直径最好不大于50mm，其引水管上均应设一个阀门

图 11-8　水箱管道连接

② 溢水管由水箱壁到与泄水管相连接处的管段的管径，一般应比进水管大 1～2 号，与泄水管合并后可采用与进水管相同的管径。由底部进入的溢水管管口应做成喇叭口，喇叭口的上口应高出最高水位 20mm。溢水管上不得设任何阀门，与排水系统相接处应做空气隔断和水封装置。

③ 当水箱进水管和出水管接在同一条管道上时，出水管上应设有止回阀，并在配水管上也设阀门。而当进水管和出水管分别与水箱连接时，只需在出水管上设阀门。

5. 施工质量验收

① 现场制作的水箱，按设计要求制作成水箱后需做盛水试验或煤油渗透试验。

② 盛水试验后，内外表面应除锈，刷红丹防锈漆两遍。

③ 整体安装或现场制作的水箱，按设计要求其内表面刷汽包漆两遍，外表面如不做保温再刷油性调合漆两遍，水箱底部刷沥青漆两遍。

④ 水箱支架或底座安装，其尺寸及位置应符合设计规范规定，埋设应平整牢固。

⑤ 按图纸安装进水管、出水管、溢水管、泄水管、水位信号管等，水箱溢水管和泄水管应设置在排水地点附近但不得与排水管直接连接。

二、消防水池的施工

1. 施工现场管理

在消防水池防水施工（图 11-9）之前，施工单位应该组织技术管理人员会审消防水池工程图纸，掌握一些相关构造并根据情况来决定消防水池工程的施工方案。这样的话，可以防止施工后留下缺陷，造成返工，同时可以让工程有计划有组织地进行，避免工作错漏，从而影响工作质量。

图 11-9　消防水池防水施工

2. 消防水池安装施工的常用标识

消防水池安装施工的常用标识如图 11-10 所示。

标识说明：在消防水池进行防水施工时，应将"严禁烟火"的标识悬挂在施工现场醒目的位置，以防止火星和防水材料接触，从而避免火灾的发生

图 11-10　"严禁烟火"安全标识

3. 施工现场设置要求

① 消防水池、消防水箱的施工和安装应符合现行国家标准《给水排水构筑物工程施

工及验收规范》（GB 50141—2008）的有关规定。

② 消防水箱的容积、安装位置应符合设计要求。安装时，消防水箱间的主要通道宽度不应小于 1.0m；钢板消防水箱四周应设检修通道，其宽度不小于 0.7m；消防水箱顶部至楼板或梁底的距离不得小于 0.6m。

4. 施工细节操作

（1）混凝土垫层施工　槽底清理完成后，进行 C10 混凝土垫层的浇筑施工（图 11-11），垫层每边宽出水池 10cm，应表面平整、标高准确。基槽办完隐检手续后用 10cm 宽的钢模或 10cm×10cm 方木支模，连好支平，保持其稳固性，并在模板边抄好标高，经监理验收合格后，提前与指定的搅拌站预定需要的混凝土数量，用罐车或泵车将混凝土送到槽底。混凝土运输道路应保持平整畅通，浇筑前应将槽内淤泥杂物清除干净，要掌握好混凝土的虚铺厚度，用长抹子找平，混凝土浇筑后要及时覆盖保温。

图 11-11　混凝土垫层浇筑施工

（2）弹线定位　垫层完成后，根据设计图纸测量放样，弹出水池底板的边线（图 11-12），绑扎钢筋，钢筋数量、尺寸严格按设计图施工。钢筋绑扎完后立模，模板必须牢固稳定，并经监理检验合格后浇筑混凝土。混凝土采用 C30 混凝土，抗渗等级为 S8。混凝土坍落度控制在 18～22mm 范围内，采用泵送施工，混凝土由拌合站集中供应。施工过程中预埋铁件，预留孔洞进行全过程严格控制，确保标高、位置准确。

图 11-12　弹线定位

（3）底板浇筑施工（图 11-13）　在混凝土垫层上弹出底板的准确位置，按照底板设计图纸要求的断面尺寸，四周分别比水池边线大出 100cm，预先制订出底板组合钢模板组装方案及加固措施，然后绑扎钢筋，底板受力筋搭接接头位置应相互错开，每个搭接接头或焊接接头范围内的钢筋面积不应超过该长度范围内底板断面钢筋总面积的 1/4，所有箍筋弯钩与受力筋交接要严格按照图纸规定要求去做。预埋钢管、铁件要牢固，预留孔洞位置要准确。两层钢筋之间应加铁马凳，使板保护层厚度为 50mm。

底板技术标准：混凝土强度要求不低于设计要求，振捣密实，不应有蜂窝、麻面、露筋等缺陷

图 11-13　底板浇筑施工

（4）池壁施工　池壁施工每次浇筑高度不大于 2m，根据池壁实际高度确定浇筑次数，施工缝处应设置钢板止水带。

① 底板施工结束后，在底板上用墨线弹出池壁、支柱立模位置。钢筋绑扎严格按规范及设计图进行。钢筋的数量、位置必须准确。标高、搭接长度、尺寸要符合规范要求，不漏绑、不错位。钢筋绑扎的扎丝绑扣要向里，以防止出现绑丝外漏现象。同一断面（即搭接倍数长度，但不小于 50cm 范围内）接头面积为受力筋总面积的 50%，水平筋距离按图纸要求做。池壁保护层厚度为 35mm。所有箍筋弯钩与受力筋交接要严格按照图纸施工。预埋钢管、铁件要牢固，预留孔洞位置应准确。

② 池壁钢筋绑扎（图 11-14）。模板上面清理干净后，画好主筋、箍筋间距，先摆底层主筋，后摆箍筋，板筋搭接长度为 35D（HRB 335 钢筋为 42D，D 为钢筋直径），同一截面接头面积不超过总面积的 25%，用顺扣或人字扣绑扎，两层之间应加铁马凳，板保护层厚度为 25mm。

钢筋表面不得有油渍、漆污、老锈及锈坑。焊接接头与钢筋弯曲处距离应不小于焊接钢筋直径的10倍

图 11-14　池壁钢筋绑扎

③ 池盖的施工。盖板采用预制后安装的方法施工。

④ 模板的安装。地下部分采用组合钢模，部分边角处采用木模；地上部分采用12mm 厚竹胶板模板。使用前应进行挑选、修整。模板接缝处用密封条贴严，防止漏浆。模板支护要牢固、到位，保证有足够的刚度。采用钢管支护时，严禁采用钢丝捆绑牵拉固定。框架结构梁板模板支撑，按照放线位置，在底板四边离墙 5～8cm 处设立支杆位置，从四面顶住模板，以防发生位移，待墙面完成后拔出支杆，墙面按模数安装到梁底，模板

就位后先用铅丝与主筋绑扎临时固定，四角使用内角模和外角模，用U形卡将两侧模板连接卡紧，安装完两面后，用对拉杆将其固定，再安装另外两面模板，安装壁模的拉杆或斜撑，壁模每50cm设1根对拉杆，上下呈梅花形，固定于模板及事先预埋在底板内的支杆上，最后将壁模内清理干净后封闭扫除口。垫好钢筋保护层垫块，垫块间距一般不得大于1m，并与钢筋绑扎牢固。在混凝土灌注前应先将垫层上皮及模板润湿，并按顺序直接将混凝土倒入模内，混凝土应连续浇筑，浇筑过程中必须增加串筒进行施工，以防止混凝土因自由落距太大而产生离析。

⑤ 混凝土振捣（图11-15）。振捣时棒距以不超过振捣半径为宜，振动棒应距模板5~10cm振捣，防止漏振，振动时间以混凝土表面泛浆且不再有气泡溢出为宜，振捣棒伸入下层混凝土深度小于10cm，混凝土分层厚度小于50cm，施工时布置2个振捣棒，对称浇筑振捣，以防止出现冷缝。混凝土表面应随振随按标高平线将表面抹平，如果需要留槎，甩槎处应预先用模板挡好，留成高低槎，继续施工时，接槎混凝土应用水润湿并浇浆，使新旧混凝土结合良好，然后用原标号混凝土继续按顺序浇筑。

混凝土初凝后，应进行覆盖养护，浇水次数以混凝土表面保持湿润状态为宜，养护时间不得少于7d

图 11-15　混凝土振捣

⑥ 模板拆除（图11-16）。拆除模板时应保证混凝土强度达到70%以上，先拆除拉杆和斜支撑，再拆池壁模板，最后拆异形模板。拆除时应防止损伤混凝土表面与棱角，模板随拆随运，分规格码垛，模板拆除后应及时清理并刷脱模剂保护，以方便下次使用。

图 11-16　模板拆除施工

⑦ 混凝土浇筑顺序及施工要点

a. 浇筑池壁混凝土前，应先灌入与池壁混凝土相同强度等级的砂浆，避免混凝土灌入时因高度过高出现离析现象。浇筑池壁混凝土时，应从水池的一个角沿两边向对角方向同时分层浇筑。浇筑时应有专人指挥泵车和混凝土运输车辆，使混凝土按照计划的位置和顺序浇筑，同一层上的混凝土间歇时间不能过长，不能出现冷缝。

b. 浇筑混凝土时每层浇筑高度应根据结构特点、钢筋疏密度决定。一般分层高度为插入式振动器作用部分长度的 1.25 倍，且不超过 500mm。

c. 使用插入式振动器应快插慢拔，插点要均匀排列，逐点移动，按顺序进行，不得遗漏，做到均匀振实。移动间距不大于振动棒作用半径的 1.5 倍（一般为 300～400mm）。振捣上一层时应插入下层混凝土面 50mm，以消除两层间的接缝。

d. 浇筑混凝土应连续进行。如遇特殊情况必须间歇，其间歇时间应尽量缩短，并应在前层混凝土初凝之前，将后层混凝土浇筑完毕。

e. 浇筑混凝土时应派专人经常观察模板钢筋、预留孔洞、预埋件、插筋等有无位移变形或堵塞情况，发现问题应立即停止浇灌，并应在已浇筑的混凝土初凝前修整完毕。

f. 混凝土应振捣密实，表面平整，不得有露筋、蜂窝和麻面现象，混凝土试块在标准条件下养护 28d 的抗压强度应符合设计要求。

5. 施工质量验收

① 消防水池、消防水箱的溢流管、泄水管不得与生产或生活用水的排水系统直接相连。

② 管道穿过钢筋混凝土消防水箱或消防水池时，应加设防水套管；对有振动的管道还应加设柔性接头。进水管和出水管的接头与钢板消防水箱的连接应采用焊接，焊接处应做防锈处理。

第三节　消防气压积水设备和消防水泵接合器的安装

一、消防气压积水设备的安装

1. 施工现场管理

消防气压积水设备的分类见表 11-4。

表 11-4　消防气压积水设备的分类

划分形式	主要内容
按气压水罐工作形式分	补气式消防气压给水设备;胶囊式消防气压给水设备;氮气顶压消防气压给水设备
按是否设有消防泵组分	设有消防泵组的普通消防气压给水设备;不设消防泵组的应急消防气压给水设备

2. 消防气压积水设备施工的常用标识

消防气压积水设备施工的常用标识如图 11-17 所示。

标识说明：在消防气压积水设备施工时，应将"当心跌倒"的标识悬挂在施工现场醒目位置，时刻提醒高空作业人员当心跌倒

图 11-17　"当心跌倒"标识

3. 施工现场设置要求

① 气压水罐（图 11-18）的制造单位应持有压力容器制造许可证或注册书，并具备健全的质量管理体系和制度。

设备的外购配套件需有产品合格证并经入场检验合格后方可使用。设备的气压水罐、水泵机组、电气元件等构成部件应在检验合格后方可组装使用。在使用现场组装的设备，可在现场检验整机性能

图 11-18　气压水罐

② 选用气压水罐时，应对下列各项提出要求：设备组成、设备分类、设备工作压力、设备设计流量、气压罐规格数量、设备材料、卫生要求。

③ 设备整体结构、水管路、气管路及电气线路的布置应合理，应留有安装维修空间，以便于操作。

④ 设备的管路上应设置安全阀，其开启压力不大于最高工作压力的 1.1 倍。

⑤ 消防与生活（生产）共用设备必须有单独的消防出水口。

4. 施工细节操作

① 消防气压给水设备的气压罐（图 11-19），其容积、气压、水位及工作压力应符合设计要求。

消防气压给水设备上的安全阀、压力表、泄水管、水位指示器、压力控制仪表等的安装应符合产品使用说明书的要求

图 11-19　气压罐的安装施工

② 消防气压给水设备安装位置、进水管及出水管方向应符合设计要求；出水管上应设止回阀，安装时其四周应设检修通道，其宽度不宜小于 0.7m，消防气压给水设备顶部至楼板或梁底的距离不宜小于 0.6m。

5. 施工质量验收

① 稳压泵的规格、型号应符合设计要求，并应有产品合格证安装使用说明书。

② 稳压泵的安装应符合现行国家标准《机械设备安装工程施工及验收通用规范》（GB 50231—2009）、《风机、压缩机、泵安装工程施工及验收规范》（GB 50275—2010）的有关规定。

二、消防水泵接合器的安装

1. 施工现场管理

① 消防水泵接合器的规格应根据设计选定，有墙壁式、地上式、地下式、多用式几种。

② 其安装位置应有明显标志，阀门位置应便于操作，接合器附近不得有障碍物。

③ 安全阀应按系统工作压力定压，防止消防车加压过高破坏室内管网及部件，接合器应装有泄水阀。

2. 消防水泵接合器安装施工的常用标识

消防水泵接合器安装施工的常用标识如图 11-20 所示。

标识说明：在消防水泵接合器安装施工时，应将"必须戴防护手套"的标识悬挂在施工现场的醒目位置，提醒工作人员注意手部防护

必须戴防护手套

图 11-20　"必须戴防护手套"标识

3. 施工现场设置要求

① 统一规定试验压力为工作压力的 1.5 倍，但不得小于 0.6MPa。既便于验收时掌握，也满足工程需要。

② 为保证管道畅通，防止杂质、焊渣等损坏消火栓，消防管道应进行冲洗。

③ 消防水泵接合器的安全阀应进行定压（定压值应由设计给定），定压后的系统应能保证最高处的一组消火栓的水栓能有 10～15m 的充实水柱。

④ 因栓口直接设在建筑物外墙上，操作时必须紧靠建筑物。为保证消防人员的操作安全，上方必须有防坠落物打击的措施。

4. 施工细节操作

① 组装式消防水泵接合器的安装应按接口、本体、连接管、止回阀、安全阀、放空管、控制阀的顺序进行，止回阀的安装方向应使消防用水能从消防水泵接合器进入系统。整体式消防水泵接合器的安装应根据其使用安装说明书进行。

② 消防水泵接合器的安装应符合的规定

a. 室外消火栓或消防水池的距离宜为 15～40m。

b. 自动喷水灭火系统的消防水泵接合器应设置与消火栓系统的消防水泵接合器区别的永久性固定标志，并有分区标志。

c. 地下消防水泵接合器应采用铸有"消防水泵接合器"标志的铸铁井盖，并在附近设置指示其位置的永久性固定标志。

d. 墙壁消防水泵接合器的安装应符合设计要求。设计无要求时，其安装高度距地面宜为 0.7m；与墙面上的门、窗、孔、洞的净距离不应小于 2.0m，且不应安装在玻璃幕墙下方。

5. 施工质量验收

① 地下消防水泵接合器的安装应使进水口与井盖底面的距离不大于0.4m，且不应小于井盖的半径。

② 地下消防水泵接合器井的砌筑应有防水及排水措施。

第四节 管网和喷头的安装

一、管网的安装

1. 施工现场管理

① 管网采用钢管时，其材质应符合现行国家标准《输送流体用无缝钢管》（GB/T 8163—2018）、《低压流体输送用焊接钢管》（GB/T 3091—2015）的要求。当使用铜管、不锈钢管等其他管材时，应符合相应技术标准的要求。

② 管道连接后不应减小过水横断面面积。热镀锌钢管安装应采用螺纹、沟槽式管件或法兰连接。

2. 管网安装施工的常用标识

管网安装施工的常用标识如图11-21所示。

标识说明：悬空作业时，应将"禁止抛物"的标识悬挂在施工现场醒目的位置，提醒工作人员严禁从高空向下抛物，防止坠落物品砸伤他人或机械设备

图11-21 "禁止抛物"标识

3. 施工现场设置要求

管网安装前应校直管道，并清除管道内部的杂物；在具有腐蚀性的场所，安装前应根据设计要求对管道、管件等进行防腐处理；安装时应随时清除管道内部的杂物。

4. 施工细节操作

① 沟槽式管件连接应符合的要求

a. 选用的沟槽式管件应符合《沟槽式管接头》（CJ/T 156—2001）的要求，其材质应为球墨铸铁，并应符合《球墨铸铁件》（GB/T 1348—2009）的要求；橡胶密封圈的材质应为EPDN（三元乙丙橡胶），并应符合《金属管道系统快速管接头的性能要求和试验方法》（ISO 6182-12）的要求。

b. 沟槽式管件连接时，其管道连接沟槽和开孔应用专用滚槽机和开孔机加工，并应做防腐处理。连接前应检查沟槽和孔洞尺寸，加工质量应符合技术要求。沟槽、孔洞处不得有毛刺、破损性裂纹和污物。

c. 橡胶密封圈应无破损和变形现象。

d. 沟槽式管件的凸边应卡进沟槽后再紧固螺栓，两边应同时紧固，紧固时若发现橡胶圈起皱应更换新橡胶圈。

e. 机械三通连接时，应检查机械三通与孔洞的间隙，各部位应均匀，然后再紧固到位。机械三通开孔间距不应小于 500mm，机械四通开孔间距不应小于 1000mm。

f. 配水干管（立管）与配水管（水平管）的连接应采用沟槽式管件，不应采用机械三通。

g. 埋地的沟槽式管件的螺栓、螺帽应做防腐处理。水泵房内的埋地管道连接应采用挠性接头。

② 螺纹连接应符合的要求

a. 管道宜采用机械切割，切割面不得有飞边、毛刺；管道螺纹密封面应符合国家标准《普通螺纹基本尺寸》（GB/T 196—2003）、《普通螺纹公差》（GB/T 197—2003）、《普通螺纹管路系列》（GB/T 1414—2013）的有关规定。

b. 当管道变径时，宜采用异径接头。在管道弯头处不宜采用补芯，当需要采用补芯时，三通上可用 1 个，四通上不应超过 2 个。公称直径大于 50mm 的管道不宜采用活接头。

c. 螺纹连接的密封填料应均匀地附着于管道的螺纹部分。拧紧螺纹时，不得将填料挤入管道内。连接后，应将连接处外部清理干净。

③ 法兰连接可采用焊接法兰或螺纹法兰。焊接法兰焊接处应做防腐处理，并宜重新镀锌后再连接。焊接应符合国家标准《工业金属管道工程施工规范》（GB 50235—2010）、《现场设备、工业管道焊接工程施工规范》（GB 50236—2011）的有关规定。螺纹法兰连接应预测对接位置，清除外露密封填料后再紧固、连接。

④ 管道穿过建筑物的变形缝时，应采取抗变形措施。穿过墙体或楼板时应加设套管，套管长度不得小于墙体厚度，穿过楼板的套管其顶部应高出装饰地面 20mm，穿过卫生间或厨房楼板的套管，其顶部应高出装饰地面 50mm，且套管底部应与楼板底面相平。套管与管道的间隙应采用不燃材料填塞密实。

⑤ 管道横向安装宜设 0.2‰～0.5‰ 的坡度，且应坡向排水管；当局部区域难以利用排水管将水排净时，应采取相应的排水措施。当喷头数量小于或等于 5 只时，可在管道低凹处加设堵头；当喷头数量大于 5 只时，宜装设带阀门的排水管。

⑥ 配水干管、配水管应做红色或红色环圈标志。红色环圈标志的宽度不应小于 20mm，间隔不宜大于 4m，在一个独立的单元内环圈不宜少于 2 处。

⑦ 管网在安装过程中中断时，应将管道的敞口封闭。

5. 施工质量验收

① 管道的安装位置应符合设计要求。当设计无要求时，管道的中心线与梁、柱、楼板等的最小距离应符合表 11-5 的规定。

表 11-5　管道的中心线与梁、柱、楼板的最小距离　　　　　单位：mm

公称直径	25	32	40	50	70	80	100	125	150	200
距离	40	40	50	60	70	80	100	125	150	200

② 管道支架、吊架、防晃支架的安装应符合的要求

a. 管道应固定牢固；管道支架或吊架之间的距离不应大于表 11-6 的规定。

表 11-6　管道支架或吊架之间的最大距离　　　　　单位：mm

公称直径	25	32	40	50	70	80	100	125	150	200	250	300
最大距离	3.5	4.0	4.5	5.0	6.0	6.0	6.5	7.0	8.0	9.5	11.0	12.0

b. 管道支架、吊架、防晃支架的型式、材质、加工尺寸及焊接质量等，应符合设计要求和国家现行有关标准的规定。

c. 管道支架、吊架的安装位置不应妨碍喷头的喷水效果；管道支架、吊架与喷头之间的距离不宜小于300mm；与末端喷头之间的距离不宜大于750mm。

d. 配水支管上每一直管段、相邻两喷头之间的管段设置的吊架均不宜少于1个，吊架的间距不宜大于3.6m。

e. 当管道的公称直径等于或大于50mm时，每段配水干管或配水管设置防晃支架不应少于1个，且防晃支架的间距不宜大于15m；当管道改变方向时，应增设防晃支架。

f. 竖直安装的配水干管除中间用管卡固定外，还应在其始端和终端设防晃支架或采用管卡固定，其安装位置距地面或楼面的距离宜在1.5～1.8m之间。

二、喷头的安装

1. 施工现场管理

① 喷头安装（图11-22）时，不得对喷头进行拆装、改动，并严禁给喷头附加任何装饰性涂层。

安装在易受机械损伤处的喷头，应加设喷头防护罩。当喷头的公称直径小于10mm时，应在配水干管或配水管上安装过滤器

图11-22 喷头安装施工

② 喷头安装时应使用专用扳手，严禁利用喷头的框架施拧；喷头的框架、溅水盘产生变形或释放原件损伤时，应采用规格、型号相同的喷头更换。

2. 喷头安装施工的常用标识

喷头安装施工的常用标识如图11-23所示。

标识说明：安装施工时，应将"禁止奔跑"的标识悬挂在施工的醒目位置，提醒作业人员严禁奔跑，以防触碰移动式平台或跌出悬挑平台外侧而造成伤害

图11-23 "禁止奔跑"标识

3. 施工现场设置要求

① 喷头安装应在系统试压、冲洗合格后进行。

② 喷头安装时，溅水盘与吊顶、门、窗、洞口或障碍物的距离应符合设计要求。

③ 安装前检查喷头的型号、规格、使用场所应符合设计要求。系统采用隐蔽式喷头时，配水支管的标高和吊顶的开口尺寸应准确控制。

④ 当喷头的公称直径小于 10mm 时，应在配水平管或配水管上安装过滤器。

4. 施工细节操作

(1) 喷头支管安装　如图 11-24 所示。

图 11-24　喷头支管安装

① 喷头支管是指吊顶型喷头末端的一段支管，这段管不能与分支干管同时安装完成。

② 喷头安装在吊顶上的要与吊顶装修同步进行。吊顶龙骨装完后，根据吊顶材料厚度定出喷头的预留口标高，按吊顶装修图确定喷头的坐标，使支管预留口做到位置准确。非安装在吊顶上的喷头的支管应用吊线安装，下料必须准确，保证安装后喷头支立管垂直向上或向下，且喷头横竖成线。

③ 喷头管管径一律为 25mm，末端用 25mm×15mm 的异径管箍连接喷头，管箍口应与吊顶装修层平齐，可采用拉网格线的方式下料、安装。支管末端的弯头处 100mm 以内应加卡件固定，防止喷头与吊顶接触不牢，上下错动。支管装完毕，管箍口需用丝堵拧紧封堵严密后准备系统试压。

(2) 喷头安装

① 检查消防喷头（图 11-25）的规格、类型、动作温度符合设计要求。核查各甩口位置是否准确，甩口中心应成排成线。

图 11-25　消防喷头

　　喷头的排布、保护面积、喷头间距及距墙、柱的距离应符合设计或规范要求。水幕喷头安装应注意朝向被保护对象，在同一配水支管上应安装相同口径的水幕喷头

② 使用特制专用扳手（灯叉型）安装喷头，填料宜采用聚四氟乙烯带。喷头的两翼方向应成排统一安装，走廊单排的喷头两翼应横向安装。护口盘要贴紧吊顶，人员能触及的部位应安装喷头防护罩。安装过程中不得损坏和污染吊顶。

（3）喷洒管道支吊架安装应符合设计要求，无明确规定时应遵照以下原则安装

① 支吊架的位置以不妨碍喷头喷洒效果为原则。一般吊架距喷头应大于300mm，对圆钢吊架可小到70mm，与末端喷头之间的距离不大于750mm。

② 直管段相邻两喷头之间的吊架不得少于1个，喷头之间距离小于1.8m时，可隔段设置吊架，但吊架的间距不大于3.6m。

③ 为防止喷头喷水时管道产生大幅度晃动，干管、立管、支管末端均应加防晃固定支架。干管或分层干管可设在直管段中间，距主管及末端不宜超过12m。管道改变方向时应增设防晃支架。

④ 防晃固定支架应能承受管道、零件、阀门及管内水的总质量和50%水平方向推动力而不损坏或产生永久变形。立管要设两个方向的防晃固定支架。

5. 施工质量验收

① 喷头安装时不得污染和损坏吊顶装饰面。

② 喷头安装完毕应采取有效措施防止被磕碰损坏，或者接触明火等高温物体。

③ 应注意喷头处是否有渗漏现象。若有其产生原因为系统尚未进行压力试验就封闭吊顶，从而造成通水后渗漏。

④ 喷头安装后、封吊顶前必须经系统试压，并办理隐蔽工程验收手续。

⑤ 若产生消防栓箱门关闭不严、与装饰面交接不清晰的现象，其产生的原因有：安装未找正或箱门强度不够而产生变形、未与土建专业配合做好交界处的处理。

第十二章 12 Chapter

气体灭火系统施工

第一节　灭火剂储存装置和选择阀及信号反馈装置的安装

一、灭火剂储存装置的安装

1. 施工现场管理

① 灭火剂储存装置的安装位置应符合设计文件的要求。

② 灭火剂储存装置安装后，泄压装置的泄压方向不应朝向操作面。低压二氧化碳灭火系统的安全阀应通过专用的泄压管接到室外。

2. 灭火剂储存装置安装施工的常用标识

灭火剂储存装置安装施工的常用标识如图 12-1 所示。

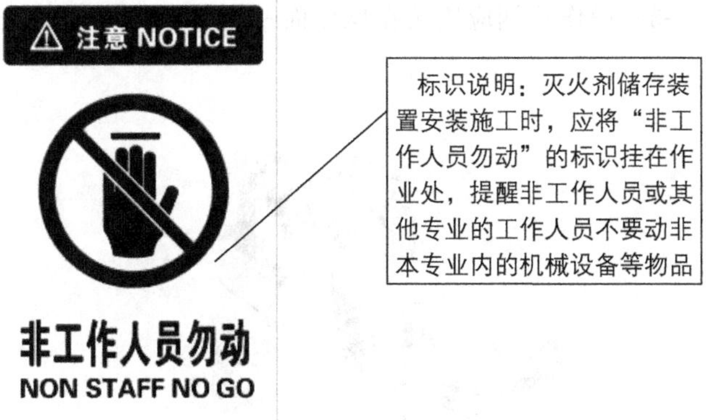
注意 NOTICE
非工作人员勿动
NON STAFF NO GO
标识说明：灭火剂储存装置安装施工时，应将“非工作人员勿动”的标识挂在作业处，提醒非工作人员或其他专业的工作人员不要动非本专业内的机械设备等物品

图 12-1 “非工作人员勿动”标识

3. 施工现场设置要求

① 安装集流管前应检查内腔，以确保清洁。

② 集流管上的泄压装置的泄压方向不应朝向操作面。

4. 施工细节操作

① 储存容器宜涂红色油漆，正面应标明设计规定的灭火剂名称和储存容器的编号。

② 连接储存容器与集流管间的单向阀的流向指示箭头应指向介质流动方向。

③ 储存装置上压力计、液位计、称重显示装置的安装位置应便于人员观察和操作。

④ 集流管应固定在支、框架上。储存容器的支、框架应固定牢靠，并应做防腐处理。

二、选择阀及信号反馈装置的安装

1. 施工现场管理

① 选择阀上应设置标明防护区或保护对象名称或编号的永久性标志牌，并应便于观察。

② 信号反馈装置的安装应符合设计要求。

2. 选择阀及信号反馈装置安装施工的常用标识

选择阀及信号反馈装置安装施工的常用标识如图 12-2 所示。

标识说明：选择阀及信号反馈装置安装施工处于高空时，应将"小心攀登"的标识悬挂在脚手架攀爬处的醒目位置，时刻提醒脚手架工作人员注意自身安全，防止危险事故的发生

图 12-2 "小心攀登"标识

3. 施工现场设置要求

选择阀（图 12-3）操作手柄应安装在操作面一侧，当安装高度超过 1.7m 时应采取便于操作的措施。

图 12-3 选择阀

4. 施工细节操作

① 采用螺纹连接的选择阀，其与管网连接处宜采用活接。

② 选择阀的流向指示箭头应指向介质流动方向。

第二节 阀驱动装置和灭火剂输送管道的安装

一、阀驱动装置的安装

1. 施工现场管理

① 电磁驱动装置的电气连接线应沿固定灭火剂储存容器的支、框架或墙面固定。

② 拉索式的手动驱动装置的安装应符合的规定

a. 拉索除必须外露部分外，应采用经内外防腐处理的钢管防护；

b. 拉索转弯处应采用专用导向滑轮；

c. 拉索末端拉手应设在专用的保护盒内；

d. 拉索套管和保护盒必须固定牢靠。

2. 阀驱动装置安装施工的常用标识

阀驱动装置安装施工的常用标识如图 12-4 所示。

标识说明：当阀驱动装置安装施工时，应将"注意落物"的标识悬挂在施工作业面下方醒目的位置，提醒所有人员上方可能会有物品坠落，要注意自身安全

图 12-4 "注意落物"标识

3. 施工现场设置要求

安装以物体重力为驱动力的机械驱动装置时，应保证重物在下落行程中无阻挡，其行程应超过阀开启所需行程 25mm。

4. 施工细节操作

（1）气动驱动装置的管道安装应符合的要求

① 管道布置应横平竖直。平行管道或交叉管道之间的间距应保持一致。

② 管道应采用支架固定。管道支架的间距不宜大于 0.6m。

③ 平行管道宜采用管夹固定。管夹的间距不宜大于 0.6m，转弯处应增设一个管夹。

（2）气动驱动装置的管道安装后应进行气压严密性试验，严密性试验应符合如下规定

① 采取防止灭火剂和驱动气体误喷射的可靠措施。

② 加压介质采用氮气或空气，试验压力不低于驱动气体的储存压力。

③ 压力升至试验压力后，关闭加压气源，5min 内被试管道的压力应无变化。

5. 施工质量验收

气动驱动装置的安装应符合下列规定。

① 驱动气瓶的支、框架或箱体应固定牢靠，且应做防腐处理。

② 驱动气瓶正面应标明驱动介质的名称和对应防护区名称的编号。

二、灭火剂输送管道的安装

1. 施工现场管理

① 采用螺纹连接时，管材宜采用机械切割。螺纹不得有缺纹、断纹等现象。螺纹连接的密封材料应均匀地附着在管道的螺纹部分，拧紧螺纹时，不得将填料挤入管道内；安装后的螺纹根部应有 2～3 条外露螺纹；连接后，应将连接处外部清理干净并做防腐处理。

② 采用法兰连接时，衬垫不得凸入管内，其外边缘宜接近螺栓，不得放双垫或偏垫。连接法兰的螺栓，直径和长度应符合标准，拧紧后，凸出螺母的长度不应大于螺杆直径的 1/2 且应保证有不少于 2 条外露螺纹。

2. 灭火剂输送管道安装施工的常用标识

灭火剂输送管道安装施工的常用标识如图 12-5 所示。

标识说明：灭火剂输送管道安装施工时，应将"必须戴防尘口罩"的标识悬挂在施工现场醒目的位置，防止工作人员在工作时吸入有害气体或灰尘

图 12-5 "必须戴防尘口罩"标识

3. 施工现场设置要求

已做防腐处理的无缝钢管不宜采用焊接连接，与选择阀等个别连接部位需采用法兰焊接连接时，应对被焊接损坏的防腐层进行二次防腐处理。

4. 施工细节操作

管道穿过墙壁、楼板处应安装套管（图 12-6）。套管公称直径比管道公称直径至少应大 2 级，穿墙套管长度应与墙厚相等，穿楼板套管长度应高出地板 50mm。

管道与套管间的空隙应采用防火封堵材料填塞密实。当管道穿越建筑物的变形缝时，应设置柔性管段

图 12-6 套管安装施工

在吊顶内、活动地板下等隐蔽场所内的管道，可涂红色油漆色环，色环宽度不应小于50mm。每个防护区或保护对象的色环宽度应一致，间距应均匀。

5. 施工质量验收

① 管道支、吊架的安装应符合的规定

a. 管道末端应采用防晃支架固定，支架与末端喷嘴间的距离不应大于500mm。

b. 公称直径大于或等于50mm的主干管道，垂直方向和水平方向至少应各安装1个防晃支架（图12-7），当穿过建筑物楼层时，每层应设1个防晃支架。当水平管道改变方向时，应增设防晃支架。

图12-7　防晃支架

② 灭火剂输送管道安装完毕后，应进行强度试验和气压严密性试验，结果应合格。

第十三章

泡沫灭火系统施工

第一节 消防泵和泡沫液储罐的安装

一、消防泵的安装

1. 施工现场管理

① 泵的进出口在配管之前一定要堵塞好，以防止异物进入。

② 泵的地脚螺栓上的油污和氧化皮等应清除洁净，螺纹部分应涂少量油脂。

③ 地脚螺栓灌浆在养护期间应每天洒水养护，并不得碰动泵或进行安装工作。

④ 严禁非操作人员随意开关泵。

2. 消防泵安装施工的常用标识

消防泵安装施工的常用标识如图 13-1 所示。

标识说明：在消防泵安装施工时，应将"施工现场禁止通行"的标识悬挂在施工进出口的醒目位置，提醒非工作人员禁止入内

图 13-1 "施工现场 禁止通行"标识

3. 施工现场设置要求

① 试运行后应放净泵内积存水，以防止锈蚀。

② 对改造合格的机组和管道部分要及时地进行防腐处理。

③ 对安装完毕的机组要采取挡板的方法隔离作业区域。

④ 对已经进行防腐处理的设备管道要进行有效保护，不要进行攀登作业。

4. 施工细节操作

（1）施工准备　在地面上和原有的基础上放出新机组基础位置线，对需要增加基础部分的地面进行剔凿，挖掘基础。挖掘时要尽量保护好原有的钢筋，然后交给土建施工单位进行基础混凝土的浇筑。

（2）基础放线　按施工图纸依据轴线，用墨线在基础表面弹出泵安装中心线，依据基础上土建红三角标记用钢板尺确定安装标高。

（3）基础面层处理　在基础放置垫铁处铲麻面，使二次灌浆时浇灌的混凝土与基础紧密结合。铲麻面的标准是 100cm 之内应有 5～6 个直径为 10～20mm 的小坑。基础面和地脚螺栓孔中的油污、碎石、泥土、积水等应清除干净。

（4）泵运输就位　用道木或木方铺一条平坦通道至泵房室内，利用室内的吊车将水泵吊到基础的部位，使地脚螺栓孔与地脚螺栓相对，然后平稳地落下。

（5）找正找平

① 摆正水泵，在泵的进水口中心和轴线中心分别用线坠吊垂线，使线锤尖和基础表面的中心线相交。

② 在每个地脚螺栓的两侧放置两组垫铁，泵长度方向两螺栓中间各放一组垫铁，使用 3 号平垫铁和斜垫铁。

③ 用钢板尺测量水泵轴中心线的高程，应与设计要求相符，以保证水泵能在允许的吸水高度内工作。

④ 通过调整垫铁的厚度对泵进行找平，将水平仪放在泵轴上测其纵向水平，将水平仪放在泵出口法兰面上测其横向水平。

（6）二次灌浆　泵找正找平后，将每组垫铁相互用定位焊焊牢。灌浆处清洗洁净，并擦净积水。用 525 号硅酸盐水泥与细碎石配制混凝土。灌浆时应捣实，并注意应不使地脚螺栓倾斜和影响泵的精度。

待混凝土凝固后，其强度达到设计强度的 75% 以上时（常温下需 7d 时间），拧紧地脚螺栓。螺栓露出的螺母，其露出长度宜为 8～10mm。对泵的位置和水平进行复查。

5. 施工质量验收

① 联轴节找正用两点法测量，消除了转轴轴向窜动影响。如用一点法测量，即在测量一个位置上的径向值时，只测量同一位置的轴向值，转轴不允许有轴向窜动。一般可设法将转轴在轴向顶住或采用其他方法消除窜动的影响。

② 管道与泵连接，泵不得直接承受管道的重量。应在自然状态下进行接口，不可采用强力进行接口。连接后应复查泵的原找正精度。

③ 管道与泵连接后，不应在管道上进行焊接或气割，以防焊渣等进入泵内。

④ 不能在泵出口阀门全闭的情况下继续运转泵超过 3min，以免泵内水发热，且易损坏机件而发生事故。

⑤ 泵停止试运转后，应关闭泵的出口阀门，待泵冷却后再依次关闭各附属系统阀门。

⑥ 整体出厂泵在防锈保证期内，其内部零件不宜拆卸，只清洗外表面。

二、泡沫液储罐的安装

1. 施工现场管理

设在泡沫泵站外的泡沫液压力储罐的安装应符合设计要求，并应根据环境条件采取防晒、防冻和防腐等措施。

2. 泡沫液储罐安装施工的常用标识

泡沫液储罐安装施工的常用标识如图 13-2 所示。

标识说明：在泡沫液
储罐安装施工时，应将
"当心绊倒"的标识悬
挂在施工现场醒目的位
置，时刻提醒工作人员
注意脚下，当心摔倒

图 13-2 "当心绊倒"安全标识

3. 施工现场设置要求

泡沫液压力储罐安装时，支架应与基础牢固固定，且不应拆卸和损坏配管、附件。储罐的安全阀出口不应朝向操作面。

4. 施工细节操作

常压泡沫液储罐（图 13-3）的现场制作、安装和防腐应符合下列规定。

现场制作的常压钢质
泡沫液储罐内、外表面
应按设计要求防腐，并
应在严密性试验合格后
进行防腐处理

图 13-3 常压泡沫液储罐

① 现场制作的常压钢质泡沫液储罐，泡沫液管道出液口不应高于泡沫液储罐最低液面 1m，泡沫液管道吸液口距泡沫液储罐底面不应小于 0.15m，且宜做成喇叭口形。

② 现场制作的常压钢质泡沫液储罐应进行严密性试验，试验压力应为储罐装满水后的静压力，试验时间不应小于 30min，目测应无渗漏。

③ 常压泡沫液储罐的安装方式应符合设计要求，当设计无要求时，应根据其形状按立式或卧式安装在支架或支座上，支架应与基础固定，安装时不得损坏其储罐上的配管和附件。

④ 常压钢质泡沫液储罐罐体与支座接触部位的防腐应符合设计要求。当设计无规定时，应按加强防腐层的做法施工。

5. 施工质量验收

泡沫液储罐的安装位置和高度应符合设计要求。当设计无要求时，泡沫液储罐周围应留有满足检修需要的通道，其宽度不宜小于 0.7m，且操作面不宜小于 1.5m；当泡沫液储罐上的控制阀距地面高度大于 1.8m 时，应在操作面处设置操作平台或操作凳。

第二节　泡沫产生装置和配套设备的安装

一、泡沫产生装置的安装

1. 施工现场管理

① 液上喷射的泡沫产生器应根据产生器类型安装，并应符合设计要求。

② 水溶性液体储罐内泡沫溜槽的安装应沿罐壁内侧螺旋下降到距罐底 1.0～1.5m 处，溜槽与罐底平面夹角宜为 5°～30°；泡沫降落槽应垂直安装，其垂直度允许偏差为降落槽高度的 5‰，且不得超过 30mm，坐标允许偏差为 25mm，标高允许偏差为±20mm。

③ 液下及半液下喷射的高背压泡沫产生器应水平安装在防火堤外的泡沫混合液管道上。

④ 在高背压泡沫产生器进口侧设置的压力表接口应竖直安装；其出口侧设置的压力表、背压调节阀和泡沫取样口的安装尺寸应符合设计要求，环境温度为 0℃ 及以下的地区，背压调节阀和泡沫取样口上的控制阀应选用钢质阀门。

2. 泡沫产生装置安装施工的常用标识

泡沫产生装置安装施工的常用标识如图 13-4 所示。

标识说明：泡沫产生装置安装施工时，应将"必须穿防护鞋"的标识悬挂在施工现场醒目的位置，以提醒工作人员穿防护鞋，以防滑倒

图 13-4　"必须穿防护鞋"标识

3. 施工现场设置要求

① 液上喷射泡沫产生器或泡沫导流罩沿罐周均匀布置时，其间距偏差不宜大于 100mm。

② 外浮顶储罐泡沫喷射口设置在浮顶上时，泡沫混合液支管应固定在支架上，泡沫喷射口 T 形管的横管应水平安装，伸入泡沫堰板后向下倾斜的角度应符合设计要求。

③ 外浮顶储罐泡沫喷射口设置在罐壁顶部、密封板或挡雨板上方或金属挡雨板的下部时，泡沫堰板的高度及与罐壁的间距应符合设计要求。

4. 施工细节操作

（1）高倍数泡沫产生器的安装　高倍数泡沫产生器的安装应符合下列规定。

① 高倍数泡沫产生器的安装应符合设计要求。

② 距高倍数泡沫产生器的进气端小于或等于 0.3m 处不应有遮挡物。

③ 在高倍数泡沫产生器的发泡网前小于或等于 1.0m 处，不应有影响泡沫喷放的障

碍物。

④ 高倍数泡沫产生器应整体安装，不得拆卸，并应牢固固定。

（2）泡沫喷头的安装　泡沫喷头的安装应符合下列规定。

① 泡沫喷头的规格、型号应符合设计要求，并应在系统试压、冲洗合格后安装。

② 泡沫喷头的安装应牢固、规整，安装时不得拆卸或损坏其喷头上的附件。

③ 顶部安装的泡沫喷头应安装在被保护物的上部。其坐标的允许偏差，室外安装为15mm，室内安装为10mm；标高的允许偏差，室外安装为±15mm，室内安装为±10mm。

④ 侧向安装的泡沫喷头应安装在被保护物的侧面并应对准被保护物体，其距离允许偏差为20mm。

⑤ 地下安装的泡沫喷头应安装在被保护物的下方，并应在地面以下；在未喷射泡沫时，其顶部应低于地面10~15mm。

（3）固定式泡沫炮的安装　固定式泡沫炮的安装应符合下列规定。

① 固定式泡沫炮的立管应垂直安装，炮口应朝向防护区，并不应有影响泡沫喷射的障碍物。

② 安装在炮塔或支架上的泡沫炮应牢固固定。

③ 电动泡沫炮的控制设备、电源线、控制线的规格、型号及设置位置、敷设方式、接线等应符合设计要求。

5. 施工质量验收

① 泡沫堰板的最低部位设置排水孔的数量和尺寸应符合设计要求，并应沿泡沫堰板周长均布，其间距偏差不宜大于20mm。

② 半液下泡沫喷射装置应整体安装在泡沫管道进入储罐处设置的钢质明杆闸阀与止回阀之间的水平管道上，并应采用扩张器（伸缩器）或金属软管与止回阀连接，安装时不应拆卸和损坏密封膜及其附件。

二、管道、阀门和泡沫消火栓的安装

1. 施工现场管理

① 水平管道安装时，其坡度、坡向应符合设计要求，且坡度不应小于设计值，当出现 U 形管时应有放空措施。

② 立管应用管卡固定在支架上，其间距不应大于设计值。

2. 管道、阀门和泡沫消火栓安装施工的常用标识

管道、阀门和泡沫消火栓安装施工的常用标识如图 13-5 所示。

标识说明：悬空作业时，应将"当心坠物"的标识悬挂在作业面下，提醒过往行人此处进行高空作业，应小心坠物带来的危险

图 13-5 "当心坠物"标识

3. 施工现场设置要求

埋地管道安装应符合下列规定。

① 埋地管道的基础应符合设计要求。

② 埋地管道安装前应做好防腐工作，安装时不应损坏防腐层。

③ 埋地管道采用焊接时，焊缝部位应在试压合格后进行防腐处理。

④ 埋地管道在回填前应进行隐蔽工程验收，合格后及时回填，分层夯实，并进行记录。

4. 施工细节操作

(1) 泡沫混合液管道的安装　泡沫混合液管道的安装应符合下列规定。

① 当储罐上的泡沫混合液立管与防火堤内地上水平管道或埋地管道用金属软管连接时，不得损坏其编织网，并应在金属软管与地上水平管道的连接处设置管道支架或管墩。

② 储罐上泡沫混合液立管下端设置的锈渣清扫口与储罐基础或地面的距离宜为 0.3～0.5m；锈渣清扫口可采用闸阀或盲板封堵；当采用闸阀时，应竖直安装。

③ 当外浮顶储罐的泡沫喷射口设置在浮顶上，且泡沫混合液管道采用的耐压软管从储罐内通过时，耐压软管安装后的运动轨迹不得与浮顶的支撑结构相碰，且与储罐底部伴热管的距离应大于 0.5m。

④ 外浮顶储罐梯子平台上设置的带闷盖的管牙接口应靠近平台栏杆安装，并宜高出平台 1.0m，其接口应朝向储罐；引至防火堤外设置的相应管牙接口应面向道路或朝下。

⑤ 连接泡沫产生装置的泡沫混合液管道上设置的压力表接口宜靠近防火堤外侧，并应竖直安装。

⑥ 泡沫产生装置入口处的管道应用管卡固定在支架上，其出口管道在储罐上的开口位置和尺寸应符合设计及产品要求。

⑦ 泡沫混合液主管道上留出的流量检测仪器安装位置应符合设计要求。

⑧ 泡沫混合液管道上试验检测口的设置位置和数量应符合设计要求。

(2) 液下喷射和半液下喷射泡沫管道的安装　液下喷射和半液下喷射泡沫管道的安装应符合下列规定。

① 液下喷射泡沫喷射管的长度和泡沫喷射口的安装高度应符合设计要求。当液下喷射只有 1 个喷射口设在储罐中心时，其泡沫喷射管应固定在支架上；当液下喷射和半液下喷射设有 2 个及以上喷射口，并沿罐周均匀设置时，其间距偏差不宜大于 100mm。

② 固定式系统的泡沫管道在防火堤外设置的高背压泡沫产生器快装接口应水平安装。

③ 液下喷射泡沫管道上的防油品渗漏设施宜安装在止回阀出口或泡沫喷射口处；半液下喷射泡沫管道上防油品渗漏的密封膜应安装在泡沫喷射装置的出口；安装应按设计要求进行，且不应损坏密封膜。

(3) 泡沫液管道的安装　泡沫液管道的安装除应符合以上的规定外，其冲洗及放空管道的设置尚应符合设计要求。当设计无要求时，应设置在泡沫液管道的最低处。

(4) 泡沫喷淋管道的安装　泡沫喷淋管道的安装除应符合以上的规定外，尚应符合下列规定。

① 泡沫喷淋管道支、吊架与泡沫喷头之间的距离不应小于 0.3m，与末端泡沫喷头之间的距离不宜大于 0.5m。

② 泡沫喷淋分支管上每一直管段、相邻两泡沫喷头之间的管段设置的支、吊架均不宜少于 1 个，且支、吊架的间距不宜大于 3.6m；当泡沫喷头的设置高度大于 10m 时，支、吊架的间距不宜大于 3.2m。

(5) 阀门的安装　阀门的安装应符合下列规定。

① 泡沫混合液管道采用的阀门应按相关标准进行安装，并应有明显的启闭标志。

② 具备遥控、自动控制功能的阀门安装应符合设计要求；当设置在有爆炸和火灾危险的环境时，应按相关标准安装。

③ 液下喷射和半液下喷射泡沫灭火系统泡沫管道进储罐处设置的钢质明杆闸阀和止回阀应水平安装，其止回阀上标注的方向应与泡沫的流动方向一致。

④ 高倍数泡沫产生器进口端泡沫混合液管道上设置的压力表、管道过滤器、控制阀宜安装在水平支管上。

⑤ 泡沫混合液管道上设置的自动排气阀应在系统试压、冲洗合格后采用立式安装。

⑥ 连接泡沫产生装置的泡沫混合液管道上控制阀的安装应符合下列规定。

a. 控制阀应安装在防火堤外压力表接口的外侧，并应有明显的启闭标志。

b. 环境温度为0℃及以下的地区采用铸铁控制阀时，若管道设置在地上，铸铁控制阀应安装在立管上；若管道埋地或在地沟内设置时，铸铁控制阀应安装在阀门井内或地沟内，并应采取防冻措施。

⑦ 当储罐区固定式泡沫灭火系统同时又具备半固定系统功能时，应在防火堤外泡沫混合液管道上安装带控制阀和带闷盖的管牙接口，并应符合本条⑥的有关规定。

⑧ 泡沫混合液立管上设置的控制阀，其安装高度宜为1.1~1.5m，并应有明显的启闭标志；当控制阀的安装高度大于1.5m时，应设置操作平台或操作凳。

⑨ 消防泵的出液管上设置的带控制阀的回流管应符合设计要求，控制阀的安装高度距地面宜为0.6~1.2m。

⑩ 管道上的放空阀应安装在最低处。

（6）泡沫消火栓的安装　泡沫消火栓的安装应符合下列规定。

① 泡沫混合液管道上设置泡沫消火栓的规格、型号、数量、位置、安装方式、间距应符合设计要求。

② 地上式泡沫消火栓应垂直安装，地下式泡沫消火栓应安装在消火栓井内泡沫混合液管道上。

③ 地上式泡沫消火栓的大口径出液口应朝向消防车道。

④ 地下式泡沫消火栓应有永久性明显标志，其顶部与井盖底面的距离不得大于0.4m，且不小于井盖半径。

⑤ 室内泡沫消火栓的栓口方向宜向下或与设置泡沫消火栓的墙面成90°，栓口离地面或操作基面的高度宜为1.1m，允许偏差为±20mm，坐标的允许偏差为20mm。

⑥ 泡沫泵站内或站外附近泡沫混合液管道上设置的泡沫消火栓应符合设计要求，其安装按上述相关规定执行。

5. 施工质量验收

① 管道安装的允许偏差应符合表13-1的要求。

表13-1　管道安装的允许偏差

项目			允许偏差/mm
坐标	地上、架空及地沟	室外	25
		室内	15
	泡沫喷淋	室外	15
		室内	10
	埋地		60
标高	地上、架空及地沟	室外	±20
		室内	±15

续表

项目			允许偏差/mm
标高	泡沫喷淋	室外	±15
		室内	±10
	埋地		±25
水平管道平直度		$DN \leqslant 100mm$	20%L,最大50
		$DN > 100mm$	30%L,最大80
立管垂直度			50%L,最大30
与其他管道成排布置间距			15
与其他管道交叉时外壁或绝热层间距			20

注：L 为管段有效长度；DN 为管子公称直径。

② 管道支、吊架安装应平整牢固，管墩的砌筑应规整，其间距应符合设计要求。

③ 当管道穿过防火堤、防火墙、楼板时，应安装套管。穿防火堤和防火墙套管的长度不应小于防火堤和防火墙的厚度，穿楼板套管长度应高出楼板50mm，底部应与楼板底面相平；管道与套管间的空隙应采用防火材料封堵，管道穿过建筑物的变形缝时应采取保护措施。

④ 管道安装完毕应进行水压试验，并应符合下列规定。

a. 试验应采用清水进行，试验时，环境温度不应低于5℃；当环境温度低于5℃时，应采取防冻措施。

b. 试验压力应为设计压力的1.5倍。

c. 试验前应将泡沫产生装置、泡沫比例混合器（装置）隔离。

⑤ 管道试压合格后，应用清水冲洗，冲洗合格后，不得再进行影响管内清洁的其他施工，并应进行记录。

⑥ 地上管道应在试压、冲洗合格后进行涂漆防腐。

参 考 文 献

[1] GB/T 50106—2010.

[2] GB/T 50114—2010.

[3] GB 50300—2013.

[4] GB 50242—2002.

[5] JGJ 16—2008.

[6] GB 50303—2002.

[7] GB 50034—2004.

[8] 04DX101-1.

[9] 09DX001.

[10] JGJ 166—2008.

[11] JGJ 130—2010.

[12] JGJ 128—2010.

[13] 侯君伟.架子工长.北京：中国建筑工业出版社，2008.

[14] 郑大伟.架子工长.北京：金盾出版社，2013.

[15] 李春亭，高杰.架子工入门与技巧.北京：化学工业出版社，2013.

[16] 土木在线.图解安全文明现场施工.北京：机械工业出版社，2013.

[17] 北京建工集团有限责任公司.建筑分项工程施工工艺标准（上、下册）.第3版.北京：中国建筑工业出版社，2008.

[18] 刘辛国.建筑电气安装工程实用手册.北京：机械工业出版社，2005.

[19] 唐海.建筑电气设计与施工.第2版.北京：中国建筑工业出版社，2010.

[20] 弭尚正.建筑电气施工工长手册.北京：中国建筑工业出版社，2009.

[21] 谢社初，胡联红.建筑电气施工技术.武汉：武汉理工大学出版社，2008.

[22] 郭超.水暖工长工作手册.北京：化学工业出版社，2014.

[23] 张玲.建筑设备工程（水暖部分）.北京：中国电力出版社，2009.

[24] 王东萍.建筑水暖设备安装.北京：机械工业出版社，2006.